国家"十二五"重点图书

规模化生态养殖技术丛书

规模化生态奶牛养殖技术

李建国　高艳霞　主编

中国农业大学出版社

·北京·

图书在版编目(CIP)数据

规模化生态奶牛养殖技术/李建国,高艳霞主编. —北京:中国农业大学出版社,2012.11

ISBN 978-7-5655-0620-8

Ⅰ.①规… Ⅱ.①李… ②高… Ⅲ.①乳牛-生态养殖 Ⅳ.①S823.9

中国版本图书馆 CIP 数据核字(2012)第 255261 号

书　名	规模化生态奶牛养殖技术			
作　者	李建国　高艳霞　主编			
策划编辑	林孝栋　赵　中		责任编辑	张　玉
封面设计	郑　川		责任校对	陈　莹　王晓凤
出版发行	中国农业大学出版社			
社　址	北京市海淀区圆明园西路 2 号		邮政编码	100193
电　话	发行部 010-62818525,8625		读者服务部 010-62732336	
	编辑部 010-62732617,2618		出　版　部 010-62733440	
网　址	http://www.cau.edu.cn/caup		E-mail cbsszs@cau.edu.cn	
经　销	新华书店			
印　刷	涿州市星河印刷有限公司			
版　次	2013 年 1 月第 1 版　2014 年 12 月第 3 次印刷			
规　格	880×1 230　32 开本　11.375 印张　314 千字			
印　数	41 001～44 000			
定　价	20.00 元			

规模化生态养殖技术
丛书编委会

主　编　李建国　高艳霞

副主编　李运起　曹志军　牟海日　冯志华　杨建兴

编　者　（以姓氏笔画为序）

于　志　孔令凤　仁瑞清　王新芳

冯志华　孙凤莉　牟海日　张聪华

李小娜　李运起　李建国　杜占宇

杨建兴　陈福音　赵会利　赵驻军

赵晓静　陶　荣　高艳霞　曹志军

崔亚丽　崔秋佳

总　序

　　改革开放以来,我国畜牧业飞速发展,由传统畜牧业向现代畜牧业逐渐转变。多数畜禽养殖从过去的散养发展到现在的以规模化为主的集约化养殖方式,不仅满足了人们对畜产品日益增长的需求,而且在促进农民增收和加快社会主义新农村建设方面发挥了积极作用。但是,由于我们的畜牧业起点低、基础差,标准化规模养殖整体水平与现代产业发展要求相比仍有不少差距,在发展中,也逐渐暴露出一些问题。主要体现在以下几个方面:

　　第一,伴随着规模的不断扩大,相应配套设施没有跟上,造成养殖环境逐渐恶化,带来一系列的问题,比如环境污染、动物疾病等。

　　第二,为了追求"原始"或"生态",提高产品质量,生产"有机"畜产品,对动物采取散养方式,但由于缺乏生态平衡意识和科学的资源开发与利用技术,造成资源的过度开发和环境遭受严重破坏。

　　第三,为了片面追求动物的高生产力和养殖的高效益,在养殖过程中添加违禁物,如激素、有害化学品等,不仅损伤动物机体,而且添加物本身及其代谢产物在动物体内的残留对消费者健康造成严重的威胁。"瘦肉精"事件就是一个典型的例证。

　　第四,由于采取高密度规模化养殖,硬件设施落后,环境控制能力低下,使动物长期处于亚临床状态,导致抗病能力下降,进而发生一系列的疾病,尤其是传染病。为了控制疾病,减少死亡损失,人们自觉或不自觉地大量添加药物,不仅损伤动物自身的免疫机能,而且对环境造成严重污染,对消费者健康形成重大威胁。

　　针对以上问题,2010年农业部启动了畜禽养殖标准化示范创建活动,经过几年的工作,成绩显著。为了配合这一示范创建活动,指导广大养殖场在养殖过程中将"规模"与"生态"有机结合,中国农业大学出

1

版社策划了《规模化生态养殖技术丛书》。本套丛书包括《规模化生态蛋鸡养殖技术》、《规模化生态肉鸡养殖技术》、《规模化生态奶牛养殖技术》、《规模化生态肉牛养殖技术》、《规模化生态养羊技术》、《规模化生态养兔技术》、《规模化生态养猪技术》、《规模化生态养鸭技术》、《规模化生态养鹅技术》和《规模化生态养鱼技术》十部图书。

《规模化生态养殖技术丛书》的编写是一个系统的工程,要求编著者既有较深厚的理论功底,同时又具备丰富的实践经验。经过大量的调研和对主编的遴选工作,组成了十个编写小组,涉及科技人员百余名。经过一年多的努力工作,本套丛书完成初稿。经过编辑人员的辛勤工作,特别是与编著者的反复沟通,最后定稿,即将与读者见面。

细读本套丛书,可以体会到这样几个特点:

第一,概念清楚。本套丛书清晰地阐明了规模的相对性,体现在其具有时代性和区域性特点;明确了规模养殖和规模化的本质区别,生态养殖和传统散养的不同。提出规模化生态养殖就是将生态养殖的系统理论或原理应用于规模化养殖之中,通过优良品种的应用、生态无污染环境的控制、生态饲料的配制、良好的饲养管理和防疫技术的提供,满足动物福利需求,获得高效生产效率、高质量动物产品和高额养殖利润,同时保护环境,实现生态平衡。

第二,针对性强,适合中国国情。本套丛书的编写者均来自大专院校和科研单位的畜牧兽医专家,长期从事相关课程的教学、科研和技术推广工作,所养殖的动物以北方畜禽为主,针对我国目前的饲养条件和饲养环境,提出了一整套生态养殖技术理论与实践经验。

第三,技术先进、适用。本套丛书所提出或介绍的生态养殖技术,多数是编著者在多年的科研和技术推广工作中的科研成果,同时吸纳了国内外部分相关实用新技术,是先进性和实用性的有机结合。以生态养兔技术为例,详细介绍了仿生地下繁育技术、生态放养(林地、山场、草场、果园)技术、半草半料养殖模式、中草药预防球虫病技术、生态驱蚊技术、生态保暖供暖技术、生态除臭技术、粪便有机物分解控制技术等。再如,规模化生态养鹅技术中介绍了稻鹅共育模式、果园养鹅模式、林下养鹅模式、养鹅治蝗模式和鱼鹅混养模式等,很有借鉴价值。

第四,语言朴实,通俗易懂。本套丛书编著者多数来自农村,有较长的农村生活经历。从事本专业以来,长期深入农村畜牧生产第一线,与广大养殖场(户)建立了广泛的联系。他们熟悉农民语言,在本套丛书之中以农民喜闻乐见的语言表述,更易为基层所接受。

我国畜牧养殖业正处于一个由粗放型向集约化、由零星散养型向规模化、由家庭副业型向专业化、由传统型向科学化方向发展过渡的时期。伴随着科技的发展和人们生活水平的提高,科技意识、环保意识、安全意识和保健意识的增强,对畜产品质量和畜牧生产方式提出更高的要求。希望本套丛书的出版,能够在一系列的畜牧生产转型发展中发挥一定的促进作用。

规模化生态养殖在我国起步较晚,该技术体系尚不成熟,很多方面处于探索阶段,因此,本套丛书在技术方面难免存在一些局限性,或存在一定的缺点和不足。希望读者提出宝贵意见,以便日后逐渐完善。

感谢中国农业大学出版社各位编辑的辛勤劳动,为本套丛书的出版呕心沥血。期盼他们的付出换来丰硕的成果——广大读者对本书相关技术的理解、应用和获益。

中国畜牧兽医学会副理事长 李英

2012 年 9 月 3 日

前　言

近年来我国奶牛生产快速增长。2011 年,全国奶牛存栏 1 440 万头,奶类产量 3 810 万吨,乳制品总产量 2 387 万吨,分别比 2008 年增长 17%、0.8% 和 32%。但是,伴随着频频发生的乳品质量安全事件,政府部门和消费者对乳品的质量安全要求不断提高,以及对生态环境保护的要求,乳品安全成为决定我国奶业整体健康、高水平发展的关键,奶业一体化经营、生态养殖与环境可持续发展成为我国奶业发展的必然趋势。因此,我们编著了《规模化生态奶牛养殖技术》一书。

本书"以现代绿色、环保技术为支撑,以实现奶牛高产、优质、高效、生态、安全与可持续发展为目标"编辑而成。全书共 9 章,内容包括:奶牛规模化生态养殖投资效益分析;奶牛的生态环境控制与奶牛场建设;奶牛品种、体型选择与引种;奶牛营养需要与生态饲料配制技术;饲草种植与粗饲料加工技术;奶牛饲养管理与繁殖技术;奶牛的行为特性及生态养殖的福利管理;奶牛的卫生保健与疾病防控;奶牛场粪污处理与利用技术。

本书的出版得到"现代农业产业技术体系建设专项资金"支持。感谢中国农业大学出版社的编辑们为本书出版付出的辛勤劳动。此外,本书参考和引用了许多文献的有关内容,在此,我们谨向原作者表示真诚的谢意!

由于编者水平所限,书中必定有不足之处,敬请读者批评指正。

编　者

2012 年 9 月 6 日

目　录

第一章

奶牛规模化生态养殖
投资效益分析

导　　读　本章主要介绍了奶牛规模化生态养殖的概念、意义和生态养殖模式,并通过案例对奶牛规模化生态养殖的效益进行了分析。掌握奶牛规模化生态养殖的必要性。

第一节　奶牛规模化生态养殖的意义

随着科学技术的进步和人民生活水平的提高,人们对乳品质量的要求越来越高。从原料奶及乳制品供应者来讲,奶牛养殖者和乳品生产企业要为保障消费者的健康和社会整体的根本利益来从事生产。生态奶业生产的奶产品,必须是无污染、安全、优质的营养食品。

一、奶牛生态养殖的概念

生态养殖是指运用生态学、生态经济学原理和系统科学方法,将现代科学技术成就与传统饲草种植、奶牛养殖、废弃物处理等技术有机结合,以绿色、环保技术为支撑,将饲草饲料种植、饲草饲料加工、奶牛养殖、奶源的选择、机械化挤奶、奶牛养殖场粪便无污染处理、回收循环利用和生态环境治理与保护资源的培育、高效利用融为一体,形成具有生态合理性、功能良性循环的新型综合环保产业链,以实现高产、优质、高效与持续发展为目标,达到经济、生态、社会三大效益的有机统一(图 1-1)。

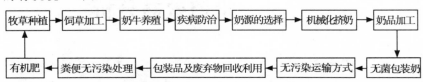

图 1-1　生态奶业产业链示意图(陈渝等,2003)

奶牛的生态养殖不仅强调用洁净的方式生产洁净的生鲜奶,也同时强调发展与资源及环保的统一,即不仅重视生鲜奶的质量,也同时关注人与自然的协调发展。

二、奶牛生态养殖的意义

(一)生态养殖是奶牛业发展的方向

乳品质量安全已成为规模化奶牛生产的首要问题,生态养殖通过污染源的无害化处理、生产过程质量控制,使养殖环境、生产过程和生鲜乳符合质量安全规定的要求,生产成本降低,综合效益提高。生态养殖还可通过奶牛场资源的再生利用,增加效益,符合产业化发展的要求。

(二)生态养殖是消除污染物的主要途径

奶牛在千家万户分散饲养,由于排污量小且分散,对环境的压力很小。但随着规模化生产的发展,奶牛粪尿集中排放且数量巨大,产生的大量 NH_3、H_2S、CH_4 等有毒有害气体,污染空气,不但影响奶牛生产,且直接影响人类健康。

据 2010 年 2 月 6 日第一次全国污染源普查公报,农业源主要水污染物化学需氧量排放量为 1 324.09 万吨,总氮排放量为 270.46 万吨、总磷排放量为 28.47 万吨。畜禽养殖业主要水污染物的化学需氧量排放量 1 268.26 万吨(占农业总排放量的 95.8%),总氮排放量 102.48 万吨(占农业总排放量的 37.9%),总磷排放量 16.04 万吨(占农业总排放量的 56.34%),铜 2 397.23 吨,锌 4 756.94 吨。畜禽养殖业粪便产生量 2.43 亿吨,尿液产生量 1.63 亿吨。

畜禽粪尿及污水中的大量氮、磷化合物为高浓度有机废水,CO_2、BOD 的浓度超标数 10 倍,直接进入水体使水体富营养化,造成藻类大量繁殖,导致水体溶解氧减少,污染的水质影响生活用水和灌溉用水。因此,要从根本上解决我国的水污染问题,必须高度重视养殖源污染防治,并通过生态养殖技术推广实现源头治理。

(三)实施生态养殖是提高奶牛健康和生产力的重要措施

奶牛规模化生产还因养殖集中、环境因素等原因,易诱发各种疾病。而生态养殖能有效减轻各类污染物对环境的压力,改善消化道健康,控制奶牛疾病传染,提高奶牛产奶量。因此,规模化奶牛生产必然要走生态养殖的道路。

第二节　奶牛规模化生态养殖的模式

奶牛生态养殖是实现奶牛规模化、集约化、标准化饲养的重要方式,是实现资源节约发展、环境和谐相处的重要途径。传统的粗放养殖只考虑在一定面积上容纳奶牛的数量,而生态奶牛场则要考虑周围配套设施的承载量,追求的最终目标是在周边土壤对牛粪消纳能力等有限条件下生产最优质牛奶所能容纳牛的数量。做到以"牛"为本,提高奶牛的福利标准,其目标是提高牛奶质量和单产水平,奶牛疾病得到有效控制。

奶牛规模化生产的生态养殖模式应当满足以下基本条件:①能消除或减轻污染危害,达到无公害、生产质量安全规定的要求;②能通过生物链再生利用资源,降低奶牛规模化生产的总体成本;③能通过生物链衍生产品,并转化为产业链,使奶牛规模化的综合效益增加(图 1-2)。

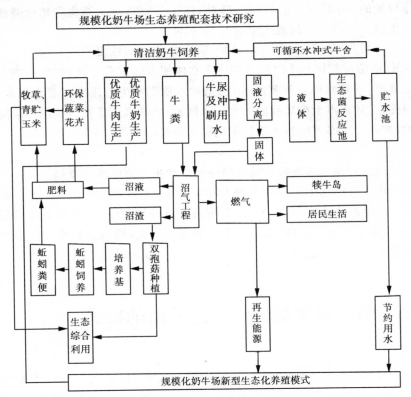

图 1-2　规模化奶牛场生态循环生产(王云洲等,2009)

一、"牛—肥—果（双孢菇、菜、渔、牧草）"生态农业模式

该生态农业模式,实现了废弃物资源化利用,有以下 4 个特点:实现了由"高投入、低利用、高排放"向"低投入、高利用、低排放"的转变;由单一强调生产效益向兼顾生态经济的协调发展转变;由常规生产方式向物质循环和能量转换的生态乳业体系转变;由注重生产管理向生产、资源保护和农民利益等全方位管理转变。

二、"粮草—奶牛—沼—肥"生态模式及配套技术

基本内容包括:一是种植业由传统的粮食生产一元结构或粮食、经济作物生产的二元结构向粮食作物、经济作物、饲料作物三元结构发展,饲料饲草作物正式分化为一个独立的产业,为农区饲料业和养殖业奠定物质基础。二是进行秸秆青贮、氨化和干堆发酵,发酵秸秆饲料用于养殖业,主要是养牛业。三是利用规模化养殖场畜禽粪便生产有机肥,用于种植业生产。四是利用畜禽粪便进行沼气发酵,同时生产沼渣、沼液,开发优质有机肥,用于作物生产。

三、"奶牛场＋粪便处理生态系统＋废水净化处理生态系统"的现代化生态奶牛场模式

通过饲草的生态种植,奶牛的低碳、无公害或有机饲养,建造散栏式奶牛舍,装备卧床、降温等设施,牛舍自动化清粪、污粪输送与处理、粪便采取固液分离、液体部分进行沼气发酵,建造适度的沼气发酵塔和沼气贮气塔以及配套发电附属设施,合理利用沼气产生的电能。发酵后的沼渣可以改良土壤的品质,保持土壤的团粒结构,使种植的瓜、菜、果、草等产量颇丰,池塘水生莲藕、鱼产量大,田间散养的土鸡风味鲜

美。利用废水净化处理生态系统,将奶牛场的废水及尿水集中控制起来,进行土地外流灌溉净化,使废水变成清水循环利用,从而达到奶牛场的最大产出。据统计,3 000头的养牛场,产牛粪150吨/天,产生沼气2 250米³/天,用来发电2 500千瓦/天,发电量满足了整个养牛场的设施和养殖人员的生活需求,创造了巨大的环境效益和经济效益。这样的生态系统,改善周围的环境,减少人畜共患病的发生,保持了环境无污染无公害处于生态平衡中,这种循环经济有利于畜牧业的持续发展,可以为其他大型养牛场起到示范带动的作用。

第三节　奶牛规模化生态养殖的效益分析

　　规模化生态养殖与传统奶牛养殖模式对比,多出的经济效益主要来自优质牧草代替部分精料所节省的饲料成本、提高奶牛福利减少疾病所节省的兽药费用、提高奶牛产奶量的直接收益、粪污综合利用所产生的收益、沼气发电节省的电费以及市价差额的直接收益。生态环境效益主要来自牧草改善环境作用、粪污处理工艺的环境效益以及生态牛奶给人体健康带来的效益。

　　奶牛生态养殖典型经营案例如下:

　　[案例一]

　　徐州市九里区的徐州市广宇奶牛生态养殖场以沼气为纽带在120亩(1亩=667米²)煤矿塌陷地上种植牧草、速生杨,养殖奶牛、发展渔业,创建了生态富民新模式。210头奶牛的粪便及污水变成了宝贵的沼气发酵原料,该工程中产生的沼气用于场区生产生活用能,沼渣、沼液用作(40亩牧草)紫花苜蓿、6 000棵速生杨的肥料以及60亩鱼塘的鱼饲料。该工程年产优质燃料(沼气)9 000米³,可替代标煤27吨。年产3 000吨的优质沼肥,除满足本场使用外,还可供周边种、养农户有偿使用。每年获得直接经济效益高达20万元。该工程实现了生产技术生态化、生产过程清洁化、生产产品无害化、生产环境舒适化,对促进农业和农村经济可持续发展,具有显著的示范带动作用。

[案例二]

河北省怀来县乔家营村形成了奶牛产业与葡萄产业的良性互动,主要将牛粪施于葡萄种植园,而葡萄酿酒之后剩下的副产品酒糟则又可成为牛的上等饲料,既可以提高奶单产量,又可以提高牛奶的乳脂率。于是怀来县就出现了图1-3所示的生态循环。在这种两条产业链互相促进的生态模式下,葡萄的产量与质量、牛乳的产量与质量都优于单一产业投入链的情况,并且有效地解决了大规模养牛中必然伴随的污染问题。

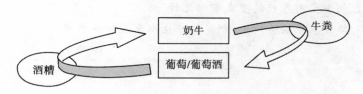

图1-3　奶牛产业与葡萄产业的良性互动(陈渝等,2003)

[案例三]

山东省彩蒙奶牛场年排污总量约2.2万吨。通过发展新型生态化奶牛养殖模式,不仅减少了污染,提高了奶牛养殖业废弃物的利用率,而且能使奶牛更加高产,生产出优质牛奶,同时为解决规模化养殖场普遍存在的粪尿流失、污染河道水体及周围环境等问题找到了一条科学的路子。利用牛粪进行双孢菇生产,效益非常可观。实践证明,栽培1米² 双孢菇,投资10元左右,一般可产鲜菇10～12千克,按每千克售价3元计算,每平方米可收入30元左右。双孢菇种植的生产程序和时间安排:粪草收集贮藏(6月份前)→菇房修建和消毒(6～7月份)→堆料(7月底,二次发酵于8月初开始)→下种(8月底)→覆土(粗土9月10日左右,细土9月20日之前)→出菇(10月初前后采收)。双孢菇培养料参考配方:配方Ⅰ,干牛粪650千克,麦秸350千克,豆饼粉15千克,尿素 3 千克,硫酸铵 6 千克,碳酸铵 15 千克,过磷酸钙 10 千克。配方 Ⅱ,干牛粪 300 千克,干麦秸 300 千克,棉籽饼 40 千克,硫酸铵 2.5 千克,尿素 0.75 千克,石膏粉 6 千克。条件要求:双孢菇生长所需培养料的碳氮比一般为(30～33)∶1,发酵后的培养料则以(17～20)∶1 为宜。培养要求的温度由高到低,孢子萌发的最适温度为 23～25℃,子实体生长的最适温度为 15～17℃。水分要求为 60% 左右,pH 7.5 左右。

思考题

1. 什么是生态养殖?

2. 奶牛生态养殖的模式有哪几种?

3. 结合本地实际情况,制定奶牛生态养殖实施方案。

第二章

奶牛的生态环境控制与
奶牛场建设

导　　读　本章主要阐述了生态奶牛场对环境的要求和如何规划与建设生态奶牛场。此外,还对奶牛场的设施、设备进行了介绍。掌握生态奶牛场建设及合理布局知识,了解奶牛场常用设备的种类与特性。

第一节　生态奶牛场的环境要求

建设生态友好型奶牛场,要根据奶牛的生物学特性,全面考虑奶牛对生态环境的要求。

一、牛舍温、湿度要求

奶牛的生物学特性是相对耐寒而不耐热。如荷斯坦奶牛比较适宜的环境温度为 5～15℃,较佳生产区温度为 10～15℃。当气温为 29℃、相对湿度为 40% 时,奶牛的产奶量下降 8%;在同等温度条件下,相对湿度为 90％，产奶量下降 31％。而气温在 0℃ 以下，奶牛采食量增加，产奶量则无明显变化。在北方部分地区，奶牛饲养要注意冬、春季的防寒保温工作，以确保奶牛饲养安全和饲养效益。

奶牛舍最适宜温度为 8～14℃，低于 0℃ 和高于 25℃ 都会影响产奶量。

奶牛场舍区生态环境质量应该符合畜禽场（NY/T 388—1999）要求（表 2-1）。

表 2-1　奶牛场舍区生态环境质量

温度/℃	相对湿度/％	风速/（米/秒）	照度/勒克斯	细菌/（个/米³）	噪声/分贝	粪便含水率/％	粪便清理
10～15	80	1	50	20 000	75	65～75	日清粪

二、空气环境

奶牛场舍空气环境质量应该符合《GB/T 18407.3—2001 农产品安全质量　无公害畜禽肉产地环境》要求（表 2-2）。

表 2-2　牛舍空气中空气环境质量指标

项目	二氧化碳/（毫克/米³）	氨/（毫克/米³）	硫化氢/（毫克/米³）	可吸入总颗粒/（标准状态，毫克/米³）	总悬浮颗粒物/（标准状态，毫克/米³）	恶臭（稀释倍数）
牛舍内	1 500	20	8	2	4	70
场区	750	5	2	1	2	50

三、土壤环境

奶牛场土壤环境质量及卫生指标应该符合《NY/T 1167—2006 畜禽场环境质量及卫生控制规范》要求（表 2-3）。

表 2-3　奶牛场土壤环境质量及卫生指标

项目	缓冲区	场区	舍区
镉/(千克/毫升)	0.3	0.3	0.6
砷/(千克/毫升)	30	25	20
铜/(千克/毫升)	50	100	100
铅/(千克/毫升)	250	300	350
铬/(千克/毫升)	250	300	350
锌/(千克/毫升)	200	250	300
细菌总数/(万个/克)	1	5	—
大肠杆菌/(克/升)	2	50	—

四、水质要求

水质应符合《NY/T 5027—2008 无公害食品　畜禽饮用水水质》标准(表 2-4)。

表 2-4　奶牛饮用水水质标准

项　目		标准值
感官性状及一般化学指标	色	≤30°
	浑浊度	≤20°
	臭和味	不得有异臭、异味
	总硬度(以 $CaCO_3$ 计)/(毫克/升)	≤1 500
	pH	5.5～9
	溶解性总固体/(毫克/升)	≤4 000
	硫酸盐(以 SO_4^{2-} 计)/(毫克/升)	≤500
细菌学指标	总大肠菌群/(个/100 毫升)	成年牛 100,幼牛 10
毒理学指标	氟化物(以 F^- 计)/(毫克/升)	≤2.0
	氰化物/(毫克/升)	≤0.2
	砷/(毫克/升)	≤0.2
	汞/(毫克/升)	≤0.01
	铅/(毫克/升)	≤0.1
	铬(六价)/(毫克/升)	≤0.1
	镉/(毫克/升)	≤0.05
	硝酸盐(以 N 计)/(毫克/升)	≤10

第二节　生态奶牛场的规划与布局

一、场址的选择

奶牛场地势过低,地下水位太高,极易造成环境潮湿,影响牛的健康,同时蚊蝇也多。而地势过高,又容易招致寒风的侵袭,同样有害于牛的健康,且增加交通运输困难。因此,牛舍宜修建在地势高燥、背风向阳、空气流通、土质坚实、地下水位低(2 米以下)、具有缓坡的北高南低的沙壤土上。

场址可是正方形、长方形,避免狭长和多边角。建筑面积按每头成年母牛 28～33 米^2,总占地面积为总建筑面积的 3.5～4 倍(表 2-5)。

表 2-5　奶牛饲养数量和占地面积关系

总头数	成年奶牛/头	后备奶牛/头	占地面积/公顷
1 000	600	400	5.65
700	415	285	4.21
400	230	170	2.45
200	125	75	1.33
100	55	45	0.67

应选择在距离饲料生产基地和放牧地较近、交通便利的地方建场。

符合卫生防疫要求。远离交通要道、公共场所、学校、医院、居民区,距离应在 500 米以上,距一般交通道路 200 米以上。牛场周围 1 000 米内无大型化工厂、皮革厂、肉品加工厂、屠宰场或其他畜牧场污染源。新建牛场千万不能建在老疫区以及有传统人畜地方病或其他传染病的疫区内。

牛场水源充足,水质应符合畜禽饮用水标准,各项污染物不超过规定的浓度限值。禁止在国家和地方法律法规划定的水源保护区、旅游区、自然保护区等区域内建场。

　　电力充足、可靠,并保证电力供给。

二、奶牛场的布局

　　场区的布局与规划应本着因地制宜和科学饲养的要求,合理布局,统筹安排。做到为奶牛创造适宜的环境,满足饲养工艺要求,利于卫生防疫,符合建筑、环保等标准,尽量降低工程造价,经济合理。

(一)奶牛场分区

　　根据地形、地势和当地主风向,场区一般应设生活区、管理区、生产区、隔离区(病牛隔离治疗与粪污处理区)。各功能区应联系方便,并设置硬质隔离带相互隔离,界限分明。布局顺序应符合生产工艺流程的需求,避免交叉(图2-1)。

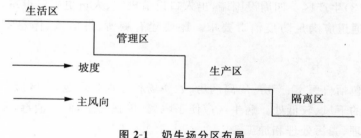

图 2-1　奶牛场分区布局

(二)各区规划布局

1. 生活区

　　区内设置职工宿舍,食堂、小型超市等。生活区也应在生产场区上风头和地势较高地段,做到人畜分离,并与生产区保持 100 米以上距离,以保证生活区卫生环境。

2. 管理区

管理区包括办公室、接待室、财务室、档案资料室、培训及职工活动室、实验室等。管理区应在生产场区的上风处、高燥处,要和生产区严格分开,保持 50 米以上距离。

3. 生产区

包括生产区和生产辅助区。

(1)生产区　主要包括泌乳牛舍、青年牛舍、育成牛舍、犊牛舍、犊牛岛、干奶牛舍、产房、配套运动场、挤奶厅等。这是奶牛场的核心,要保证安全、安静。各牛舍之间要保持适当距离,布局整齐,以便防疫和防火。做到适当集中,节约水电线路管道,缩短饲草饲料及粪便运输距离,便于科学管理。

(2)生产辅助区　包括青贮窖、干草棚、饲料库和加工车间,还有配电室、机械车辆库等。位置尽量居中,距离奶牛舍近一些,便于车辆运送草料,减轻劳动强度。选择建在地势较高的地方,防止奶牛舍和运动场的污水渗入而污染草料。

(3)生产区　四周围围墙,出入口设值班室、人员更衣消毒室,车辆消毒通道应满足防疫消毒要求。还要建有厕所、淋浴室、休息室等功能区。

4. 隔离区

包括兽医室、产房、隔离病房、贮粪场和污水处理池,本区应布置在场区的下风、较低处。病牛区应便于隔离,单独通道,便于消毒,便于污物处理、粪污处理和加工等。

图 2-2 为奶牛场布局示意图。

(三)区间规划

场内道路应建成水泥路面,并划分为净道(管理、运送饲料、产品等)和污道(转群、运送粪污等)。两道严格分开,不重叠、不可交叉混用。一般道路系数为 $8\%\sim10\%$。

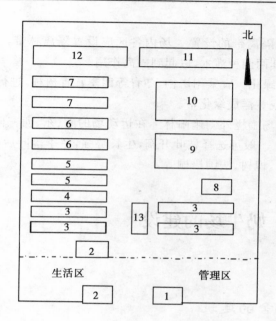

1.门卫;2.消毒室;3.泌乳牛舍;4.特需牛舍;5.犊牛舍;6.育成牛舍;7.青年/干奶牛舍;
8.隔离牛舍;9.干草棚;10.青贮窖;11.粪污处理区;12.沼气发电;13.挤奶厅

图 2-2 奶牛场布局示意图

牛场围墙内外,各区间、道路两旁,运动场围栏外侧,各幢牛舍间应植树、种草。分别配置遮阳绿化、行道绿化、美化绿化。绿化系数为30%～35%,改善牛场环境条件和局部小气候,净化空气,美化环境,同时也能起到隔离作用。

(1)场区林带的规划 在场界周边种植乔木和灌木混合林带,并栽种刺笆。北方地区:乔木类的大叶杨、旱柳、钻天杨、榆树及常绿针叶树等;灌木类的河柳、紫穗槐、侧柏等;刺笆可选陈刺蛋、铁篱笆等,起到防风阻沙、安全等作用;南方地区:乔木类的法国梧桐、槐树、柳树、榆树等;灌木类的黄杨、黄金叶、大叶女贞、小叶女贞、法国冬青、垂柳;草坪类的冷季型多年生黑麦草、草地早熟禾、细羊茅;暖季型地毯草、狗牙根、钝叶草。

（2）场区隔离带的设置　场内各区应设置隔离林带，一般可用杨树、榆树等，其两侧种灌木，以起到隔离作用。

（3）道路绿化　宜采用塔柏、冬青等四季常青树种，进行绿化，并配置小叶女贞或黄洋成绿化带。

（4）运动场围栏外侧遮阳林　在运动场的南、东、西三侧，应设1～2行遮阳林。一般可选择枝叶开阔，生长势强，冬季落叶后枝条稀少的树种，如杨树、槐树、法国梧桐等。

第三节　奶牛场的建设

一、牛舍的建筑

（一）牛舍类型与基本要求

按照开放程度，可分为全开放牛舍、单侧封闭的半开放牛舍、全封闭式牛舍；按屋顶结构，可分为双坡式、钟楼式、半钟楼式、单坡式（图2-3）。

双坡式　　　钟楼式　　　半钟楼式　　　单坡式

图2-3　奶牛舍不同屋顶类型

奶牛舍建筑要经济实用，符合兽医卫生要求。牛舍宜坐北朝南，根据主风向等条件也可偏向东南或西南15°。房顶和外墙隔热性能要好,近年新建牛舍多采用彩钢保温夹芯板做屋顶或墙体材料。地面结构自上至下通常由混凝土层、碎石填料层、隔潮层、保温层等构成。要注意通风良好,应有一定规格、数量的采光、通风窗户,或设置天窗。奶牛舍也可采用活动卷帘设计,根据季节调节卷帘,控制通风和保温。

牛舍建筑应根据当地自然条件和经济条件,因地制宜采用拴系式牛舍和散栏式牛舍。牛舍朝向一般为南北方向,南北向偏东或偏西不超过30°。牛床排列方式,小型奶牛场可采用单列式,大、中型奶牛场以双列式为主,或采用多列式。

(二)牛舍的光照设计

牛舍一般采用自然光照,采光系数是牛舍窗户的有效采光面积和舍内地面面积之比,生产上要求成年牛舍为1:12,犊牛舍为1:(10~14)。光源可采用白炽灯进行人工补充光照,一般认为泌乳牛的日光照时间为16小时,干奶牛则为8小时。泌乳牛舍的光照强度为200勒克斯。奶牛在夜间的光照不超过30勒克斯。

(三)牛舍的防热设计

①夏季半封闭式牛舍打开门窗和防风帘,增加牛舍内空气流通。开放式牛舍安装通风设施,增加通风,舍内温度一般能降低2~3℃。风机转速700~800转/分钟,风程12~15米,风跨5米以上为宜,利用多个风扇在牛舍里产生接力送风。

②在饲槽、待挤厅设置风扇喷雾系统,在牛卧床上方设置风扇,通过风扇和喷淋降低环境温度。水加上风扇吹风可降低奶牛呼吸率和体温。北京三元绿荷奶牛养殖中心的经验是以大水滴短时间间歇式淋浴效果最佳,大水滴从上喷淋,每次喷淋时间1分钟,间歇4分钟,同时开启风扇吹干奶牛体表,带走体热有利于降温,还可以避免水滴成流污染乳房,每5分钟重复一次。通常牛舍应保持干燥,不积水,相对湿度保持在80%以下。

③运动场要搭建凉棚,至少高4.3米,宽5~8米,保证每头母牛

≥4.2米²的遮阳面积,所用材料应有良好的隔热性能。可采用水平或垂直的遮阳板,或采用简易活动的遮阳设施:如遮阳棚、竹帘或苇帘等。同时,也可栽种植物进行绿化遮阳。牛舍的遮阳应注意以下几点:a. 牛舍朝向对防止夏季太阳辐射有很大作用,为了防止太阳辐射热侵入舍内,牛舍的朝向应以长轴东西向配置为宜;b. 要避免牛舍窗户面积过大;c. 可采用加宽挑檐,挂竹帘,搭凉棚以及植树等遮阳措施来达到遮阳的目的。

④保证每10头泌乳牛拥有一个饮水位,保证奶牛随时可以饮水,水槽安放在方便易于饮用的地方(凉棚底下、卧床边上、待挤厅、返回通道等),每周清洗饮水槽,保证水的清洁,水温15～26℃。

⑤设计隔热的屋顶,加强通风。牛舍可设地脚窗、屋顶设天窗、通风管等方法来加强通风。此外,必要时还可以在屋顶风管中或山墙上加设风机排风,可使空气流通加快,带走热量。

⑥奶牛场的绿化。牛场的绿化,不仅可以改善场区小气候,净化空气,美化环境,而且对奶牛场的清洁、消毒、防疫和防火等起到重要作用。

(四)牛舍的保暖设计

气温在0℃以下,奶牛采食量增加,产奶量则无明显变化。在北方部分地区,奶牛饲养要注意冬春季的防寒保温工作,以确保奶牛饲养安全和饲养效益。

(1)科学设计牛舍 要使牛舍具有结构合理、冬季增温显著、保温良好的特点。寒冷地区牛舍天棚要设计的采光面积占整个屋顶的45%以上,大采光面积可以保证阳光充足射入牛舍。也可在牛舍设采光保温窗,开启采光保温窗,阳光照射采光面,为牛舍增温。无阳光时将采光面关闭保温。

屋顶和天棚。要求结构严密,不透气,天棚铺设保温层、锯木灰等,也可采用隔热性能好的合成材料,如聚氨酯板、玻璃棉等。天气寒冷地区可降低牛舍净高,采用的高度通常为2～2.4米。

做到墙体隔热、防潮,寒冷地区选择导热系数较小的材料,如选用空心砖(外抹灰)、铝箔波形纸板等作墙体。牛舍朝向上长轴呈东西方向配置,北墙不设门,墙上设双层窗,冬季加塑料薄膜、草帘等。

石板和水泥地面坚固耐用,防水,但冷、硬,寒冷地区作牛床时应铺垫草、厩草、木板。规模化养牛场可采用三层地面,首先将地面自然土层夯实,上面铺混凝土,最上层再铺空心砖,既防潮又保温。

(2)保障排湿　牛舍的水汽中大气带入的水分占 10%～15%,牛体排出的水分约占 75%,地面粪污蒸发的水分占 10%～15%。室内外温差明显,产生气压差,还利于室内水蒸气和氨气的排放,在降低湿度的同时,大大提高了舍内的空气质量。冬季阳光直射奶牛身体,促进生长和钙质的吸收。

(3)合理通风　牛舍采用无动力轴流风机进行强制通风,通风量可以根据舍内的温差、湿度差和换气量以及牛头数来确定。良好的通风可以确保舍内空气环境质量。

冬季防风问题也应该引起注意。不少奶牛饲养者已经观察到,一定幅度的冬季低温对奶牛的影响并不大,但是冬季一场大风刮过,奶牛的产奶量第 2 天就大幅度下降,并且随后 3～7 天的产奶量一直较低,需要逐渐恢复。因此,在开放式牛舍的迎风面安装活动卷帘,在冷风来临之前卷下,也可以使用可移动式挡风帘。

(五)犊牛舍(栏)

建造时特别要强调清洁干燥、通风良好、光照充足、容易采食和饮水。犊牛栏需设置容易拆卸的草架和食槽架,铺设隔热保温能力好的稻草和锯末等垫料,不要用沙子作垫料。犊牛单栏饲养,便于工人对犊牛和其生活环境的清洁与消毒,避免犊牛间互相吸吮,改善犊牛的生活环境,降低下痢和胃肠炎的发病几率。可将犊牛成活率提高到 90%以上。该法可以保证牛群快速增长。适用 0～3 月龄犊牛。

(1)犊牛岛　犊牛岛的形式、材质和设计不同,一般尺寸为宽100～120 厘米,长 220～240 厘米,高 120～140 厘米。犊牛岛的一端敞开,可以用铁丝等在外面围一个活动区域供犊牛运动。犊牛岛小舍除前面外,其余各面封闭严实,也可以在背面设可以随意闭合的通风小窗。

国内市场所售塑料或玻璃钢(玻璃纤维)一次压制成型的犊牛岛小舍比较好。奶牛场也可以自己利用水泥预制板或木头砌建,造价低廉,但水泥预制板的不易搬动,木质的不易清洁,使用寿命较短。

犊牛岛的位置可以根据季节调节,保障冬季光照和减少西北风的侵扰,夏季保障遮阳和通风。犊牛岛位置应稍高出地面,利于排水。

犊牛岛既可建在露天场地,也可建在开放、半开放或密闭的牛舍内。

(2)断奶犊牛舍　犊牛单栏喂到断奶后,再饲喂 1～2 周,然后转入断奶后犊牛舍,小群体培育。断奶后犊牛一般 4～6 头为一栏,每头犊牛需要 2.3～2.8 米^2,每栏犊牛数量最好是偶数。采用 20～30 头犊牛一栏也可以。

若采用自由卧栏培育,1～4 月龄自由卧栏长×宽为(130～140)厘米×(55～65)厘米,5～7 月龄长×宽为(150～160)厘米×(70～80)厘米。

(六)育成牛舍

育成牛舍建筑可以相对简单,只要注意防风、防潮,方便奶牛配种、治疗,便于饲喂、粪污清理等操作即可。主要采用散放式、散栏式牛舍,具体设计可以参照泌乳牛舍。

育成牛舍可采用单坡单列敞开式或双坡双列对头式开放、半开放或封闭牛舍。每头牛占用面积6～7 米^2,牛床长 1.6～1.7 米,宽 0.8～1 米,斜度 1%～1.5%。颈枷、通道、粪尿沟、饲槽与成年奶牛舍相似。

(七)泌乳牛舍

泌乳牛舍面积可按奶牛场饲养规模(头)×65%×8 米^2 计算。

泌乳牛舍可采用单坡单列敞开式或双坡双列或多列对头式开放、半开放或封闭牛舍。

按照奶牛生态学和奶牛生物学特性,目前奶牛场多采用散栏饲养。散栏饲养奶牛场的建筑设施基本上是由成年母牛生活区、挤奶厅、等候区、医疗区、产房区、后备牛区、草料供应区、粪便处理区及通道系统八部分组成。

　　成年母牛生活区内部主要设施以"自由牛床"及"自锁颈枷"两项最为重要。

　　自由牛床(卧床)主要由隔栏、床面及铺垫物三项构成。隔栏是用来将设在暖棚内的长排床面通铺分隔成若干单个牛床,使牛只有限制地利用床面,减少污染面节省褥草。分隔方法有横吊式和入地式两种隔栏。横吊式优点为各床底面后部相连通。便于添铺褥草和清除床面污物。但安装时顶端要特别加固。末端因横吊抗冲撞力弱,整个隔栏需选用较坚实材料。卧栏数量可以是颈枷数量的90%~100%。

表 2-6　不同阶段和不同体型的奶牛适用的卧床尺寸(赵凤茹,2006)

毫米

牛的体型和年龄	卧床宽度	卧床长度		颈轨位置（卧床后沿到颈轨的斜长）	高度（卧床后沿到卧栏上杆）
		无垫料	有垫料		
3~6 月龄 150 千克	690	1 220	1 140		710
6~10 月龄 250 千克	810	1 520	1 450		810
10~15 月龄 300 千克	1 070	2 060	1 980		860
15~24 月龄 450 千克	1 070	2 130	2 060	1 680	910
成年母牛月龄 550~650 千克	1 140	2 290	2 210	1 880	1 010
成年母牛月龄 650 千克以上	1 220	2 440	2 440	1 930	1 070

成母牛卧床隔栏高度为 1.17～1.22 米。上下横管之间 95～100 厘米。上部横设一颈轨，距床前端 60 厘米处。挡胸板设置在卧床的前端（与颈轨垂直对齐的隔栏下方），在奶牛躺卧时刚好位于奶牛胸部的位置。挡胸板前要留出一定的空间，即为前冲空间。为成母牛设计的挡胸板的位置应当在距离卧床后沿外沿 167～172 厘米。挡胸板选用的材料可以是木质的，也可以是塑料的或橡胶的。设置颈杠和挡胸板的目的是避免奶牛站立和躺卧过于靠前，从而也保证奶牛将粪排到身体后侧的清粪通道当中，减少污染床面。

牛床地面先用黏土夯实。再做一厚 5～8 厘米水泥床面由前至后有 3％坡度，床面高出通道 5 厘米，沿牛床后沿作一高 20 厘米宽 15 厘米水泥半圆栏坎，将牛床与通道隔开，用以防止污物污水浸入床面，并可阻拦床上褥草被牛踏出。

垫料铺设在卧床表面，其最主要的作用是提供给奶牛舒适的环境，同时也起到隔热和吸收潮气的作用。选择卧床垫料材料需要综合考虑适用性和价格因素，选用的材料应该是柔软舒适而且具有良好的吸水性能，易于清洁，不易于病菌生长，在奶牛活动时不易被移动。铺垫物种类很多，有橡胶垫、木板、废轮带、锯末、花生皮、粗沙、碎秸秆、稻草等。铺垫厚度应不少于 10 厘米。

颈枷可采用自由颈枷或自锁颈枷。自锁颈枷的优点是可限制牛只采食时移位或冲顶其他牛只。成年母牛自锁颈枷全宽 65～75 厘米，距地面高度 140～150 厘米，视牛群体型而定。但其中枷住牛颈的活动斜杠和固定立杠二者之间净宽则皆为 20 厘米。自锁的关键部位在活动立杠的支点高度和上口距固定立杠宽度。颈杠上部横杠距地面高度可定为 145 厘米，支点高度应设在距地面 85 厘米以上，过低则牛只采食时可能不触及活动斜杠下端，不能促使斜杠垂直自动将牛锁住，颈枷活动斜杠上端距固定立杠之间开口宽度应不少于 45 厘米，否则有角奶牛进出皆有困难。在设计上，可以将颈枷朝饲喂通道方向倾斜 20°，以便奶牛采食。

饲料道高出牛床（粪便道）10～20 厘米，宽度为 300～400 厘米，具体宽度由运输设备的大小而定,斜度 2%,阴角做成小圆弧。饲料撒在通道上供牛采食,方便机械送料,也减少了修建成本。

粪便道宽度视清粪设备的大小而定。

饮水可采用饮水箱、饮水碗或控温水槽。

(八)产房

产房面积可按:奶牛场饲养规模(头)×10%×9.5 米² 计算。舍内床位数按成牛数的 10%～12% 安排。产房内设产床和新生犊牛保育栏。一般规模奶牛场可设产床 4 个,保育栏 8 个。每个产床面积应比泌乳牛床宽大,地面铺柔软垫草。保育栏宜靠墙设置,对外一侧为活动栏门,栏门上放置奶桶和料桶,另两面为砖墙,水泥抹面,保育栏大小设置为 1 米×1 米×1 米,底部垫漏缝木板,上面垫柔软干草。

二、运动场

运动场是奶牛运动、休息和乘凉的场所,运动场可设在牛舍的南侧,也可设在牛舍的北侧。设在南侧冬天光照面积大,运动场设凉棚。运动场要设饮水槽及时为牛补水。运动场的面积可按成母牛 20 米²/头、育成牛 15 米²/头、犊牛 10 米²/头设定。运动场面积越大,环境卫生条件会越好。

增加牛舍内运动距离。在大跨度的奶牛舍内,奶牛的活动空间相对较大;在牛舍长度较长的奶牛舍,奶牛从槽位出发,经过舍内通道和舍外通道,直至挤奶厅,具有较远的运动距离,并且每天要往返数次,这样就形成了较大的运动量。因此,对于这种类型的奶牛舍则不需要很大的舍外运动场。

奶牛运动场常见的地面类型主要有:水泥地面、砖砌地面、土质地面、三合土地面(黄土:沙子:石灰=5:3:2)、半土半水泥地面等,中间高并向四周略低。黏土砖运动场地面投资虽高,但牢固耐久,排水及时,运动场地面清洗方便,干净卫生。一般来说,柔软干燥的地面有利于奶牛的肢蹄健康,过硬的运动场地面容易造成肢蹄损伤,泥泞潮湿的地面容易引起腐蹄病。因此,要选择柔软干燥的地面。

运动场内地面,可以有多个分区,分别铺以不同的运动场地面,在不同的天气条件下做出相应的选择,晴天可以把牛放入泥土地面或让牛自由选择,在阴雨潮湿天气选择沙土地面。黏土地面具有柔软的特点,在干燥疏散的情况下奶牛喜欢选择。但是,长期使用的黏土地面容易板结变硬。可以采用旋耕机旋耕疏松,每半个月旋耕一次,经过旋耕的运动场奶牛更喜欢进入,但在多雨天气要禁止放牛入内。

运动场三面设排水沟,坡度为 1%~1.5%,注意污水道与雨水道分开,以减少污水处理量。

三、青贮池与青贮塔

应选择养殖场内地势较高,向阳干燥,土质坚实,排水良好,离污水较远,青贮池应选在离每栋牛舍的位置都较近处,四周有空地的地方。防止粪尿等污水入浸污染,同时要考虑出料时运输方便,减小劳动强度。空气与土壤应符合 NY/391—2000 空气环境质量要求。地上水和地下水应符合 NY 5027—2001 无公害食品畜禽饮用水水质要求。

修建青贮窖、青贮塔等青贮容器所采用的水泥、沙石、砖等材料的卫生质量指标应符合 NY 391—2000 土壤环境质量各项污染物的指标限值和青贮用塑料袋无毒无害。根据饲养规模和每吨青贮约为 1.42 米^3,确定青贮池的数量。

青贮池分地下式、半地下式和地上式 3 种。地上式青贮池已成为现代奶牛场青贮的主要方式。注意设计时青贮窖底部要高于历史水位线 2 米,防止地下水渗入青贮窖。青贮池两端都要开放,便于一年中多次青贮,而且制作、取用方便。从中间向两头有 2% 的坡度,利于排水。要求窖壁用水泥抹光,四角圆滑,上口宽下底宽,窖底距地下水位0.5 米以上。

青贮塔是用钢筋、水泥、砖砌成的永久性建筑物,呈圆筒形,上部有锥形顶盖,防止雨水淋入。可以建造高达 7～10 米,青贮塔一般内径 3.5～6 米。塔底呈锅底形,中间设一缝隙地板(0.3 米²),下面联通带有 0.5％以上斜度的水沟伸向塔的一侧。在塔外砌一竖井与水沟相接,井口与地面平,盖一活动盖板。塔的四壁要根据塔的高度设 2～4 道钢筋混凝土圈梁,四壁墙厚度由下往上分段缩减,但内径必须平直,内壁用厚 2 厘米水泥抹光。塔一侧每隔 2 米高开一个 0.6 米×0.6 米的窗口,作为装草用。有的采用钢板建成全封闭青贮塔,采用青贮饲料绞龙上料机装填,用机械自塔底部取料。

四、干草库

根据饲养规模计算出年需要干草数量,再按 1 米³ 的干草捆相当于 300～450 千克计算出干草库的大小。尽量设在下风向地段,与周围房舍至少保持 50 米以上距离,单独建造,以利于防火安全。严禁在干草棚周围架设电线,以防火灾。

五、饲料加工间和饲料库

饲料加工间应靠近大门,以便于运输饲料。饲料库要靠近饲料加工间。一般采用高平房,要有水泥地面和墙裙(用水泥抹 1.5 米高),防止饲料受潮和鼠害。加工间大门应宽大,以便运输车辆出入,门窗要严密。小区内还应建原料仓库及成品库。

六、挤奶厅及附属设施

挤奶厅应设在成乳牛舍的中央或多栋成乳牛舍的一侧。前者奶牛的行走路线短,但牛奶车需要进入生产区取奶,不利于奶牛场的防疫卫生,影响奶牛的安静环境。后者奶牛的行走路线有长有短,但便于牛奶车取奶。

挤奶厅包括候挤区（长方形通道，其大小以能容纳 1～1.5 小时能挤完牛乳的牛只，每牛 1.3 米²）、准备室（入口处为一段只能允许一头牛通过的窄道，设有与挤奶台能挤奶牛头数相同的牛栏，牛栏内设有喷头，用于清洗乳房），待挤区要有通风、排湿、降温、喷淋设备等。挤奶台（可采用鱼骨形挤奶台、菱形挤奶台或斜列式挤奶台等）、滞留间（挤奶厅出口处设滞留栏，滞留栏设有栅门，由人工控制，发现需要干乳、治疗、配种或作其他处理的牛只，打开栅门，赶入滞留间，处理完毕放回相应牛舍）。在挤奶区还有牛乳处理室和贮存室等。

七、兽医诊疗和病牛隔离区

包括诊疗室、药房、化验室、办公值班室及病畜隔离室，要求地面平整牢固，易于清洗消毒。为防止疾病传播与蔓延，这个区要设在生产区的下风向和地势低处，并应与牛舍保持 300 米的卫生间距。病牛舍要严格隔离，并在四周设人工或天然屏障，要单设出入口。处理病死牛的尸坑或焚尸炉更应严格隔离，距离牛舍 300～500 米以上。

八、粪尿污水池和贮粪场

污水池和贮粪场应设在牛场的下风头，距离青贮窖、干草场较远处，并保持 200～300 米的卫生间距。粪尿污水池的大小应根据每头奶牛每天平均排出粪尿和冲污污水量多少而定：成乳牛 70～120 千克、育成牛 50～60 千克、犊牛 30～50 千克。

第四节　养牛设备

一、饲料加工机械

(一)粉碎设备

目前生产使用的主要是爪式和锤式两种。

爪式粉碎机是利用固定在转子上的齿爪将饲料击碎。这种粉碎机结构紧凑、体积小、重量轻,适合于粉碎子实类饲料原料及小块饼粕类饲料。

锤片式粉碎机是一种利用高速旋转的锤片击碎饲料的机器,粉碎粗饲料效果好。目前适合奶牛场使用的是饲料加工专用锤片式粉碎机,无论是切向喂入,还是轴向喂入的锤片式粉碎机(也称草粉机),生产效率较高,适用加工种类广。一般既能粉碎谷物类精饲料,又能粉碎含纤维、水分较多的青草类、秸秆类饲料,粉碎粒度好。

注意在粉碎时,饲料的含水量最好不要高于15%,否则耗电多产量低。另外粉碎时的喂入量也直接影响粉碎效率,喂入量大造成堵塞;喂入量小,粉碎机的动力不能充分利用。

(二)配合饲料生产机组

主要由粉碎机、混合机和输送装置等组成。可采用主料先配合后粉碎再与辅料混合的工艺流程;采用容积式计量和电子秤重量计量配料或者人工分批称量,添加剂分批直接加入混合机;大多数机组只能粉碎谷物类原料,少数机组可以加工秸秆料和饼类料;机组占地面积和厂房根据机型大小要求不一。可用来生产奶牛精料补充料。

(三)制粒设备

精料原料粉碎后,加入相关添加剂制成全价颗粒料,作为奶牛精料补充料。整套设备包括粉碎机、附加物添加装置、搅拌机、蒸汽锅炉、压粒机、冷却装置、碎粒去除和筛粉装置。

制粒机有平模压粒和环模压粒两种类型,环模更适合于精饲料的制粒。冷却设备使制粒后产品易贮藏,近年推出的逆流式冷却器效果好。选购时要注意制造质量、材料及附件的状况,例如,进出料联动机构自动控制效果如何、主体部分是否采用了不锈钢制造等。

(四)铡草机

用于切短牧草、干秸秆及青贮秸秆。铡草机按机型大小分大型、中型、小型;按切碎器形式分为滚筒式和圆盘式,小型多为滚筒式,大中型一般为圆盘式;按喂入方式不同分为人工喂入式、半自动喂入式和自动喂入式;按切碎段处理方式不同分为自落式、风送式和抛送式。

用户根据需要选择时,注意优先考虑:切割段长度可以调整(3～100毫米);通用性能好,可以切割各种作物茎秆、牧草和青饲料;能把粗硬的茎秆压碎,切茬平整无斜茬,喂料出料要有较高的机械化水平;切碎时发动机负荷均匀,能量比耗小,当用风机输送切碎的饲料时,其生产率要略大于切碎器的最大生产率。抛送高度对于青贮塔不小于10米,对其他青贮建筑物可任意调整;结构简单,使用可靠,调整和磨刀方便。

(五)秸秆揉搓机

主要用于将秸秆切断、揉搓成丝状。这种机械的作用介于铡切与粉碎两种加工方法之间。加工流程是将秸秆送入料槽,在锤片及空气流的作用下,进入揉搓室,经过锤片、定刀、斜齿板及抛送叶片的综合作用,把物料切断,揉搓成丝状,经出料口送出机外。生产中使用的秸秆揉搓机加工速度每小时可达 10～15 吨、配套动力 22～30 千瓦、电压380 伏,可加工青、湿、干的秸秆、粉碎粒度粗细可自动调节。

(六)青贮饲料收割机

有多种机型,较先进的是一次性可完成切割、粉碎、抛送和装车作业的自走式高效率多功能青贮饲料收获机。

现代农装北方(北京)农业机械有限公司生产的 9265 型和 9265A型自走式青贮饲料收获机,主要由割台、喂入装置、切碎装置、抛送装置、发动机、底盘、驾驶室、液压系统和电气系统等部分组成。割台位于机器正前方,用于切割和输送作物。主要特点是不对行收获、圆盘立式割台和锯片式切割。新疆机械研究院设计的牧神 9QSZ-3000 型自走式青(黄)贮饲料收获机,也具有一定的代表性。

悬挂式青贮饲料收获机的代表产品主要有黑龙江省农业机械工程科学研究院的 4QX 系列玉米青贮收获机。该机属于不分行高秆作物青贮饲料收获机,适用于青贮玉米、高粱和苏丹草等高秆作物的青贮收获,有 4QX-10 型和 4QX-12 型两种型号,采用 3 点悬挂方式与拖拉机连接,动力输出轴转速均为 540 转/分钟,割台幅宽分别为 0.8 米和1.2 米,生产率分别为 30 吨/小时和 40 吨/小时。另外还有,现代农装北方(北京)农业机械有限公司生产的 9080 型悬挂式青贮饲料收获机,燕北畜牧机械集团有限公司生产的 9QS-1300 型青饲切碎机。

(七)打捆机

牧草、秸秆打捆机按照不同的工作需要有不同的类型。秸秆打捆机械能自动完成秸秆、牧草等捡拾、压捆、捆扎和放捆一系列作业,可与国内外多种型号的拖拉机配套,顺应各种地域条件作业,有圆捆和方捆两种机型。

圆捆机:没有打结器,其构造相对简单,体积较小,且价格较便宜,操作维修简单。缺点是生产率低。因为是间歇作业,打捆时停止捡拾,捆扎的圆捆密度低,装运和储存不太方便,捡拾幅宽过小,多为80厘米左右。如果大型联合收割机收获后进行打捆作业,容易出现堵塞或断绳现象。

方捆机:由于所打的草捆密度比圆捆大,运输和储存较为方便,可连续作业,效率较高。但因构造复杂,制造成本高,因而价格也高。

目前市场上销售的打捆机多为国产机型,主要生产厂商有中国农机院现代农装公司生产的方捆、圆捆打捆机;上海农工商向明总公司生产的9YF、9YY系列方捆、圆捆机;上海电气集团现代农装公司生产的9KF、9KYQ系列方捆、圆捆机;山东广饶、博昌等公司生产的圆捆机等。

(八)全自动拉伸薄膜缠绕机(裹包机)

青贮圆捆捆包机适用于青贮玉米秸秆、紫花苜蓿、麦秸、地瓜藤等青绿植物进行捆扎、裹包青贮。双城市荣耀农牧业机械有限公司生产的YKB-50型青贮(圆捆)裹包机,与打捆机配套使用,可将捆好的玉米秸秆和鲜草类进行自动包膜。用户根据青贮时间的需要,预先设定好包膜的层数,贮存期在1年至1年半以上。配套动力:1.5千瓦交流220伏50赫兹,包膜尺寸:直径230毫米×250毫米,包膜层数:2~4层,生产效率:40~50包/小时,外形尺寸:1 080毫米×800毫米×900毫米,机器重量:90千克。

(九)全混合日粮(TMR)制备机

从外形上分为卧式、立式;从动力类型上分为自走式、牵引式和固定式,并且每一型号上容积的大小又有不同的款式。

1. 外形选择

立式TMR饲料制备机优点:单位容积搅拌的饲料相比卧式多,填充率高,消耗动力小,切割大捆饲草的能力强。缺点:上料口高、对牛舍门要求的高度高,操作不便。搅拌均匀度、饲草细碎度、对玉米秸秆的切碎度不如卧式饲料制备机。因此建议一般宜选用卧式 TMR 饲料制备机。

一般 500 头奶牛以下的场(区)选用 7 米³ 较为合适;800 头左右的奶牛场(区)选用 12 米³ 较合适。

2. 动力类型选择

(1)固定式饲料制备机 以电机作为动力,作业需设在固定场所,设备价格相对较低。适合奶牛 300 头以上的奶牛场(区)、牛舍结构对尾式或搅拌车无法进入的老式牛舍,由人工配合小型拖拉机等运输工具将饲料送至牛舍或用户。也适于 TMR 配送中心使用。

(2)牵引式 TMR 饲料制备机 需配备胶轮拖拉机做配套动力,可搅拌、切碎、称重饲料,行走撒料。选用带青贮抓手的可将青贮吸入箱内,防止青贮二次发酵。适合于较大型(300 头以上)现代化的规模牛场。饲喂模式为散栏或对头式,要求奶牛合理分群饲养。牛舍两头有对开大门,门高 3.3~3.5 米,门宽 3.5~4 米,便于搅拌车进入牛舍撒料作业。牛场青贮能力应在 3 000 吨以上,青贮窖为地上或半地下式,搅拌车可自由进出青贮窖作业(TMR 配送中心可参考以上条件)。

3. 配套拖拉机

牵引式 TMR 饲料制备机需胶轮拖拉机为其配套动力,可根据 TMR 饲料制备机规格、容积、动力要求进行配置。各厂家拖拉机其配置、技术性能、价格,各有侧重,用户可根据自己的情况合理地选择。

表 2-7 固定式 TMR 饲料制备机目录表

箱体形式	箱体内容积规格/米³	需要动力输出轴功率	适合牛群头数	参考价格/万元
卧式	5	22 千瓦电机	300 以下	16
	7		500 以下	17.5
	9		600 以下	19
	12	30 千瓦电机	850 以下	24
	16		1 100 以下	34

表 2-8　牵引式 TMR 饲料制备机目录表

箱体形式	箱体内体积规格/米³	适合牛群头数/头	配套拖拉机马力（1 马力＝0.74 千瓦）	参考价格/万元
卧式	5	300 以下	65	16
	7	500 以下	65	17.5
	9	600 以下	80	19
	12	850 以下	90	24
	16	1 100 以下	100	34
	※5	300 以下	80	31
	※7	500 以下	80	34
	※9	600 以下	90	38
	※12	850 以下	100	43
立式	8	450 以下	80	19
	10	550 以下	90	23
	12	700 以下	100	26.5
	18	1 150 以下	120	36
	21	1 250 以下	120	39
	25	1 350 以下	120	46

注：卧式带※者，自带青贮取料机。

表 2-9　自走式饲料制备机目录表

箱体形式	箱体内体积规格/米³	需要动力输出轴功率	适合牛群头数	参考价格/万元
卧式	12	自带 140 马力发动机	400～850	125
	16		600～1 100	139

（十）青贮取料机

用于奶牛场或小区青贮窖青贮饲料的装取，特别是作为 TMR 饲料制备机的辅助设备，为不带青贮抓手的固定或牵引式 TMR 饲料制备机解决青贮机械取料问题。一般取料割头由电机驱动，顺时针和逆时针两个方向旋转取料，替代铲车取青贮，刮板快速上料。液压驱动行走和转向，高抛卸料 3.5 米高以上。可节省铲车油耗和铲车操作人员，适合于任何形式的牛场或配送中心。适合牛群头数 200～5 000 牛场的全自动青贮取料机自带 11 千瓦电机驱动,参考价格 14 万元左右。

二、挤奶设备

主要有固定式挤奶器、牛奶计量器、牛奶输送管道、洗涤设备、冷却设备等,还配有乳房自动清洗和奶杯自动摘卸装置。挤奶台有坑道式(鱼骨式、平行、垂直形、菱形等)和转环式(转台、转盘)两种。挤奶台均设有自动喂料系统,挤时可自动投料,定量饲喂,供产奶牛自由采食。

(一)坑道式挤奶台

坑道式挤奶设备由真空管道、挤奶器、牛奶计量器、洗涤设备、精料喂饲等组成。这种挤奶厅内有一个长方形或菱形操作坑道,坑的大小依奶牛床数和操作方便而定,两侧台上设斜列(鱼骨)、平行(与台长轴垂直)的奶牛床位,其数可为 8～60 个,习惯称 8×2、12×2、24×2、60×2 床位的坑道式挤奶台。挤奶时,挤奶牛同时上,同时下,奶直接入奶库。12×2 规模 2 人坑内操作,1 小时可挤奶 150 头奶牛以上,可供 300～400 头母牛挤奶,坑道式挤奶厅适用于 100～3 000 头奶牛集约化挤奶。这种挤奶台投资少、节约能源、可提高鲜奶产量和质量;减轻劳动强度、提高劳动生产率。

如 9JT-2×10 型鱼骨式挤奶台,即属于此类。其配套动力为 19 千瓦,每人每小时可挤 25～30 头产奶牛。中间是挤奶员操作坑道,两边是牛床。挤奶时牛与坑道呈 30°角,从整体看,很像一副鱼骨架。它由真空系统、挤奶和输送管道系统、自动清洗系统、鱼骨架结构、电器系统所组成。

(二)转盘式挤奶台

转环式挤奶设备由环形真空管道、挤奶器、牛奶计量器、洗涤设备、精料喂饲等组成,它的挤奶栏都安装在环形转台上,且与转台径向呈一斜角。转台中央为圆形工作地坑,工作中转台缓慢旋转,转到进口处时,一头牛进入转台挤奶栏,并有一份精料落入饲槽内,位于进口处的工人完成乳房清洗工作,第二名工人将奶杯套上进行挤奶,牛随转台转动,到出口处完成挤奶工作,挤奶床位多少不等,一般为 20～100 个。40 个床位的挤奶台每小时可完成 200 头产奶牛的挤奶作业,每次挤奶可连续运转 7 个小时。挤出的鲜奶通过管道,经过滤、冷却后直接送入贮奶罐。这种设备比其他形式效率高,但投资大、驱动部分不易解决好是其关键。适用于散养千头以上的奶牛场。

挤奶台的生产厂家有:西安市畜牧乳品机械厂、利拉伐(上海)乳业机械有限公司、北京嘉源易润工程技术有限公司等。德国韦斯伐利亚生产的转盘式挤奶台可适合各种规模的牛奶养殖小区,牛位可从 10～99 位不等,并可根据要求配备自动化程度不同的设备,如刺激按摩、自动脱落、电子计量、乳腺炎检测、牛号自动识别、发情鉴定等。

(三)鲜乳冷却设备

鲜乳冷却设备一般由温度调节仪、制冷压缩机、搅拌机、安全绝热层等组成。奶罐内外采用不锈钢板,有利于卫生管理,一般有卧式和椭圆式一体和分体式奶罐。生产鲜奶冷却设备的企业有:河南省新乡市东海制冷设备厂、广州森达酪宝畜牧用品有限公司、中国轻工业机械总公司乳品工程中心等。

三、饮水设备

(一)饮水槽

饮水槽一般设在散栏式饲养的自由卧栏两侧,以及奶牛运动场的东侧或西侧。水槽宽 0.5 米,深度 0.4 米,水槽的高度不宜超过 0.6～0.8 米。每头牛水槽占用长度约为 0.6 米,100 头以下、100～200 头和200 头以上的牛群,水槽应该分别保障有 5%～7%、15%、20% 的奶牛能同时饮水。水槽地基及其周围应铺设 3 米宽作防滑处理的水泥地面,向外有 2‰～3‰的倾斜,以利于排水。

(二)自动饮水器

拴系牛舍目前提倡使用自动饮水器。饮水器主要设在牛舍中的牛槽边,可以两头牛共用一个饮水器,有条件一头牛一个更好。典型的饮水器为碗状,直径 20～25 厘米,深度 10～15 厘米,两头牛共用的为椭圆形。控水阀门有的是压板式,但不易清洁,活栓易损;现在最好选用按钮式,易清洁耐磨损。安装饮水器的高度一般距离牛槽底部 20～40 厘米,距离牛头上部的障碍物应大于 65 厘米。安装供水管道时,要设置减压阀。

(三)连通式饮水器

一般多为长方形,长 30～40 厘米,宽 20～25 厘米,深度 15～30 厘米。要保持饮水器内水面距离饮水器上缘 5～8 厘米,以防溢出。几个饮水器连接安装时,各饮水器高度要一致,底部加滤网,注意定期清理杂物。

四、防暑降温设备

夏季炎热时期,有条件的奶牛场应该安装喷淋加送风设备,加快奶牛体热散发。

(一)喷淋设备

一般在饲喂牛舍和挤奶间待挤栏内安装。选择能喷出呈半球形或球形水滴的喷头,这样能保障喷出的水滴足够大。根据喷淋水的半径和工作水压,确定喷头安装间距。喷头安装位置在牛床前上方高度 2～2.5 米处,使水滴能喷洒到奶牛肩部和后躯。工作水压最好为 0.14～0.17 兆帕,水压过高,喷出的是水雾,不能渗透到皮肤,影响降温效果。

输水管道安装要有 3%～5% 的倾斜,可以避免管道积水。

(二)送风设备

最好选用轴流风扇,安装高度为 2～2.5 米,并有 20°倾角。电扇的功率和奶牛与电扇之间的距离要保障奶牛吹过牛体的风速达到60～120 米/分钟。同时安装时注意保障舍内各处风速均匀。尽量不选用吊扇,使用吊扇的牛舍空气流动杂乱,不能形成同一方向的气体流动。

(三)喷淋送风自动控制系统

包括温度调节装置、电磁阀等,可以自行设定时间,控制喷淋周期。一般每个周期 1～3 分钟,以奶牛体表皮肤湿润而无水滴落下为宜;而后停止 15～30 分钟,使电扇刚好把奶牛体表吹干。然后再开始下一个喷淋周期。北方的奶牛场认为,以大水滴短时间间歇式淋浴,即每次喷淋时间 1 分钟,间歇 4 分钟效果更好。

五、牛体刷

牛体与刷体接触,可以刺激奶牛的血液循环,保持奶牛干净,改善奶牛健康、舒适度和福利。一般在运动场安装,分为固定式牛体刷和摆动式旋转牛体刷。固定式一般由镀锌钢材制成,水平柔韧性好,使用寿命长。竖直臂和水平臂各有一把尼龙刷,可移动水平刷用弹簧连接。刷子用特殊尼龙制成,可持续使用,有效清洁牛体。安装高度一般130～135 厘米,高或低于牛背高度 2 厘米处安装。

摆动式旋转牛体刷,刷体长 90 厘米,宽 90 厘米,高 82 厘米。刷子直径 50 厘米,宽度 60 厘米,刷毛长度 18 厘米。安装高度一般下端离地 100 厘米,转速一般 22 转/分钟,动力 0.06 千瓦。刷体一经与奶牛接触即开始转动,以奶牛最舒适的速度在任意方向转动,速度平稳,从头到尾,从背部到侧部刷拭奶牛。圆柱形刷体既适合安装在墙上,也可安装在牛棚立柱上。刷体包含 20 个单独部分,当刷子的某些部位磨损时可以更换。

思考题

1.生态奶牛场的环境要求有哪些？

2.奶牛场选址的原则是什么？奶牛场怎样布局？

3.怎样建青贮窖？青贮窖有几种类型？

4.奶牛场怎样选购全混合日粮（TMR）制备机？

第三章

奶牛品种、体型选择与引种

导　　读　本章介绍了国内外饲养的奶牛品种,比较详细的说明了奶牛体型选择和引种方法。掌握高产奶牛的体型外貌特征,了解不同奶牛品种的特点和引种注意的问题。

第一节　国外乳用牛品种

一、荷斯坦牛

来源于荷兰北部的西弗里斯和德国的荷尔斯坦省,目前分布于世界许多国家,由于被输入国经过多年的培育,使该牛出现了一定的差异,所以许多国家的荷斯坦牛常冠以本国名称,如美国荷斯坦牛、加拿大荷斯坦牛等。

（一）外貌特征

荷斯坦牛属大型的乳用品种（特别是美国和加拿大尤为突出），体格高大，结构匀称，后躯发达，测望体躯呈楔形。毛色大部分为黑白花，额部有白星，鬐甲和十字部有白带，腹部、尾帚、四肢下部均为白色。骨骼细致而结实，肌肉欠丰满。皮薄而有弹性，皮下脂肪少。被毛短而柔软。头狭长，清秀，额部微凹；角细短而致密，向上方弯曲。十字部比鬐甲部稍高，尻部长宽而稍倾斜，腹部发育良好。四肢长而强壮。乳房特别庞大，乳腺发育良好，乳静脉粗而多弯曲，乳井深大。尾细长。公牛体重一般为 900～1 200 千克，母牛 650～750 千克，犊牛初生重 40～50 千克。公牛平均体高 145 厘米，体长 190 厘米，胸围 226 厘米，管围 23 厘米。母牛体高 135 厘米，体长 170 厘米，胸围 195 厘米，管围 19 厘米。美国、加拿大和日本等国的黑白花牛属此类型。

（二）生产性能

荷斯坦牛比其他任何品种生产更多的奶、乳蛋白和乳脂。它以极高的产奶量、理想的形态、饲料利用率高、适应环境的能力强及产犊价值高著称于世。一般母牛年平均产奶量为 6 500～7 500 千克，乳脂率为 3.6%～3.7%。1979 年美国荷斯坦牛协会登记的 128 570 头荷斯坦牛的平均产奶量为 8 096 千克，乳脂率 3.64%。加利福尼亚州某农场饲养 192 头成母牛，平均头年产奶量达 12 475.5 千克，乳脂率 3.8%。创世界个体产奶量最高纪录者，是 1997 年美国一头名叫"Muranda Oscar Lucinda ET"的成年母牛，3 岁 4 个月，365 天（每日 2 次挤奶）产奶 30 833 千克，乳脂率 3.3%，乳蛋白率 3.3%。

在美国有 90% 的奶牛是荷斯坦牛，有 100 多个国家从美国引进荷斯坦牛、精液或胚胎。加拿大荷斯坦牛，以高产长寿而著称于世，305 天泌乳期（每日挤奶 2 次）的产乳量为 7 200 千克，乳脂率 3.7%，乳蛋白率 3.2%。目前，世界许多国家都从美国、加拿大引进乳用型荷斯坦牛，以提高本国荷斯坦牛的产奶量，均取得良好效果。

二、娟珊牛

原产于英国英吉利海峡的娟姗岛,是古老的奶牛品种之一,其性情温顺,体型较小,是举世闻名的高乳脂率奶牛品种。

(一)外貌特征

属小型乳用品种。中躯长,后躯较前躯发达,体型呈楔形。头小而轻,额部凹陷,两眼突出,轮廓清晰。角中等大小,向前弯曲,色黄,尖端为黑色。颈细长,有皱褶,颈垂发达。鬐甲狭窄,胸深宽,背腰平直。腹围大,尻长平宽,尾帚发达。四肢骨骼较细,左右肢间距宽,蹄小。乳房发育良好,质地柔软,乳静脉粗大而弯曲,乳头略小。皮薄而有弹性,毛短细而有光泽。毛色以灰褐色为最多,黑褐色次之,也有少数黄褐、银褐等色,腹下及四肢内侧毛色较淡,鼻镜及舌为黑色,口、眼周围有浅色毛环,尾帚为黑色。成年公牛体重为 650～750 千克,母牛为 340～450千克,犊牛初生重 23～27 千克。成年母牛体高 113.5 厘米,体长 133厘米,胸围 154 厘米,管围 15 厘米。而美国、丹麦的娟姗牛个体稍大。

(二)生产性能

娟姗牛以乳脂率高著称于世,用以改良提高低乳脂品种牛的乳脂量,取得明显效果。平均乳脂率为 5.5%～6.0%,个别牛高达 8%。并且乳脂肪球大,乳脂黄色,适于制作黄油。乳蛋白率为 4%。年平均产奶量 3 000～3 500 千克,个体年产奶量的最高纪录为 18 929.3 千克。娟姗牛被公认为效率最好的乳牛品种,其每千克体重的产奶量超过其他品种,同时奶的风味极佳,所含乳蛋白、矿物质、干物质和其他重要营养物质都超过了其他品种的奶牛。娟姗牛能适应广泛的气候和地理条件,耐热力强。

娟姗牛性成熟早,耐热,适应于热带气候饲养。

三、爱尔夏牛

原产于英国爱尔夏郡。该牛种最初属肉用,1750 年开始引用荷斯坦牛、更赛牛、娟姗牛等乳用品种杂交改良,于 18 世纪末育成为乳用品种。爱尔夏牛以早熟、耐粗,适应性强为特点,先后出口到日本、美国、芬兰、澳大利亚、加拿大、新西兰等 30 多个国家。

(一)外貌特征

爱尔夏牛为中型乳用品种,全身结构匀称。角细长,角根部向外方凸出,逐向上弯,角尖向后,呈蜡色,角尖黑。被毛为红白花,有些牛白色占优势。该品种外貌的重要特征是其奇特的角形及被毛有小块的红斑或红白纱毛。鼻镜、眼圈浅红色,尾帚白色。乳房发达,发育匀称呈方形,乳头中等大小,乳静脉明显。

成年公牛体重 800 千克,母牛体重 550 千克,体高 128 厘米。犊牛初生体重 30~40 千克。

(二)生产性能

爱尔夏牛的产奶量一般低于荷斯坦牛,但高于娟姗牛和更赛牛。美国爱尔夏登记牛年平均产奶量为 5 448 千克,乳脂率 3.9%;个别高产群体达 7 718 千克,乳脂率 4.12%。

四、更赛牛

原产于英国更赛岛。该岛距娟姗岛仅 35 千米,故气候与娟姗岛相似,雨量充沛,牧草丰盛。1877 年成立更赛牛品种协会,1878 年开始良种登记。

(一)外貌特征

更赛牛属于中型乳用品种,头小,额狭,角较大,向上方弯;颈长而薄,体躯较宽深,后躯发育较好,乳房发达,呈方形,但不如娟姗牛的匀称。被毛为浅黄或金黄,也有浅褐个体;腹部、四肢下部和尾帚多为白色,额部常有白星,鼻镜为深黄或肉色。

成年公牛体重 750 千克,母牛体重 500 千克,体高 128 厘米。犊牛初生体重 27~35 千克。

(二)生产性能

1992 年美国更赛牛登记牛平均产奶量为 6 659 千克,乳脂率为 4.49%,乳蛋白率为 3.48%。

更赛牛以高乳脂、高乳蛋白以及奶中较高的胡萝卜素含量而著名。同时更赛牛的单位奶量饲料转化效率较高,产犊间隔较短,初次产犊年龄较早,耐粗饲,易放牧,对温热气候有较好的适应性。

五、瑞士褐牛

瑞士褐牛属乳肉兼用品种,原产于瑞士阿尔卑斯山区,主要在瓦莱斯地区。由当地的短角牛在良好的饲养管理条件下,经过长时间选种选配而育成。

(一)外貌特征

被毛为褐色,由浅褐、灰褐至深褐色,在鼻镜四周有一浅色或白色带,鼻、舌、角尖、尾帚及蹄为黑色。头宽短,额稍凹陷,颈短粗,垂皮不发达,胸深,背线平直,尻宽而平,四肢粗壮结实,乳房匀称,发育良好。成年公牛体重为 1 000 千克,母牛 500~550 千克。

（二）生产性能

瑞士褐牛年产奶量为 2 500～3 800 千克,乳脂率为 3.2％～3.9％;18 月龄活重可达 485 千克,屠宰率为 50％～60％。美国于1906 年将瑞士褐牛育成为乳用品种,1999 年美国乳用瑞士褐牛 305 天平均产奶量达 9 521 千克。

瑞士褐牛成熟较晚,一般 2 岁才配种。耐粗饲,适应性强,美国、加拿大、前苏联、德国、波兰、奥地利等国均有饲养,全世界约有 600 万头。瑞士褐牛对新疆褐牛的育成起过重要作用。

六、西门塔尔牛

西门塔尔牛原产于瑞士阿尔卑斯山区及德国、法国、奥地利等地,应用本品种选育法育成,现许多国家都有自己的西门塔尔牛,并冠以该国国名而命名,为乳肉兼用或肉乳兼用型品种。

（一）外貌特征

西门塔尔牛体型大,骨骼粗壮。头大额宽。公牛角左右平伸,母牛角多向前上方弯曲。颈短。胸部宽深,背腰长且宽直,肋骨开张,尻宽平,四肢结实,乳房发育良好。被毛黄白花或红白花,少数黄眼圈,头、胸、腹下,四肢下部和尾尖多为白色。成年牛体尺、体重见表 3-1。

表 3-1 成年西门塔尔牛体尺、体重

性别	体高/厘米	体斜/厘米	胸围/厘米	管围/厘米	体重/千克
公	144.8	185.2	217.5	24.4	964.7
母	134.4	164.2	195.5	20.7	577.0

（二）生产性能

西门塔尔牛产乳和产肉性能均良好,成母牛平均泌乳天数 285 天,平均产奶量 4 037 千克,乳脂率 4.0%~4.2%。放牧育肥期内平均日增重 0.8~1.0 千克以上;18 月龄时公牛体重为 400~480 千克。肥育至 500 千克的小公牛,日增重 0.9~1.0 千克,屠宰率 55% 以上,肉骨比 4.5,胴体脂肪率 4%~4.5%。母牛常年发情,初产期 30 月龄,发情周期 18~22 天,产后发情间隔约 53 天,妊娠期 282~290 天,繁殖成活率 90% 以上,头胎难产率为 5%。

西门塔尔牛是世界是分布最广、数量最多的品种之一。用西门塔尔牛改良我国黄牛效果显著,杂种后代体型加大,生长增快,产乳性能提高,且杂种小牛放牧性能好。

第二节 我国乳用牛及乳肉兼用牛品种

一、中国荷斯坦牛

中国荷斯坦牛是从国外引进的荷斯坦牛与我国黄牛杂交,经长期选育而成,是我国唯一的乳用品种。

(一)外貌特征

毛色为黑白花,花片分明,额部多有白斑,角尖黑色,腹底、四肢下部及尾稍为白色。体格高大,结构匀称,头清秀狭长,眼大突出,颈瘦长而多皱褶,垂皮不发达。前躯较浅窄,肋骨开张弯曲、间隙宽大。背腰平直,腰角宽大,尻长、平、宽,尾细长。被毛细致,皮薄,弹性好。乳房大、附着好,乳头大小适中、分布均匀,乳静脉粗大弯曲,乳井大而深。肢势端正,蹄质坚实。成年公牛体重 1 020 千克,体高 150 厘米,成年母牛体重 500~650 千克,犊牛初生重 35~45 千克。在正常饲养管理条件下,母牛在各生长发育阶段的体尺与体重见表 3-2。

表 3-2　中国荷斯坦牛母牛的体尺、体重

生长阶段	体高/厘米	体斜长/厘米	胸围/厘米	体重/千克
初生	73.1	70.1	78.3	38.9
6 月龄	99.6	109.3	127.2	166.9
12 月龄	113.9	130.4	155.9	289.8
18 月龄	124.1	142.7	173.0	400.7
1 胎	130.0	156.4	188.3	517.8
2 胎	132.9	161.4	197.2	575.0
3 胎	133.2	162.2	200.0	590.8

（二）生产性能

据对 21 570 头头胎牛统计，一胎 305 天平均产奶量 5 197 千克。优秀牛群产奶量可达 7 000～8 000 千克，一些优秀个体的 305 天产奶量达到 10 000～16 000 千克。平均乳脂率 3.4% 左右。未经育肥的淘汰母牛屠宰率为 49.5%～63.5%，净肉率 40.3%～44.4%。经育肥的 24 月龄公牛犊屠宰率为 57%、净肉率 43.2%；6、9、12 月龄牛屠宰率分别为 44.2%、56.7% 和 64.3%。中国荷斯坦牛性成熟早，繁殖性能高。据统计，年平均受胎率 88.8%，情期受胎率 48.9%，繁殖率为 89.1%。改良本地黄牛，效果明显。杂种后代体格高大，体型改善，产奶量大幅度提高。根据农业部畜牧兽医司普查结果，中国荷斯坦牛与本地黄牛杂交后代（简称荷本杂交）产奶性能比较见表 3-3。

中国荷斯坦牛性情温顺，易于管理，适应性强。分布于 −40～40℃ 的气温条件下，由于全国各地饲料种类、饲养管理和环境条件的差异很大，因此在各地的表现也不尽相同，总的来说是，对高温气候条件的适应性较差，亦即耐冷不耐热。据研究，在黑龙江北部地区，当气温上升到 28℃ 时，其产奶量明显下降了；而当气温降至 0℃ 以下时，产奶量则无明显变化。在我国南方地区，6～9 月份高温季节产奶量明显下降，并且影响繁殖率，7～9 月份发情受胎率最低。

表 3-3　中国荷斯坦牛与本地黄牛杂交后代产奶性能

类别	胎次	头数	泌乳天数/天	产奶量/千克	乳脂率/%
杂交 1 代	1	825	184.0	1 417.4	4.1
	3	343	203.8	1 628.2	4.2
	5	275	211.2	1 932.6	4.1
杂交 2 代	1	326	221.3	2 082.3	4.0
	3	257	236.2	2 513.5	4.0
	5	234	237.0	2 628.4	4.0
杂交 3 代	1	355	240.9	2 721.1	3.7
	3	328	265.9	3 347.9	3.7
	5	292	278.7	3 550.4	3.6
黄牛		1 492		644	
荷斯坦牛	1	5 818	305	5 693	3.6
	3	3 576	305	6 915	3.6
	5	1 930	305	7 151	3.6

二、中国西门塔尔牛

中国西门塔尔牛是我国自 20 世纪 40 年代开始从前苏联、德国、法国、奥地利、瑞士等国引进西门塔尔牛，历经多年繁殖、改良和选育而成的。

(一)外貌特征

毛色为黄白花或红白花，但头、胸、腹下和尾帚多为白色。体型中等，蹄质坚实，乳房发育良好，耐粗饲，抗病力强。成年公牛活重平均 800～1 200 千克，母牛 600 千克左右。

(二)生产性能

据对 1 110 头核心群母牛统计，305 天产奶量达到 4 000 千克以上，乳脂率 4% 以上，其中 408 头育种核心群产奶量达到 5 200 千克以上,乳脂率 4%以上。新疆呼图壁种牛场 118 头西门塔尔牛平均产奶量达到 6 300 千克,其中 900 302 号母牛第 2 胎 305 天产奶量达到 11 740 千克。据 50 头育肥牛实验结果,18～22 月龄宰前活重 575.4 千克,屠宰率 60.9%,净肉率 49.5%,其中牛柳 5.2 千克,西冷 12.4 千克,眼肉 11.0 千克。

5 年的资料统计,中国西门塔尔牛平均配种受胎率 92%,情期受胎率 51.4%,产犊间隔 407 天。

三、三河牛

三河牛是由内蒙古地区培育的乳肉兼用优良品种牛。主要分布在呼伦贝尔盟,约占该品种牛总头数的 90%以上;其次兴安盟、哲里木盟和锡林郭勒盟等地也有分布。

(一)外貌特征

三河牛体躯高大,结构匀称,骨骼粗壮,体质结实,肌肉发达;头清秀,眼大明亮;角粗细适中,稍向上向前弯曲;颈窄,胸深,背腰平直,腹围圆大,体躯较长;四肢坚实,姿势端正;心脏发育良好;乳头不够整齐;毛色以红(黄)白花占绝大多数。

(二)生产性能

年平均产乳量 2 000 千克左右,在较好条件下可达 4 000 千克。最高产奶个体为谢尔塔拉种畜场 8 144 号母牛,第五泌乳期,360 天产奶 8 416.6 千克,牛群含脂率 4.10%～4.47%。在内蒙古条件下,该牛繁殖成活率 60%左右,国有农场中则可达 77%(平均)。母牛妊娠期 283～285 天。一般 20～24 月龄初配,可繁殖 10 胎次以上。该牛耐粗放,抗寒暑能力强(-50～35℃)。三河牛产肉性能好,在放牧育肥条件下,阉牛屠宰率为 54.0%,净肉率为 45.6%。在完全放牧不补饲的条件下,2 岁公牛屠宰率为 50%～55%,净肉率在 44%～48%,产肉量比当地蒙古牛增加 1 倍左右。

三河牛由于来源复杂,品种育成时间较短,因而个体间尚有差异。

四、新疆褐牛

新疆褐牛是草原乳肉兼用品种。主要分布于新疆北疆的伊犁、塔城等地区,南疆也有少量分布。

(一)外貌特征

体格中等,体质结实。有角,角中等大小,向侧前上方弯曲,呈半椭圆形;背腰平直,胸较宽深,臀部方正;四肢较短而结实;乳房良好。新疆褐牛被毛为深浅不一的褐色,额顶、角基、口轮周围及背线为灰白或黄白色,鼻镜,眼睑、四蹄和尾帚为深褐色。成年母牛平均体重为 430 千克,成年公牛平均体重为 490 千克。初生公犊牛重 30 千克,母犊牛重 28 千克。

(二)生产性能

新疆褐牛平均产乳量 2 100～3 500 千克,高的个体产乳量达 5 162 千克;平均含脂率 4.03%～4.08%,乳干物质 13.45%。该牛产肉性能良好,在自然放牧条件下,2 岁以上牛只屠宰率 50% 以上,净肉率 39%,肥育后则净肉率可提高到 40% 以上。

该牛适应性很好,可在极端温度 −40℃ 和 47.5℃ 下放牧,抗病力强。

第三节　奶牛的体型选择

实践证明,通过科学的体型外貌鉴别技术,鉴定出的体型外貌较好的牛，一般生产性能也较高。因此，在奶牛生产中，除重视牛的产奶性能之外，也十分重视奶牛的体质外貌。

一、奶牛体各部位的名称

牛的体躯一般分为头颈、前躯、中躯和后躯 4 部分（图 3-1）。

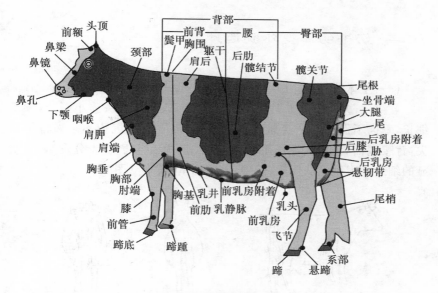

图 3-1 奶牛各部位名称

1. 头颈部

在体躯的最前端，以鬐甲和肩端的连线为界与躯干分开。其中耳根至下颚后缘的连线之前为头，之后为颈。

2. 前躯

颈部之后至肩胛软骨后缘垂直切线以前，包括鬐甲、前肢、胸等部位。

3.中躯

肩胛软骨后缘垂线之后至腰角前缘垂直切线之前的中间躯段,包括背、腰、胸(肋)腹等部位。

4.后躯

腰角前缘垂直切线之后的部位,包括尻、臀、后肢、尾、乳房、生殖器官等。

二、奶牛的体型外貌选择

(一)整体选择

乳牛皮薄骨细,血管外露,被毛细短而有光泽。头秀小而长,颈部细长,垂肉不发达。全身肌肉不甚发达,皮下脂肪沉积不多。鬐甲稍尖,背腰宽而直,腹大而不下垂,胸腹宽深,后躯和乳房十分发达,呈明显的细致紧凑型。从侧望、前望、上望均呈"楔形"(图 3-2)。

a.侧望　　　　　　b.上望　　　　　　c.前望

图 3-2　奶牛楔形模式图

侧望:将背线向前延伸,再将乳房腹线连成一条长线,延长到牛头前方,而与背线的延长线相交,构成一个楔形。从这个体型可以看出乳牛的体躯是前躯浅后躯深,表示其消化系统、生殖器官和泌乳系统发育良好、产奶量高。

前望:由鬐顶点作起点,分别向左右两肩下方作直线并延长之,而与胸下水平线相交,又构成一个楔形。这个楔形表示鬐甲和肩胛部肌肉不多,胸廓宽阔,肺活量大。

上望:由鬐甲分别向左右两腰角引两条直线,与两腰角的连线相交,亦构成一个楔形。这个楔形表示后躯宽大,发育良好。

(二)部位选择

1.头部

奶牛头轻,狭长而清秀;皮下结缔组织不发达,头部轮廓清晰,皮薄毛细,角细致光滑。

(1)眼　眼要圆大、明亮、有神、机敏、温顺(母牛)。眼睛细小无神而呆滞或眼球暴露凶相的均不可取。

(2)嘴与鼻　嘴要宽阔、口裂要深,界线要明显,上下唇应整齐、坚强,下颚发达,这是采食能力强的象征。鼻镜宜宽广,鼻梁正直,鼻孔粗大。

(3)耳　宜大小适中,薄而灵活,耳上的毛细血管明显,分泌物丰富,内侧呈橘黄色更佳。

(4)额　宜宽阔,以示脑部发育良好。

2.颈部

奶牛的颈宜薄、长而平直,两侧纵行皱褶多。同时要注意头与颈、颈与肩的连接要自然,结合处不宜有明显凹陷。

3.鬐甲

奶牛鬐甲宜长平而较狭,多与背线呈水平状态。牛体营养欠佳,肌肉不发达、弱体质时会形成尖鬐甲;背椎棘突发育不良、胸部两侧韧带松弛引起体躯下垂、胸部过度发育时都会形成岔鬐甲(双鬐甲)。

4.肩部

奶牛的肩要求紧贴体壁而有适当倾斜,且颈肩、肩胸结合良好。肩部狭而长、肌肉欠丰满为狭长肩;肩部短而直立为短立肩;肩部长而宽广,适度倾斜为广长斜肩;肩胛骨上缘突出、两侧软弱无力,凹陷成沟为羽状肩;肩胛丰满圆润,富于脂肪为肥肩。

5.胸部

奶牛的胸部宜宽深适度,深为体高的55％左右为宜。前胸不饱满,也不单薄。肋骨长而开张,弯曲,肋间距离宽,这样有利于胸腔的充分发育。胸部皮薄,皮下结缔组织不发达,从侧面能看到两三根肋骨,在吸气时,可较清楚地看到肋弓、肌束、腱等。胸部位于两前肢之间与腹部相连。

胸宽是衡量奶牛个体是否具有高产能力和维持健康状态能力的标志。胸部较宽的奶牛肋骨弯曲成圆形,肋间距宽,说明心肺发育良好,血液循环旺盛,相应地产奶量也高。胸围和体重大的奶牛,肺活量高,采食量大,产奶也多。

6.背腰

背长而直,不弯曲,宽窄适度,背椎棘突隐约显露。凹背和鲤鱼背均为严重缺陷。腰与背的情况基本相似,但略比背宽,背腰都没有脂肪沉积。背、腰、尻成一直线,结合自然。尾根至十字部之间的椎骨要平直,且十字部左右也要平直,中间不能有凹凸。凹腰及长狭腰均属体弱表现。

7.腹部

腹部应粗壮、饱满,呈充实腹,不下垂,肷窝不明显。平直腹、卷腹、草腹和垂腹都不可取。奶牛的腹部宜宽、深、大而圆,腹线与背线平直。

腹深(肋骨部体深)说明奶牛个体是否具有庞大的瘤胃和消化系统,越深表明奶牛采食能力越强;但太深,乳房则易受地面污染。

8.尻部

奶牛的尻部宜长、宽、平,荐骨不隆起,皮下结缔组织不发达。尻短、窄、尖、斜均属严重缺陷。尻角度直接关系到奶牛个体的繁殖、排泄机能的健康,臀角太低或臀角向上翘都为不理想。

9.四肢

呈正常肢势,关节明显、干净,前管上血管显露,四肢长短适中,结实有力,蹄质致密,蹄壳圆、蹄底平。

蹄角度(蹄底与蹄外侧壁的夹角)的高低影响奶牛的运动性能,尤其是后蹄承受着较大的体重,过高或过低的蹄角度不利于奶牛长久站立,而久卧有时会诱发腿部疾病,进而影响采食和产奶量。蹄与地面呈50°左右。

蹄瓣左右大小对称、没有交叉、蹄壁无裂痕为佳。

后肢间距离宽,大腿薄,乳镜附着高。系短有力,后肢侧望的飞节到头近于平行,后望垂直平行。后肢侧望飞节过直或过弯都不是奶牛的最佳姿势,适度的弯曲稍偏直(145°)的奶牛使用年限较长。

后肢前踏或后踏、卧系(系部软、悬蹄接近地面)、飞节粗大、过于纤细(后腿骨骼纤细)、前蹄外向、蹄叉开张(蹄两趾间的间隙大)等均为不良体型。

10. 生殖器官

公牛的睾丸应发育良好,大小均匀、对称,副睾发育良好,包皮整洁、无缺陷。如有隐睾、单睾,则不能留作种用。母牛阴唇应发育良好,外形正常,阴户大而明显,以利于分娩。

11. 尾

尾是用来维持机体运动中的平衡状态并兼有驱赶蚊虫等的作用,尾根不宜过粗,附着不能过前,长短应符合品种要求。

12. 乳房

乳牛应有一个发育良好的理想型乳房,乳房基部应充分地前伸后延,前乳房应向前延伸至腹部和腰角前缘,后乳房应向股间的后上方充分延伸,附着较高,使乳房充满于股间而突出于躯体的后方。四乳区应发育均匀而对称,各乳头大小长短适中而呈圆柱状,乳头间距宽,底线平坦。整个乳房附着良好,呈"浴盆状",其底线略高于飞节。乳房应具有薄而细致的皮肤,短而稀疏的细毛,弯曲而明显的乳静脉,宽而大的乳镜,粗而深的乳井。乳房内部结构,其腺体组织占75%~80%,结缔组织和脂肪组织占20%~25%。这样的乳房富于弹性,挤奶前后形状变异较大,挤奶前乳房饱满,左右乳区间形成了明显的纵沟,挤奶后,乳房形成许多皱褶,乳房变得很柔软,是理想的"腺质乳房"。相反,乳房内部结缔组织和脂肪组织过度发育,就会抑制腺体组织的发育和活动。

这种乳房外形虽大，但挤奶前、后乳房体积差异不大，叫做"肉乳房"。凡具有这种乳房的乳牛，其产奶量一般不会很高。此外，外形及内部结构发育不正常的乳房称为"畸形乳房"。这种乳房在外形上表现为前后乳区和左右乳区明显分开，或乳区大小发育不匀称，乳头大小、数目失常等种种情况；从内部结构上则主要表现在腺体组织与结缔组织的比例失常或内部韧带松弛形成肉质乳房、悬垂乳房和漏斗乳房，产奶量都低，且不适于机器挤奶。

乳房深度不宜过深或过浅，乳房过深（乳房底部低于飞节）易受伤和感染乳房炎，过浅时则乳房容积太小，影响产奶量。成年泌乳奶牛乳房底部要高于飞节在5厘米以上。

前乳房附着指乳房与腹壁的附着程度，从牛体侧面进行观察，借助触摸，看前乳房与体躯腹壁连接附着程度，可根据乳房前缘与腹壁连接处的角度评分，较好乳房附着角度为 90°～120°。

后乳房附着高度（指乳腺组织顶部到阴门基部之间的垂直距离）可显示奶牛的潜在泌乳能力，越短说明泌乳能力越强，当坐骨至附着距离为附着与飞节之间距离的 1/3 时为最佳高度。

后乳房附着宽度（指后乳房左右两个附着点之间的乳腺组织宽度）最好能与乳房底部宽度相平等，且越宽越好。

悬韧带是乳房性状最重要的指标，以乳房底部中隔纵沟的深度为衡量标准，强有力的悬韧带在后乳房中间底部有深而明显的裂沟；当后乳头向外侧张口时，则是悬韧带强度非常弱的征兆。具有良好悬韧带的乳头一般位于乳区中间垂直向下并稍偏内侧，这样有利于机械化挤奶。

乳静脉是从乳房沿下腹部，经过乳井到达胸部，汇合胸内静脉，再穿过胸壁而入心脏的静脉血管。乳静脉和乳房静脉粗大、明显、弯曲、分支多是高产奶牛的一个重要标志。

乳井是乳静脉在第 8、9 肋骨处进入胸腔所经过的孔道。它的粗细说明乳静脉发育程度的标志。一般乳井在腹下左右两侧各一个，个别乳牛有 3 个或者更多。乳井应粗大而深。

乳头应呈圆柱形,长度7～9厘米,4个乳头间距应均匀,大小长短一致,要求乳头位于乳区中间垂直向下并稍偏内侧为最佳。乳头过长、过短和脂肪乳头都是缺点,无论是手工挤奶或机器挤奶均不方便。由于挤奶方式的不同,最佳乳头的长度也不同,手工挤奶,最佳乳头的长度为4～5厘米,而机械挤奶为6～7厘米,这样有利于挤奶和保护乳头不受损伤。

乳镜是指乳房后面沿会阴向下夹于两后肢之间的稀毛区。乳镜宜宽大。

第四节　引　　种

近年来,我国各地许多农民靠饲养奶牛走上了致富路。但是,也有部分奶牛养殖户由于缺乏有关奶牛品种和引种的基本技术,盲目引进,致使饲养的奶牛产奶量低、体质弱、疾病多、效益差。现就奶牛的科学引种问题介绍如下。

一、制定引种计划

养殖场(户)应该结合自身的实际情况,根据种群更新计划,确定所需奶牛的品种和数量,有选择性地购进健康状况优良的个体,如果是育种场,则应引进经过生产性能测定的种母牛。

新建奶牛场应从所建奶牛场的生产规模、产品市场和奶牛场未来发展的方向等方面进行计划,确定所引进种奶牛的数量、品种。

根据引种计划,选择信誉好,质量高、并且处于非疫区、奶牛健康无病的大型奶牛场引种。

引种要根据市场情况选择合适的时机,从而更好地发挥引种优势,降低引种成本。在每年的春、秋季节引进较为合适。

二、引种前的准备工作

奶牛场应设隔离舍，要求距离生产区最好有 300 米以上距离，以防引进的奶牛与原有的奶牛相互传染疾病，在奶牛到场前的 30 天（至少 7 天）应对隔离栏舍及用具进行严格消毒，可选择质量好的消毒剂，如氯制剂、碘制剂、复合醛类等消毒剂，进行多次严格消毒。

提前准备好适口性好、营养丰富的饲草饲料和一些常用的预防药物，预防由于环境及运输应激而可能引起的呼吸系统及消化系统疾病。

三、引种应注意的问题

引种时选择规模适度、信誉高、有品牌的奶牛场。

检疫是保证引入健康奶牛的关键，应从经检疫无结核病、布氏杆菌病、口蹄疫病等疫病流行地区的健康种牛场引进种牛。检疫最基本的项目应包括牛肺疫、结核病、布氏杆菌病等。必要时，对口蹄疫、蓝舌病、副结核病、牛传染性鼻气管炎和黏膜病进行检查。并有当地畜牧兽医检疫部门出具的检疫合格、消毒证明等。同时了解该种牛场的免疫程序及其具体饲养措施，并戴有耳标等。

四、品种与外貌鉴别

（一）品种与年龄

养牛者要建立一个新牛群，都必须考虑自己的牛群是否能达到高产、优质、高效。首先要看确定的饲养品种是否恰当，如前所述，荷斯坦牛遍布全世界，已成为国际性品种。因其体型大，产奶量高，现已成为奶牛业的当家品种。在我国，中国荷斯坦牛也已成为我国奶牛业的主要品种，数量占全部奶牛的 95％以上。

开始建立奶牛群时，往往是购买成年母牛、育成母牛或犊牛等。购买哪一类牛，主要取决于希望其产奶的时间。买进犊牛所需的费用最少，但到达产奶的时间最长。一般说来，买进已达配种年龄的育成母牛或已受孕的青年母牛是开始建立奶牛群的最普遍的方法。目前，由于冷冻精液、人工授精技术与胚胎移植技术的普遍应用，养牛者都不购买公牛，只是根据公牛的遗传资料选购良种公牛的精液，用来与母牛人工授精。也可购买良种胚胎，通过借腹怀胎，增加良种牛后代，逐步扩大牛群。

（二）选牛

（1）生产性能　了解奶牛其生长速度、产奶量、健康状况等，引种最好能结合奶牛综合性能测定进行选择。

（2）系谱　选牛时，应具有牛只的个体系谱资料，但按照引进目的的不同可要求到 3 代到 1 代系谱，对青年牛做出预计产奶性能高低的评价，同时以利于今后的选种选配。

（3）外貌　见"第二节奶牛的体型选择"。

（4）健康状况　选择健康奶牛，严把疾病预防关。健康牛一般行动灵活、精神状态好，两眼有神，尾毛干净，体毛光亮，鼻孔及鼻镜湿润，口腔及眼结膜呈粉红色，呼吸匀称（高产牛每分钟 37 次，低产牛 30 次/分钟）。高产牛心跳 89 次/分钟，而低产牛 77 次/分钟。健康高产牛每次排粪时间长，排粪量多，粪便较稀。相反，具有下列现象之一者不宜引进：皮肤粗松、被毛竖立，两眼无神，不食不反刍，拉稀，甚至带血液和黏液，呼吸急促，鼻镜干燥。

规模引牛，应派兽医人员同往选购。引牛时应了解当地牛病流行情况，并要求对方出具兽医防检部门对所引牛只的防检证明，同时做好运输前的疫苗接种等必需的防疫工作。

五、运输

在运载奶牛前，应使用高效消毒剂对车辆和用具进行两次以上的严格消毒,以防车辆带病传染,最好能空置1天后装牛,在装奶牛前用刺激性较小的消毒剂(如双链季铵盐络合碘)彻底消毒一次,并开具消毒证。

在运输过程中,应想方设法减少奶牛应激和肢蹄损伤,避免在运输途中发生死亡和感染疫病。要求供种场提前2小时对准备运输的奶牛停止投喂饲料,赶奶牛上车时不能赶得太急,注意保护奶牛的肢蹄,装奶牛结束后,应固定好车门。

运输前必须核实检疫是否合格。检疫是保证引入健康牛的关键,购牛时不能为了节省检疫费而逃避检疫,这样常会造成严重的经济损失。要主动要求检疫部门进行检疫。检疫最基本的项目应包括牛肺疫、结核和布氏杆菌病等。

为了保证牛群在运输途中不发生意外,应按大小、强弱分群。天气炎热时,应在傍晚起运,运输车要通风良好,途中车辆尽量减少急刹车,尽可能缩短运输时间,上车前牛只必须吃饱饮足。运输车辆的车厢最好能铺上垫料,冬天可铺上稻草、稻壳、锯末,夏天铺上细沙,以降低奶牛肢蹄损伤的可能性,在气温低的季节还可以起到保温的作用;所装载奶牛的数量不要过多,装得太密会引起挤压而导致奶牛死亡;运载奶牛的车厢可隔成若干个栏圈,隔栏最好用光滑的钢管制成,避免刮伤奶牛;随车必须配备有经验的饲养员或兽医人员,以应付突发事件。长距离运输还应尽可能携带饲草和饮水。冬天运输时,还应考虑当时天气,做好抗风寒准备。应对每头奶牛注射长效抗生素,以防止牛群途中感染细菌性疾病。

长途运输的运牛车,应尽量走高速公路,避免堵车,每辆车应配备两名驾驶员交替开车,行驶过程应尽量避免急刹车;应注意选择没有停放其他运载相关动物车辆的地点就餐,绝不能与其他装运牛的车辆一起停放;随车应准备一些必要的饲料、工具和药品,如绳子、铁丝、钳子、抗生素、镇痛退热药以及镇静剂等。

冬季要注意防寒保暖,可采取在车箱外覆盖帆布,车内铺垫稻草等措施;夏天要重视防暑降温,尽量避免在酷热的中午装牛,可在早晨和傍晚装运,同时车顶覆盖遮阳网;途中应注意经常观察,配制一些电解质溶液,在路上供奶牛饮用,以减少应激,有条件时可准备西瓜等解暑的水果供奶牛采食,防止牛中暑,在特殊情况下寻找可靠水源为牛淋水降温。

运牛车辆应备有汽车帆布,若遇到暴风雨时,应将帆布遮于车顶上面,防止暴风雨袭击奶牛,车厢两边的篷布应挂起,以便通风散热。运输途中要适时停歇,应经常注意观察牛群,检查有无发病奶牛。如出现呼吸急促、体温升高等异常情况,应及时采取有效的措施。

六、奶牛到场后注意的问题

牛卸车后,先给奶牛提供饮水,饮水中加入适量的多维素、葡萄糖和少量食盐,休息6～12小时后方可供给少量饲料,此时禁止饲喂苜蓿干草或青贮料,第2天开始可逐渐增加饲喂量,5天后才能恢复正常饲喂量。特别注意控制牛只的饮食,以免因长途运输后,暴饮暴食致病,甚至死亡。奶牛到场后的前2周,由于疲劳加上环境的变化,机体对疫病的抵抗力会降低,饲养管理上应注意尽量减少应激,饲料的喂给采取一日多餐制,根据牛的健康状况,在饲料中可添加一些抗呼吸道、消化道感染的抗生素和多种维生素,特别是冬春季节尤为重要,使奶牛尽快恢复正常状态。

进场后,应单独隔离饲养15～20天,确诊无疾病后方能混群饲养,对一些不适症或不良反应需及时处理。

新引进的奶牛,不能与原有牛群混养,应先饲养在隔离舍,按大小、公母进行分群饲养,仔细观察引进牛的日常情况,遇到有损伤、发热、腹泻及奶牛死亡等情况,立即查明原因,如为传染病,应及时隔离、消毒;如为普通疾病,应及时治疗,以减少经济损失。对体质瘦弱牛只应单独饲喂,及时补液。而不能直接转进奶牛场生产区,因为这样做极可能带来新的疫病,或者由不同菌株引发相同疾病。经15～20天的恢复期饲养,牛已基本适应新的生活环境和饲养条件。再经严格检疫,特别是对布氏杆菌、结核病等疫病要特别重视,确认无病后,对该批奶牛进行体表消毒,再转入生产区投入正常生产。饲养 30 天后应进行驱虫,保持牛体卫生,预防体内外寄生虫病的发生,同时按照免疫程序进行免疫接种工作。

思考题

1.列举国内外奶牛品种的产地及特点。

2.叙述高产奶牛的体型外貌特点。

第四章

奶牛营养需要与生态饲料配制技术

导　　读　本章介绍了奶牛的消化特点、瘤胃发酵类型及调控技术。阐述了奶牛对能量、蛋白质、纤维、矿物质等需要量。论述了奶牛常用饲料的特性。重点掌握奶牛生态饲料的配制技术。

第一节　奶牛的消化特点

牛的消化道起于口腔,经咽、食管、胃(瘤胃、网胃、瓣胃和皱胃)、小肠(包括十二指肠、空肠和回肠)、大肠(包括盲肠、结肠和直肠),止于肛门。附属消化器官有唾液腺、肝脏、胰腺、胃腺和肠腺。

一、口腔

食物在口腔内经过咀嚼,被牙齿压碎、磨碎,然后吞咽。牛在采食时未经充分咀嚼(15～30 次)即行咽下,但经过一定时间后,瘤胃中食物重新回到口腔精细咀嚼。乳牛吃谷粒和青贮料时,平均每分钟咀嚼94 次,吃干草时咀嚼 78 次,由此计算,乳牛一天内咀嚼的总次数(包括反刍时咀嚼次数)约为 42 000 次,可见牛在咀嚼上消耗大量的能量。因此,对饲料进行加工(切短、磨碎等),可以节省牛的能量消耗。

　　唾液腺位于口腔,分泌唾液。牛的唾液腺有腮腺、颌下腺、舌下腺、咽腺、舌腺、颊腺、唇腺等。牛的唾液分泌的数量很大。据统计,每日每头牛的唾液分泌量为 100～200 升,唾液分泌具有两种生理功能,其一是促进形成食糜;其二是对瘤胃发酵具有巨大的调控作用。唾液中含有大量的盐类,特别是碳酸氢钠和磷酸氢钠,这些盐类担负着缓冲剂的作用,使瘤胃 pH 稳定在 6.0～7.0 之间,为瘤胃发酵创造良好条件。同时,唾液中含有大量内源性尿素。对奶牛蛋白质代谢的稳衡控制、提高氮素利用效率起着十分重要的作用。

二、胃

　　牛的胃为复胃,包括瘤胃、网胃、瓣胃和皱胃 4 个室。前 3 个室的黏膜没有腺体分布,相当于单胃的无腺区,总称为前胃。皱胃黏膜内分布有消化腺,机能与单胃相同,所以又称之为真胃。4 个胃室的相对容积和机能随牛的年龄变化而发生很大变化。初生犊牛皱胃约占整个胃容积的 80% 或以上,前两胃很小,而且结构很不完善,瘤胃黏膜乳头短小而软,微生物区系还未建立,此时瘤胃还没有消化作用,乳汁的消化靠皱胃和小肠。随着日龄的增长,犊牛开始采食部分饲料,瘤胃和网胃迅速发育,而皱胃生长较慢。正常饲养条件下,3 月龄牛瘤网胃的容积显著增加,比初生时增加约 10 倍,是皱胃的 2 倍;6 月龄牛的瘤网胃的容积是皱胃的 4 倍左右;成年时可达皱胃的 7～10 倍。瘤胃黏膜乳头也逐渐增长变硬,并建立起较完善的微生物区系,3～6 月龄时已能较好地消化植物饲料。

（一）瘤胃

瘤胃由柱状肌肉带分成 4 个部分,1 个背囊,1 个复囊和 2 个后囊。肌肉柱的作用在于迫使瘤胃中草料作旋转方式的运动,使与瘤胃液体充分混合。许多指状突起、乳头状小突起布满于瘤胃壁,这样就大大地增加了从瘤胃吸收营养物质的面积。瘤胃容积最大,通常占据整个腹腔的左半,为 4 个胃总容积的 78%～85%,是暂时贮存饲料的场所。瘤胃虽不能分泌消化液,但壁强大的纵形肌环能够强有力地收缩和松弛,进行节律性蠕动,以搅拌食物。胃黏膜表面有无数密集的角质化乳头,尤其是瘤胃背囊部"黏膜乳头"特别发达,有利于增加食糜与胃壁的接触面积和揉磨。

瘤胃微生物是由 60 多种细菌和纤毛原虫组成的,种类甚为复杂,并随饲料种类、饲喂制度及奶牛年龄等因素而变化。1 克瘤胃内容物中,含细菌 150 亿～250 亿和纤毛虫 60 万～180 万,总体积约占瘤胃液的 3.6%,其中细菌和纤毛虫约各占一半。瘤胃内大量繁殖的微生物随食糜进入皱胃后,被消化液分解而解体,可为宿主动物提供大量优质的微生物蛋白。瘤胃微生物对食物分解和营养物质合成起着极其重要的作用。

1. 瘤胃对蛋白质和非蛋白氮（NPN）的利用

奶牛能同时利用饲料的蛋白质和非蛋白质氮,构成微生物蛋白质供机体利用。

进入瘤胃的饲料蛋白质,一般有 30%～50% 未被分解而排入后段消化道,其余 50%～70% 在瘤胃内被微生物蛋白酶分解为肽、氨基酸。氨基酸在微生物脱氨基酶作用下,很快脱去氨基而生成氨、二氧化碳和有机酸。因此,瘤胃液中游离的氨基酸很少。饲料中的非蛋白质含氮物,如尿素、铵盐、酰胺等被微生物分解后也产生氨。一部分氨被微生物利用,另一部分则被瘤胃壁代谢和吸收,其余则进入瓣胃。瘤胃内的氨除了被微生物利用外,其余一部分被吸收运送至肝,在肝内经鸟氨酸循环变为尿素。这种内源尿素一部分经血液分泌于唾液内,随唾液重新进入瘤胃,另一部分通过瘤胃上皮扩散到瘤胃内,其余随尿排泄。进入瘤胃的尿素,又可被微生物利用。这一过程称为尿素再循环。在低蛋白日粮情况下,反刍动物靠尿素再循环以节约氮的消耗,保证瘤胃内适宜的氨的浓度,以利微生物蛋白质合成。

瘤胃微生物能直接利用氨基酸合成蛋白质或先利用氨合成氨基酸后,再转变成微生物蛋白质。当利用氨合成氨基酸时,还需要碳链和能量。糖、挥发性脂肪酸和二氧化碳都是碳链的来源,而糖还是能量的主要供给者。由此可见,瘤胃合成微生物蛋白过程中,氮代谢和糖代谢是密切相互联系的。

奶牛可利用尿素来代替日粮中部分的蛋白质。尿素在瘤胃内脲酶作用下迅速分解,产生氨的速度约为微生物利用速度的 4 倍,所以添加尿素时必须考虑降低尿素的分解速度,以免瘤胃内氨储积过多发生氨中毒和提高尿素利用效率。青绿饲料和青贮饲料中含有很多非蛋白氮,如黑麦草青草中非蛋白氮占总氮量的 11%,而黑麦草青贮中非蛋白氮占其总氮量的 65%。牛瘤胃微生物能把饲料中的这些非蛋白氮和尿素类饲料添加剂转变为微生物蛋白质,最后被牛消化利用。牛利用尿素等非蛋白氮的过程如下:

$$尿素 \xrightarrow{\text{微生物脲酶}} 氨 + 二氧化碳$$

$$碳水化合物 \xrightarrow{\text{微生物酶}} 挥发性脂肪酸 + 酮酸$$

$$氨 + 酮酸 \xrightarrow{\text{微生物酶}} 氨基酸$$

$$氨基酸 \xrightarrow{\text{微生物酶}} 微生物蛋白$$

$$微生物蛋白 \xrightarrow{\text{真胃、小肠酶}} 游离氨基酸$$

$$小肠吸收的游离氨基酸 \longrightarrow 牛的体组织$$

瘤胃微生物利用非蛋白氮的形式主要是氨。氨的利用效率直接与氨的释放速度和氨的浓度有关。当瘤胃中氨过多,来不及被微生物全部利用时,一部分氨通过瘤胃上皮由血液送到肝脏合成尿素,其中很大数量经尿排出,造成浪费,当血氨浓度达到 1 毫克/100 毫升时,便可出现中毒现象。因此,在生产中应设法降低氨的释放速度,以提高非蛋白氮的利用效率。

为了保证瘤胃微生物对氨的有效利用,目前除了通过抑制脲酶活性、制成胶凝淀粉尿素或尿素衍生物使释放氨的速度延缓外,日粮中还必须为其提供微生物蛋白合成过程中所需的能源、矿物质和维生素。碳水化合物中,提供微生物养分的速度,纤维素太慢,糖过快,而以淀粉的效果最好,并且熟淀粉比生淀粉好。所以,在生产中饲喂低质粗饲料为主的日粮,用尿素补充蛋白质时,加喂高淀粉精料可以提高尿素的利用效率。

瘤胃微生物对饲料蛋白质的降解和合成,一方面它将品质低劣的饲料蛋白质转化成高质量的微生物蛋白质;另一方面它又可将优质的蛋白质降解。在瘤胃被降解的蛋白质,有很大部分被浪费掉了,使饲料蛋白质在牛体内消化率降低。因此,蛋白质在瘤胃的降解度将直接影响进入小肠的蛋白质数量和氨基酸的种类,这也关系到牛对蛋白质的利用。畜牧生产中将饲料蛋白质应用甲醛溶液或加热法等进行预处理后饲喂奶牛,可以保护蛋白质,避免瘤胃微生物的分解,从而提高日粮蛋白质的利用效率。

根据饲料蛋白质降解率的高低,可将饲料分为低降解率饲料(<50%),如干燥的苜蓿、玉米蛋白、高粱等;中等降解率饲料(40%～70%),如啤酒糟、亚麻饼、棉籽饼、豆饼等;高降解率饲料(>70%),如小麦麸、菜籽饼、花生饼、葵花饼、青贮苜蓿等。

2.瘤胃对碳水化合物的利用

对于大多数谷物(除玉米和高粱),90% 以上的淀粉通常是在瘤胃中发酵,玉米大约 70% 是在瘤胃中发酵。淀粉的结构和组成,淀粉同蛋白质的结构互作影响淀粉的降解和消化。淀粉在瘤胃内降解是由于瘤胃微生物分解的淀粉酶和糖化酶的作用。纤维素、半纤维素等在瘤胃的降解是由于瘤胃真菌可产生纤维素分解酶、半纤维素分解酶和木聚糖酶等 13 种酶的作用。

碳水化合物在瘤胃内的降解可分为两大步骤:第一步是高分子碳水化合物(淀粉、纤维素、半纤维素等)降解为单糖,如葡萄糖、果糖、木糖、戊糖等。第二步是单糖进一步降解为挥发性脂肪酸,主要产物为乙酸、丙酸、丁酸、二氧化碳、甲烷和氢等。

　　瘤胃发酵生成的挥发性脂肪酸大约有 75% 直接从瘤网胃壁吸收进入血液,约 20% 在瓣胃和真胃吸收,约 5% 随食糜进入小肠,可满足牛生活和生产所需能量的 65% 左右。牛从消化道吸收的能量主要来源于挥发性脂肪酸,而葡萄糖很少。这里应指出的是,牛体内代谢需要的葡萄糖大部分由瘤胃吸收的挥发性脂肪酸——丙酸,在体内转化生成,如果饲料中部分淀粉避开瘤胃发酵而直接进入皱胃,在皱胃和小肠内受消化酶的作用分解,并以葡萄糖的形式直接吸收(这部分淀粉称之为"过瘤胃淀粉"),可提高淀粉类饲料的利用率,改善牛的生产性能。不同来源的淀粉瘤胃降解率不同。目前已经清楚,常用谷物饲料中淀粉在瘤胃内的降解顺序为:小麦>大麦>玉米>高粱。因此,为了不同的生产目的和饲养体制,应当选择不同来源的淀粉,以实现淀粉利用的最优化。

　　瘤胃发酵过程中还有一部分能量以 ATP 形式释放出来,作为微生物本身维持和生长的主要能源;而甲烷及氢则以嗳气排出,造成牛饲料中能量的损失。甲烷是乙酸型发酵的产物,丙酸型发酵不生成甲烷,因此,丙酸发酵可以向牛提供较多的有效能,提高牛对饲料的利用率。

　　正常情况下,瘤胃中乙酸、丙酸、丁酸占总挥发性脂肪酸的比例分别为 50%~65%、18%~25% 和 12%~20%,这种比例关系受日粮的组成影响很大。粗饲料发酵产生的乙酸比例较高,乙酸和丁酸是奶牛生成乳脂的主要原料,被奶牛瘤胃吸收的乙酸约有 40% 为乳腺所利用。精饲料在瘤胃中的发酵率很高,挥发性脂肪酸产量较高,丙酸比例提高;粗饲料细粉碎或压粒,也可提高丙酸比例,瘤胃中丙酸比例提高,会使体脂肪沉积增加。

　　如由粗料型突然转变为精料型,乳酸发酵菌不能很快活跃起来将乳酸转为丙酸,乳酸就会积蓄起来,使瘤胃 pH 下降。乳酸通过瘤胃进入血液,使血液 pH 降低,以致发生"乳酸中毒",严重时可危及生命。因此,饲草饲料的变更要逐步过渡,避免突然改变日粮。

奶牛吸收入血液的葡萄糖约有 60% 被用来合成乳。

3. 瘤胃对脂肪的利用

与单胃动物相比,牛体脂含较多的硬脂酸。乳脂中还含有相当数量的反式不饱和脂肪酸和少量支链脂肪酸,而且体脂的脂肪酸成分不受日粮中不饱和脂肪酸影响。这些都是由牛对脂类消化和代谢的特点所决定的。

进入瘤胃的脂类物质经微生物作用,在数量和质量上发生了很大变化。一是部分脂类被水解成低级脂肪酸和甘油,甘油又可被发酵产生丙酸;二是饲料中不饱和脂肪酸在瘤胃中被微生物氢化,转变成饱和脂肪酸,这种氢化作用的速度与饱和度有关,不饱和程度较高者,氢化速度也较快。另外,饲料中脂肪酸在瘤胃还可发生异构化作用;三是微生物可合成奇数长链脂肪酸和支链脂肪酸。瘤胃壁组织也利用中、长链脂肪酸形成酮体,并释放到血液中。未被瘤胃降解的那部分脂肪称为"过瘤胃脂肪"。在牛日粮中直接添加没有保护的油脂,会使采食量和纤维消化率下降。油脂不利于纤维消化可能是由于:①油脂包裹纤维,阻止了微生物与纤维接触;②油脂对瘤胃微生物的毒性作用,影响了微生物的活力和区系结构;③长链脂肪酸与瘤胃中的阳离子形成不溶复合物,影响微生物活动需要的阳离子浓度,或因离子浓度的改变而影响瘤胃环境的 pH。如果在牛日粮中添加保护完整的油脂即过瘤胃脂肪,就可以消除油脂对瘤胃发酵的不良影响。

4. 瘤胃对矿物质的利用

瘤胃对无机盐的消化能力强,消化率为 30%~50%。无机盐对瘤胃微生物的作用,通常通过两条途径:一方面瘤胃微生物需要各种无机元素作为养分;另一方面无机盐可改变瘤胃内环境,进而影响微生物的生命活动。

常量元素除是瘤胃微生物生命活动所必需的营养物质外,还参与瘤胃生理生化环境因素(如渗透压、缓冲能力、氧化还原电位、稀释率等)的调节。微量元素对瘤胃糖代谢和氨代谢也有一定影响。某些微量元素影响脲酶的活性,有些参与蛋白质的合成。适当添加无机盐对瘤胃的发酵有促进作用。

5.瘤胃对维生素的利用

幼龄牛的瘤胃发育不全,全部维生素需要由饲料供给。当瘤胃发育完全,瘤胃内各种微生物区系健全后,瘤胃中微生物可以合成 B 族维生素及维生素 K,不必由饲料供给,但不能合成维生素 A、维生素 D、维生素 E 等,因此在日粮中应经常提供这些维生素。

瘤胃微生物对维生素 A、胡萝卜素和维生素 C 有一定破坏作用。据测定,维生素 A 在瘤胃内的降解率达 $60\% \sim 70\%$。维生素 C 注入瘤胃 2 小时即损失殆尽。同时,血液和乳中维生素 C 含量并不增加,说明维生素 C 被瘤胃微生物所破坏。

瘤胃中 B 族维生素的合成受日粮营养成分的影响,如日粮类型、日粮的含氮量、日粮中碳水化合物量及日粮矿物质元素。适宜的日粮营养成分有利于瘤胃微生物合成 B 族维生素。

6.气体的产生与嗳气

在微生物的强烈发酸过程中,不断地产生大量气体,牛一昼夜可产生气体 $600 \sim 1\,300$ 升。其中二氧化碳占 $50\% \sim 70\%$,甲烷占 $20\% \sim 45\%$,间有少量氢、氧、氮和硫化氢等。日粮组成、饲喂时间及饲料加工调制会影响气体的产生和组成。犊牛出生前几个月的瘤胃气体以甲烷占优势,随着日粮中纤维素含量增加,二氧化碳量增多,6 月龄达到成年牛的水平。健康成年奶牛瘤胃中二氧化碳量比甲烷多,当臌气或饥饿时则甲烷量大大超过二氧化碳量。二氧化碳主要来源于微生物发酵的终产物,其次来自唾液及瘤胃壁透入的碳酸氢盐所释放。甲烷是瘤胃内发酵的主要终产物,由二氧化碳还原或由甲酸产生。这些气体约有 1/4 被吸收入血液后经肺排除,一部分为瘤胃内微生物所利用,其余靠嗳气排出。

嗳气是一种反射动作,反射中枢位于延髓,由增多的瘤胃气体刺激瘤胃的感受器所引起。嗳气时瘤胃后背盲囊开始收缩,由后向前推进,压迫气体移向瘤胃前庭。贲门也随着舒张，于是气体被驱入食管，整段食管几乎同时收缩，这时由于鼻咽括约肌闭合，一部分嗳气经过开张的声门进入呼吸系统，并通过肺毛细血管吸收入血。另一部分嗳气经口腔逸出。

奶牛由于采食大量幼嫩青草或苜蓿而发生瘤胃臌气。其机理可能是幼嫩青草或苜蓿迅速由前胃转入皱胃及肠内，刺激这些部位的感受器，反射性抑制前胃的运动。同时，由于瘤胃内饲料急剧发酵产生大量气体，不能及时排出，于是形成急性臌气。

7.瘤胃的发酵调控

瘤胃发酵是通过对饲料养分的分解和微生物菌体成分的合成，为牛提供了必需的能量、蛋白质和部分维生素。研究证明，瘤胃中合成的微生物蛋白，除可满足牛维持需要外，还能满足一般青年牛生长或日产奶12～15千克奶牛所需的蛋白质和氨基酸需要。然而，瘤胃发酵本身也会造成饲料能量和氨基酸的损失。因此，正确控制瘤胃的发酵，提高日粮的营养价值，减少发酵过程中养分损失，是提高牛的饲料利用率，改善生产性能的重要技术措施。通常采用的控制瘤胃发酵的途径和方法如下：

(1)瘤胃发酵类型的调控　瘤胃发酵类型是根据瘤胃发酵产物——乙酸、丙酸、丁酸的比例相对高低来划分的(表4-1)。

表4-1　瘤胃发酵类型划分

发酵类型	乙酸/丙酸
乙酸发酵	大于3.5
丙酸发酵	2.0
丁酸发酵	丁酸占总挥发性脂肪酸摩尔比20%以上
乙酸—丙酸发酵	3.2～2.5
丙酸—乙酸发酵	2.5～2.0

注：引自卢德勋(1993)。

瘤胃发酵类型的变化明显地影响能量利用效率。瘤胃中乙酸比例高时，能量利用率下降；丙酸比例高时，可向牛体提供较多的有效能，乙酸/丙酸比例从 2.32 下降到 1.92 时,乳脂率相应从 3.14 降到 2.86。

饲料和饲养方法是决定瘤胃发酵类型的最重要因素。日粮中精料比例越高,发酵类型越趋于丙酸类型;相反,粗料比例增高则导致乙酸类型。饲料粉碎、颗粒化或蒸煮可使瘤胃中丙酸比例增高。提高饲养水平,乙酸比例下降,丙酸比例上升。先喂粗料,后喂精料,瘤胃中乙酸比例增高;相反,先喂精料,后喂粗料,丙酸比例增高。在高精料日粮条件下,增加饲喂次数(如由 2 次改为 6 次),瘤胃中乙酸比例增高,乳脂率提高。

(2)饲料养分在瘤胃降解的调控 增加饲料中过瘤胃淀粉、蛋白质和脂肪的量,对于改善牛体内葡萄糖营养状况、增加小肠中氨基酸吸收量、调节能量代谢、提高奶牛生产水平十分重要。豆科牧草在瘤胃内降解率较低,是天然的过瘤胃蛋白质资源。玉米是一种理想的过瘤胃淀粉来源。也可以通过物理和化学处理增加饲料中过瘤胃淀粉、蛋白质和脂肪的量(详见第四章第三节精饲料的加工调制)。

(3)脲酶活性抑制剂 抑制瘤胃微生物产生的脲酶的活性,控制氨的释放速度,以达到提高尿素利用率的目的。最有效的脲酶抑制剂是乙酰氧肟酸。此外,尿素衍生物(羟甲基尿素、磷酸脲)和某些阳离子(Na^+、K^+、Co^+、Zn^{2+}、Cu^{2+}、Fe^{2+})也有此作用。

(4)瘤胃 pH 调控 控制瘤胃液 pH 对于饲喂高精料饲粮的牛尤为重要,补充碳酸氢钠(小苏打)可稳定 pH,加快瘤胃食糜的外流速度,提高乙酸/丙酸值,提高乳脂率,防止乳酸中毒等。常用 pH 调控剂是 0.4%氧化镁+0.8%碳酸氢钠(占日粮干物质)。

正确的调控瘤胃发酵,是养牛生产中一项新技术,是提高牛生产性能,降低饲养成本的有效方法。在运用这些技术时,若方法不当,会产生相反作用,在生产中应加以注意。

(二)网胃

由网—瘤胃褶与瘤胃分开,瘤胃与网胃的内容物可自由混杂,因而瘤胃与网胃往往称为瘤网胃。网胃壁像蜂巢,故也叫做蜂巢胃。网胃的右端有一开口通入瓣胃,草料在瘤胃和网胃经过微生物作用后即进入瓣胃。

网胃中在食道与瓣胃之间有一条沟,叫做食道沟。食管沟是犊牛吮吸奶时把奶直接送到皱胃的通道,它可使吮吸的乳中营养物质躲开瘤胃发酵,直接进入皱胃和小肠,被机体利用。这种功能随犊牛年龄的增长而减退,到成年时只留下一痕迹,闭合不全。如果咽奶过快,食管沟闭合不全,牛奶就可能进入瘤胃,这时由于瘤胃消化功能不全,极易导致消化系统疾病。

网胃在4个胃中容积最小,成年牛的网胃约占4个胃总容积的5%。网胃的上端有瘤网口与瘤胃背囊相通,瘤网口下方有网瓣孔与瓣胃相通。网胃壁黏膜形成许多网格状皱褶,形似蜂巢,并布满角质化乳头,因此,又称网胃为蜂巢胃。网胃的功能如同筛子一样,将随饲料吃进去的重物(如铁丝、铁钉等)储藏起来。

(三)瓣胃

内容物在瘤胃、网胃经过发酵后,通过网胃和瓣胃之间的开口——网瓣孔而进入瓣胃,瓣胃黏膜形成100多片瓣叶,瓣胃内存有干细食糜,其作用是压挤水分和磨碎食糜。瓣胃呈球形,很坚实,位于右季肋部、网胃与瘤胃交界处的右侧。成年牛瓣胃约占4个胃总容积的7%～8%。瓣胃的上端经网瓣口与网胃相通,下端有瓣皱口与皱胃相通。瓣胃黏膜形成百余叶瓣叶,从纵剖面上看,很像一叠"百叶",所以俗称"百叶肚"。瓣胃的作用是对食糜进一步研磨,并吸收有机酸和水分,使进入真胃的食糜更细,含水量降低,利于消化。

犊牛瓣胃发育迅速,出生10～150天,其容积增加60倍。瓣胃内容物含干物质约22.6%,含水量比瘤胃和网胃内容物少(瘤胃含干物质约17%,网胃13%),颗粒也较小,直径超过3毫米的不到1%,而小于1毫米的约占68%。pH平均为7.2(6.6～7.3)。

瓣胃的流体食糜来自网胃,食糜含有许多微生物和细碎的饲料以及微生物发酵的产物。当这些食糜通过瓣胃的叶片之间时,大量水分被移去,因此,瓣胃起了滤器作用。截留于叶片之间的较大食糜颗粒,被叶片的粗糙表面揉捏和研磨,使之变得更为细碎。瓣胃内约消化20%纤维素,吸收约70%食糜的挥发性脂肪酸。此外,氯化钠等也可在瓣胃内被上皮吸收。

瓣胃运动起着水泵样作用,当瘤胃第一次运动周期中网胃的第二次收缩达到顶点时,网瓣孔开放,同时瓣胃管舒张,迫使食糜进入瓣胃体叶片之间。

由瓣胃流入皱胃的食糜性状及分量变化很大,食糜排出的间隔时间也不规则。网胃收缩时瓣胃有少量液汁滴出。在网胃收缩间隔期间,瓣胃食糜迅速排出,有时挤出成块的较干食糜。

(四)皱胃

皱胃是牛的真胃。反刍动物只有皱胃分泌胃液,皱胃壁具有无数皱襞,这就能增加其分泌面积。皱胃位于右季肋部和剑状软骨部,与腹腔低部紧贴。皱胃前端粗大,称胃底,与瓣胃相连;后端狭窄,称幽门部,与十二指肠相接。皱胃黏膜形成12～14片螺旋形大皱褶。围绕瓣皱口的黏膜区为贲门腺区;近十二指肠黏膜区为幽门腺区;中部黏膜区为胃底腺区。胃底腺分泌的胃液为水样透明液体,含有盐酸、胃蛋白酶和凝乳酶,并有少量黏液,含干物质约1%,呈酸性。幽门腺分泌量很少,并且呈中性或弱碱性反应,含少量胃蛋白酶原。与单胃动物比较,皱胃液的盐酸浓度较低些,凝乳酶含量较多。胃蛋白酶作用的适宜环境约为 pH 2,pH＞6 酶活性消失。在胃蛋白酶作用下,蛋白被分解为朊和胨。凝乳酶在犊牛期含量高,凝乳酶先将乳中的酪蛋白原转化酪蛋白,然后与钙离子结合,于是乳汁凝固,使乳汁在胃中停留时间延长,有利于乳汁在胃内消化。皱胃的胃液是连续分泌的,这与反刍动物的食糜由瓣胃连续进入皱胃有关。皱胃胃液的酸性,不断地杀死来自瘤胃的微生物。微生物蛋白质被皱胃的蛋白酶初步分解。

三、肠

(一)小肠

据测定,牛的肠长和体长比为 27∶1;牛的小肠特别发达,长27～49 米。食糜进入小肠后,在消化液的作用下,大部分可消化的营养物质可被充分消化吸收。

进入小肠内半消化的食物,混有大量消化液——唾液、胃液、胰液、胆汁及肠液,构成半流体的食糜。牛的小肠有小肠腺和十二指肠腺。十二指肠腺经常分泌少量碱性黏液,分泌液中的有机物有黏蛋白酶和肠激酶等酶类。肠液中除含有活化胰蛋白酶原的肠激酶外,小肠上皮细胞产生几种肽酶,分解多肽成氨基酸。肠液中含有少量脂肪酶,它能补充胰脂肪酶对脂肪消化的不足,把脂肪分解成甘油和脂肪酸,蔗糖酶、麦芽糖酶和乳糖酶,把相应的双糖分解为单糖。肠液中也含有淀粉酶、核酸酶、核苷酸酶和核苷酶。肠液中的酶类存在于肠液的液体中和存在于小肠黏膜的脱落上皮细胞中。

小肠食糜中的营养物质在消化酶作用下,逐步分解,变成可被肠壁吸收的物质。消化酶的作用方式,除了混合在食糜内进行肠腔消化外,还附着于肠壁黏膜上,对通过肠管的食糜营养物进行"接触性消化"(膜消化)。在小肠黏膜上皮细胞中也含有酶,当食物的分解产物经小肠黏膜上皮细胞吸收时,未完全分解的物质可在细胞内酶的作用下,进行最后的分解。小肠中所吸收的矿物质,占总吸收的 75%。未被瘤胃破坏的脂溶性维生素,经过真胃进入小肠后吸收利用,而在瘤胃合成的 B族维生素也主要在小肠吸收。在奶牛前胃消化中起重要作用的细菌和纤毛虫,经过皱胃内的消化,极大部分死亡,并被分解,作为构成小肠食糜营养物的一部分。不过,还有少量细菌处于芽孢状态,随食糜进入大肠后,遇到适宜条件,又开始繁殖。

(二)大肠

牛的盲肠和结肠也进行发酵作用,有明显的蠕动,每分钟 4～10 次。前结肠的逆蠕动把食糜送入盲肠,盲肠的蠕动又把食糜推入结肠。这样,食糜就在盲肠和前结肠间来回移动,使食糜能在大肠中停留较长时间,增进吸收,并造成微生物活动的良好条件,牛的盲肠和结肠能消化饲料中纤维素 15%～20%。纤维素经发酵产生大量挥发性脂肪酸,可被机体吸收利用。

食糜经消化和吸收后,其中的残余部分进入大肠的后段。在这里,水分被大量吸收,大肠的内容物逐渐浓缩而形成粪便。

由于复胃和肠道长的缘故,食物在牛消化道内存留时间长,一般需 7～8 天甚至 10 多天的时间,才能将饲料残余物排尽。因此,牛对食物的消化吸收比较充分。

第二节　奶牛的营养需要

奶牛为了维持生命、生长发育、产肉、泌乳和繁衍后代,需要从外界摄取各种营养物质。奶牛对各种营养物质的需要量是由动物营养学家通过大量的科学研究而得出的具有规律性的成果,是合理配制日粮的依据,也是奶牛生产实践的科学指南。

一、干物质

干物质采食量是奶牛配合日粮中一个重要指标,影响奶牛干物质采食量的因素包括体重、产奶量、泌乳阶段、环境条件、日粮的精粗比例、饲料类型与品质、体况等。奶牛在泌乳开始的最初几天,采食量低;通常最大干物质采食量发生在产后10～14周。最大干物质采食量相对滞后于泌乳高峰期(产后4～8周),泌乳早期奶牛能量代谢呈负平衡,进而导致体重下降。日粮中不可消化干物质是奶牛采食量的主要限制因素,在一定范围内,干物质采食量随着日粮消化率的提高而增加,超过一定临界水平后,能量需要量将成为限制采食量的主要因素。

放牧情况下,草高30～45厘米时采食速度最快。对切短的干草比长草采食量大。对草粉采食量少。如把草粉制成颗粒饲料时,采食量可增加50%。日粮中精料比例增加,采食量增加,但精料量占日粮干物质70%以上时,采食量随之下降。日粮中脂肪含量超过6%时,日粮中粗纤维的消化率下降,超过12%时,食欲受到限制。

(一)产奶牛

我国奶牛饲养标准(2004)中,产奶牛干物质采食量计算公式为:参考干物质进食量(千克/天)$=0.062W^{0.75}+0.40Y$(适用于精粗料比约60：40的日粮)

参考干物质进食量DMI(千克/天)$=0.062W^{0.75}+0.45Y$(适用于精粗料比约45：55的日粮)

式中:W为牛体重(千克),Y为含脂4%标准乳量(千克)。

卢德勋(2001)对高产奶牛提出如下干物质采食量方案(表4-2)。

表4-2 奶牛干物质采食量

泌乳阶段		DMI占体重的比例/%
泌乳盛期	日产乳>30千克	3.0～3.5
	日产乳<30千克	2.7～3.3
泌乳中期		3.0～3.2
泌乳后期		3.0～3.2
干乳期		1.8～2.2
围产期		2.0～2.5

(二)生长母牛

我国奶牛饲养标准(1986)提出的生长母牛的干物质参考给量＝NND×0.45。NND为奶牛能量单位。

NRC(2001)提出荷斯坦后备母牛的干物质进食量为：

$$DMI(千克/天)＝BW^{0.75}×(0.243\ 5×NE_m－0.046\ 6×NE_m^2－0.112\ 8)/NE_m$$

式中：BW 为体重(千克)，NE_m 为维持净能(兆卡/千克)。

(三)乳用种公牛

我国奶牛饲养标准(1986)提出的种公牛的干物质进食量为：

$$DMI(千克/天)＝NND×0.6$$

二、能量需要

我国的奶牛饲养标准(1986,2004)将奶牛的产奶、维持、增重、妊娠和生长所需能量均统一用产奶净能表示(饲料能量转化为牛奶的能量称为产奶净能)，并且采用相当于1千克含脂率为4%的标准乳所含的能量，即3.138兆焦产奶净能作为一个"奶牛能量单位"，缩写为NND(汉语拼音字首)。也可用下式表示：

$$NND＝产奶净能(兆焦)/3.138$$

饲料产奶净能值的测算：产奶净能(兆焦/千克干物质)＝0.550\ 1×消化能(兆焦/千克干物质)－0.395\ 8。

(一)成年泌乳奶牛的能量需要

1.成年母牛舍饲的维持需要

在中立温度区拴系饲养条件下,奶牛的维持需要(兆焦)＝$0.293W^{0.75}$。

对逍遥运动可增加 20%给量,即为 $0.356W^{0.75}$。由于第一和第二泌乳期奶牛的生长尚未停止,因此,第一泌乳期的能量需要应在维持基础上增加 20%,第二泌乳期应增加 10%。式中 W 表示体重(千克)。

放牧运动时,能量消耗明显增加。水平行走的维持需要见表 4-3。

表 4-3　水平行走的维持能量需要　　　　千焦/(天·头)

行走路程/千米	行走速度	
	1 米/秒	1.5 米/秒
1	$87W^{0.75}$	$88W^{0.75}$
2	$89W^{0.75}$	$90W^{0.75}$
3	$91W^{0.75}$	$92W^{0.75}$
4	$94W^{0.75}$	$95W^{0.75}$
5	$97W^{0.75}$	$100W^{0.75}$

低气温条件下能量需要明显增加。在 18℃ 基础上,平均每下降 1℃ 24 小时产热增加 0.002 5 兆焦/$W^{0.75}$。式中 W 表示体重(千克)。

2. 产奶的能量需要

牛奶的能量含量就是产奶净能的需要量,可按如下回归公式计算:

每千克牛奶的能量(兆焦)=0.75 十 0.388×乳脂率+0.164×乳蛋白率+0.055×乳糖率

或每千克牛奶的能量(千焦)=1 433.65+415.30×乳脂率

或每千克牛奶的能量(千焦)=249.16×乳总干物质率—166.19

3. 产奶母牛的体重变化与能量需要

当产奶母牛摄入的能量不足时,母牛往往动用体内贮存的能量去满足产奶的需要,结果体重下降;反之,当摄入能量过多时,多余能量在体内沉积,体重增加。成年母牛每千克增重或减重,相当于净能 25.104 1兆焦。泌乳期间增重的能量利用效率与产奶相似,因此每增重 1 千克约相当 8 千克 4%标准奶(25.104/3.138=8)。减重的产奶利用率为 0.82,故每减重 1 千克能产生 20.585 兆焦产奶净能(25.104×0.82=20.585),即 6.56 千克(20.585/3.138)4%标准奶。

77

4. 产奶牛不同生理阶段的能量需要

(1)产后泌乳初期的能量需要 产后泌乳初期阶段,母牛的食欲和消化机能较差,能量进食不足,须动用体内贮存的能量去满足产奶需要。往往在产后的头15天为剧烈减重阶段,在此期间应保持消化机能并注意增加采食量,防止过度减重。

荷斯坦牛的最高日产奶出现的时间不一致,但一般多出现在产后60天以内。因此,当食欲恢复后,采用引导饲养,给量应稍高于需要。

(2)泌乳后期和怀孕后期的妊娠能量需要 已知泌乳期用于增重的能量利用效率较高,与产奶相似。所以,在泌乳后期增加一定体重供下个泌乳期的需要是经济的。

(二)怀孕后期的妊娠能量需要

按胎儿生长发育的实际情况,从妊娠第六个月开始,胎儿能量沉积已明显增加。牛妊娠的能量利用效率很低,每1.00兆焦的妊娠沉积能量约需要4.870兆焦产奶净能,按此计算,妊娠6~9个月时,每天应在维持基础上增加4.184兆焦、7.112兆焦、12.552兆焦和20.92兆焦产奶净能。

(三)生长公、母牛的能量需要

在中立温度区的维持需要(千焦)$= 584.5W^{0.67}$,式中 W 为体重(千克)。其生长母牛的增重的能量需要(增重的能量沉积即增重的能量)。增重的能量沉积换算成产奶净能的系数见表4-4。

$$\frac{增重的能量}{沉积(兆焦)} = \frac{增重(千克)[1.5 + 0.004\ 5 \times 体重(千克)]}{1 - 0.30 \times 增重(千克)} \times 4.184$$

增重所需的产奶净能=增重的能量沉积×系数

表 4-4　增重的能量沉积换算成产奶净能的系数

项目	体重/千克								
	150	200	250	300	350	400	450	500	550
系数	1.10	1.20	1.26	1.32	1.37	1.42	1.46	1.49	1.52

生长公牛的维持能量需要与生长母牛相同。生长公牛增重的能量需要按生长母牛增重能量需要的90%计算。

(四)种公牛的能量需要

种公牛的能量需要(兆焦)$=0.398W^{0.75}$

式中:W 为体重(千克)。

三、蛋白质需要

(一)产奶母牛的蛋白质需要

(1)维持的蛋白质需要

维持的粗蛋白质$=4.6W^{0.75}$(克)

维持的可消化粗蛋白质$=3.0W^{0.75}$(克)

维持的小肠可消化粗蛋白质的需要$=2.5\times W^{0.75}$(克)

式中:W 为体重(千克)。

(2)产奶的蛋白质需要

产奶的蛋白质需要量取决于奶中的蛋白质含量。

产奶的可消化粗蛋白质需要量$=$牛奶的蛋白质量$/0.60$;

产奶的小肠可消化粗蛋白质需要量$=$牛奶的蛋白质量$/0.70$。

乳蛋白率(%)应根据实测确定。在没有测定的情况下,可根据乳脂率进行推算:

乳蛋白率$=(2.36+0.24\times$乳脂率$)\times100\%$

(二)妊娠母牛的蛋白质需要

妊娠的蛋白质需要按牛妊娠各阶段子宫和胎儿所沉积的蛋白质量进行计算。可消化粗蛋白用于妊娠的效率为65%,小肠可消化粗蛋白质的效率为75%。在维持的基础上,妊娠的可消化粗蛋白质的需要量:妊娠6个月时为50克/天,7个月时为84克/天,8个月时为132克/天,9个月时为194克/天;妊娠的小肠可消化粗蛋白质需要量:妊娠6个月时为43克/天,7个月时为73克/天,8个月时为115克/天,9个月时为169克/天。

(三)生长牛的蛋白质需要

维持的可消化粗蛋白质需要:体重200千克以下为$2.3W^{0.75}$(克),200千克以上为$3W^{0.75}$(克)。小肠可消化粗蛋白质的需要为200千克体重以下用$2.2\times W^{0.75}$(克)。式中W为体重(千克)。

生长牛增重的蛋白质需要量取决于体蛋白质的沉积量。

增重的蛋白质沉积(克/天)$=\Delta W(170.22-0.173\ 1W+0.000\ 17W^2)\times(1.12-0.125\ 8\Delta W)$

式中ΔW表示日增重(千克),W为体重(千克)。

生长牛日粮可消化粗蛋白用于体蛋白质沉积的利用效率为55%,但幼龄时效率较高,体重40~60千克为70%,70~90千克为65%。生长牛日粮小肠可消化粗蛋白质的利用效率为60%。

增重的蛋白质需要量=增重的蛋白质沉积/蛋白质利用效率。

(四)种公牛粗蛋白质需要

种公牛的蛋白质需要量是以保证采精和种用体况为基础。种公牛的粗蛋白质需要量$=6.15W^{0.75}$(克)。可消化粗蛋白质的需要量$=4.0W^{0.75}$(克)。小肠可消化粗蛋白质的需要量$=3.3W^{0.75}$(克)。式中W为体重(千克)。

四、矿物质需要

(一)钙和磷需要量

奶牛每天从奶中排出大量钙磷。由于日粮中钙磷含量不足,钙磷利用率过低而造成奶牛缺钙磷的现象比较常见,是奶牛饲养的一个重要问题。

1.钙需要量

产奶母牛维持需要量为每 100 千克体重 6 克,产奶需要为每千克标准乳 4.5 克。生长奶牛的钙维持需要量为每 100 千克体重 6 克,增重需要为每千克增重 20 克。

2.磷需要量

产奶母牛维持需要量为每 100 千克体重 4.5 克,产奶需要为每千克标准乳 3 克。生长奶牛的磷维持需要量为每 100 千克体重 5 克,增重需要为每千克增重 10 克。

钙磷比例以(2～3):1 为宜。

(二)食盐的需要量

食盐用来满足钠和氯的需要。产奶母牛食盐的维持需要量为每 100 千克体重 3 克,每产 1 千克 4% 标准乳给 1.2 克。NRC 建议的食盐的最大耐受量对于泌乳母牛不超过总干物质进食量的 4%,对于非泌乳牛不超过总干物质进食量的 9%。一般情况下,食盐可占日粮干物质的 0.5%～1.5%。牛饲喂青贮饲料时,需食盐量比饲喂干草时多;饲喂高粗料日粮时要比喂高精料日粮时多;喂青绿多汁的饲料时要比喂枯老饲料时多。

(三)钾、硫、镁的需要量

奶牛钾的需要量为日粮干物质的 0.8%,泌乳牛日粮粗料多时不会缺钾,在热应激条件下,钾应增加到 1.2%。

硫占饲料干物质的 0.1% 或 0.2%(喂尿素时)可满足泌乳母牛需要,而非泌乳及其他奶牛的需要量可按 12:1 的氮硫比例由它们对蛋白质的最低需要量来计算。

犊牛日粮中镁的推荐量为占日粮的 0.07%。饲喂大量干草或精料的产奶牛的推荐量为占日粮的 0.20%。在易发生低血镁抽搐症的情况下和在泌乳早期的高产母牛,推荐的镁水平为占日粮的0.25%～0.30%。NRC将0.4%的日粮镁水平定为镁的最大耐受水平,但究竟什么水平能引起奶牛镁中毒尚不清楚。为了防止乳脂下降,在高精料日粮中加入0.8%的氧化镁,除偶尔引起腹泻外没有发现其他明显的不利影响,此日粮中的总镁含量可能已达到0.61%。

(四)微量元素需要量

奶牛日粮中微量元素推荐量见表4-5。

微量元素的缺乏极限量和中毒极限量见表4-6。

表4-5 奶牛日粮中微量元素推荐量(NRC,2001) 毫克/千克

项目	Fe	Cu	Co	I	Zn	Mn	Se
生长牛(6～18月龄)	43～13	10～9	0.11	0.27～0.3	32～18	22～14	0.3
青年母牛	26	16	0.11	0.40	30	22	0.3
泌乳牛	12.3～18	11	0.11	0.4～0.6	43～55	13～14	0.3
干奶牛	13～18	12～18	0.11	0.4～0.5	21～30	16～24	0.3

表4-6 微量元素的缺乏极限量和
中毒极限量的参考(NRC,1988) 毫克/千克干物质

元素	缺乏极限量	中毒极限量
S	—	—
Fe	—	—
Cu	7	30
Co	0.07	10
I	0.15	8
Mn	45	1 000
Zn	45	250
Se	0.1	0.5
Mo	—	3.0

五、维生素的需要

(一)维生素 A 需要量

乳用生长牛每日每 100 千克体重胡萝卜素需要量为 10.6 毫克(或 4 240 国际单位维生素 A),妊娠和泌乳牛为 19 毫克胡萝卜素(或 7 600 国际单位维生素 A)。每产 1 千克含脂 4% 标准乳需要 1 930 国际单位维生素 A。

(二)维生素 D 需要量

乳用犊牛、生长牛和成年公牛每 100 千克体重需 660 国际单位维生素 D。泌乳及怀孕母牛按每 100 千克体重需要 3 000 国际单位维生素 D 供给。每产 1 千克含脂 4% 标准乳需 1 930 国际单位维生素 D。

(三)维生素 E 需要量

正常饲料中不缺乏维生素 E。犊牛日粮中需要量为每千克干物质含 25 国际单位,成年牛为 15～16 国际单位。

六、纤维需要

粗纤维(CF)在瘤胃的降解速度较慢,高粗纤维日粮的采食量和消化率降低。如果日粮中纤维物质不足,奶牛表现为咀嚼和反刍时间缩短,唾液分泌减少。高精料日粮还可导致瘤胃发酵速度加快,瘤胃 pH 下降。当瘤胃 pH 降至 6.0～6.2 以下时,瘤胃微生物对日粮纤维性物质的降解能力减弱,进而可导致酸中毒,引起乳脂率下降。粗纤维量过高则达不到所需的能量浓度。因此,为保证奶牛正常的瘤胃发酵,提高产奶量和防止乳脂率降低,奶牛日粮中必须保证适量的粗纤维。

奶牛日粮最低中性洗涤纤维(NDF)含量与奶牛的体况、生产水平、日粮结构、加工工艺、日粮中饲料纤维长度、总干物质进食量、饲料的缓冲能力以及饲喂次数等有关。在以苜蓿或玉米青贮作为主要粗料,玉米作为主要淀粉源的日粮,NDF 含量至少占日粮干物质的25%,其中 19% 的 NDF 必须来自粗饲料。当来自于粗饲料的 NDF 含量低于 19% 时,每降低 1%,日粮中的最低 NDF 含量相应需提高 2%。Kawas(1984)报道,日粮干物质中 NDF 和 ADF(酸性洗涤纤维)的含量分别为 24%~26% 和 17%~21% 时,可获得最大的 4% 标准乳产量。

我国奶牛饲养标准(1986,2004)中规定,奶牛日粮粗纤维含量以17% 为宜,下限不低于日粮干物质的 13%,NDF 应不低于 25%。

NRC(2001)提出高产奶牛日粮中性洗涤纤维 NDF、ADF 和 NFC(非纤维性碳水化合物)各泌乳阶段的需要(表 4-7)。

表 4-7　奶牛日粮中 NDF、ADF 和 NFC 含量(日粮 DM)　%

项目	酸性洗涤纤维(ADF)	中性洗涤纤维(NDF)	非纤维性碳水化合物(NFC)
泌乳前期(产后 80 天)	19	28	37
泌乳中期(产后 80~200 天)	21	32	37
泌乳后期(产后 200 天以后)	24	36	34
干乳前期	35	50	30
过渡期	30	45	32

注:NFC=100-(NDF+CP+Fat+Ash)。

对于育成牛应使用高 NDF 日粮。体重小于 180 千克,日粮 NDF含量占日粮 DM 的 34%;体重 180~360 千克时为 42%;180~540 千克时为 50%。

七、水的需要量

水是一种非常重要的必需养分。若脱水 5% 则食欲减退,脱水 10%则生理失常,脱水 20% 即可死亡。奶牛比肉牛等其他牛种需水量更多

（牛奶的含水量为 87%）。正常情况下,母牛身体含水量为 55%～65%,比较肥的牛身体含水量较少(约 50%),瘦牛则含水量较高(70%)。饲养实践证明,牛体缺水,不仅健康受损,生长滞缓,产奶量下降,而且会遭受经济损失。所以,在饲养中必须保证有充足的清洁饮水。

影响牛日饮水量和需要量的因素包括:生理阶段、产奶量、采食量、身体大小、活动量、日粮组成、饲料类型(如精料、干草、青贮或青绿饲料)及环境因素(温度、湿度、风速)。影响饮水量的其他因素包括饲粮含盐量、硫、钠的含量,水温,供水频率与周期,动物行为与环境的互作等。

通常奶牛的需水量(千克/天)多按下列公式计算:DMI×5.6 或日产奶量×(4～5)。但当气温达 27℃ 时,饮水量则应比气温 4℃ 提高 40%～50%。据报道,饮用凉水有利于抗热应激,保持稳产。

估测泌乳奶牛每天自由饮水量(free water intake,FWI)的计算公式如下:

FWI(千克/天)=14.3+1.28×产奶量(千克/天)+0.32×日粮 DM%(Dahlborn et al.,1998)。

FWI(千克/天)=15.99+1.58×DMI(千克/天)+0.90×产奶量(千克/天)+0.05×Na 采食量(克/天)+1.20×最低温度(℃)(Murphy 等,1983)。

满足牛对水需要量有三种途径,即饲料水、代谢水和饮水。但主要通过饮水和饲料水得到满足。

水对处于热应激环境的牛非常重要。气温 30℃ 较 18℃,奶牛的饮水消耗增加 29%,粪水减少 33%,但通过尿、皮肤和呼吸损失的水分分别增加 15%、59% 和 50%(McDowell,1972)。当气温达到 27～30℃,泌乳牛的饮水量明显增加(Winchester and Morris,1956;NRC,1981)。牛在高湿环境下的水消耗量比低湿环境下少。对热应激奶牛的水的需要量了解很少。建议在热应激环境下,泌乳牛的水需要量较适宜气温时增加 1.2～2 倍。

给泌乳牛供水不当,产奶量降低的速度和幅度较其他任何养分都显著。饮水质量应达到 NY 5027(2001)的规定标准。

八、奶牛的营养需要量

奶牛的营养需要量见表 4-8 至表 4-11。

表 4-8 成年母牛维持的营养需要（NY/T 34—2004）

体重/千克	日粮干物质/千克	奶牛能量单位（NND）	产奶净能/兆焦	可消化粗蛋白质/克	小肠可消化粗蛋白质/克	钙/克	磷/克	胡萝卜素/毫克	维生素A/国际单位
350	5.02	9.17	28.79	243	202	21	16	63	25 000
400	5.55	10.13	31.80	268	224	24	18	75	30 000
450	6.06	11.07	34.73	293	244	27	20	85	34 000
500	6.56	11.97	37.57	317	264	30	22	95	38 000
550	7.04	12.88	40.38	341	284	33	25	105	42 000
600	7.52	13.73	43.10	364	303	36	27	115	46 000
650	7.98	14.59	45.77	386	322	39	30	123	49 000
700	8.44	15.43	48.41	408	340	42	32	133	53 000
750	8.89	16.24	50.96	430	358	45	34	143	57 000

注：对第一个泌乳期的维持需要按上表基础增加20%，第二个乳期增加10%。如第一个泌乳期的年龄和体重过小，应按生长牛的需要计算实际增重的营养需要。放牧运动和环境温度低时，须在上表基础上增加能量需要量，按奶牛饲养标准中的说明计算。泌乳期间，每增重1千克体重需增加8NND和325克可消化粗蛋白；每减重1千克需扣除6.56NND和250克可消化粗蛋白质。

表 4-9 每产 1 千克奶的营养需要（NY/T 34—2004）

乳脂率/%	日粮干物质/千克	奶牛能量单位/个	产奶净能/兆焦	可消化粗蛋白质/克	小肠可消化粗蛋白质/克	钙/克	磷/克	胡萝卜素/毫克	维生素A/国际单位
2.5	0.31～0.35	0.80	2.51	49	42	3.6	2.4	1.05	420
3.0	0.35～0.38	0.87	2.72	51	44	3.9	2.6	1.13	452
3.5	0.37～0.41	0.93	2.93	53	46	4.2	2.8	1.22	486
4.0	0.40～0.45	1.00	3.14	55	47	4.5	3.0	1.26	502
4.5	0.43～0.49	1.06	3.35	57	49	4.8	3.2	1.39	556
5.0	0.46～0.52	1.13	3.52	59	51	5.1	3.4	1.46	584
5.5	0.49～0.55	1.19	3.72	61	53	5.4	3.6	1.55	619

注：其他奶牛的营养需要及奶牛饲料营养价值成分表见《奶牛饲养标准》（NY/T 34—2004）。

表 4-10 成年体重(650千克)生长母牛营养需要(NRC,2001)

体重/千克	日增重/千克	DMI/(千克/天)	NE$_m$/(兆焦/天)	NE$_g$/(兆焦/天)	瘤胃降解蛋白克/天	过瘤胃蛋白克/天	CP/%	Ca/(克/天)	P/(克/天)
150	0.5	4.1	14.94	3.51	364	167	13.0	23	11
	0.6	4.1	14.94	4.31	379	199	14.0	26	12
	0.7	4.2	14.94	5.10	393	230	14.9	30	13
	0.8	4.2	14.94	5.90	407	261	15.9	33	15
	0.9	4.2	14.94	6.74	421	292	16.9	37	16
	1.0	4.2	14.94	7.53	434	322	17.9	40	17
	1.1	4.2	14.94	8.37	446	352	18.9	43	18
200	0.5	5.1	18.58	4.39	452	149	11.9	24	12
	0.6	5.1	18.58	5.36	470	117	12.6	27	13
	0.7	5.2	18.58	6.32	488	205	13.4	30	14
	0.8	5.2	19.58	7.32	505	233	14.2	34	15
	0.9	5.2	18.58	8.33	522	260	15.0	37	17
	1.0	5.2	18.58	9.37	538	287	15.8	40	18
	1.1	5.2	18.58	10.42	554	314	16.6	43	19
250	0.5	6.0	21.92	5.19	534	131	11.1	25	13
	0.6	6.1	21.92	6.32	556	156	11.8	28	14
	0.7	6.1	21.92	7.49	577	182	12.4	31	15
	0.8	6.2	21.92	8.66	597	207	13.1	34	16
	0.9	6.2	21.92	9.87	617	232	13.7	37	17
	1.0	6.2	21.92	11.09	636	256	14.4	40	18
	1.1	6.2	21.92	12.30	655	280	15.1	43	19
300	0.5	6.9	25.15	5.94	612	114	10.6	27	14
	0.6	6.9	25.15	7.24	637	138	11.2	30	15
	0.7	7.0	25.15	8.58	661	161	11.7	33	16
	0.8	7.1	25.15	9.96	685	183	12.3	35	17
	0.9	7.1	25.15	11.30	707	205	12.9	38	18
	1.0	7.1	25.15	12.68	729	227	13.5	41	19
	1.1	7.1	25.15	14.10	751	248	14.1	44	20

续表 4-10

体重/千克	日增重/千克	DMI/（千克/天）	NEₘ/（兆焦/天）	NEg/（兆焦/天）	瘤胃降解蛋白克/天	过瘤胃蛋白克/天	CP/%	Ca/（克/天）	P/（克/天）
350	0.5	7.7	28.24	6.65	687	99	10.2	28	15
	0.6	7.8	28.24	8.12	715	121	10.7	31	16
	0.7	7.9	28.24	9.62	742	141	11.2	34	17
	0.8	7.9	28.24	11.17	769	162	11.7	37	18
	0.9	8.0	28.24	12.68	794	181	12.3	40	19
	1.0	0.0	28.24	14.27	819	200	12.8	42	20
	1.1	8.0	28.24	15.82	843	218	13.3	45	21
400	0.5	8.5	31.21	7.36	760	86	9.9	30	16
	0.6	8.6	31.21	9.00	791	105	10.4	33	17
	0.7	8.7	31.21	10.67	821	124	10.9	35	18
	0.8	8.8	31.21	12.34	850	142	11.3	38	19
	0.9	8.8	31.21	14.02	878	159	11.8	41	20
	1.0	8.8	31.21	15.73	905	176	12.3	44	21
	1.1	8.8	31.21	17.49	931	192	12.8	46	22

表 4-11　成年体重（650 千克）妊娠青年母牛营养需要（NRC，2001）

体重/千克	日增重/千克	DMI/（千克/天）	NEₘ/（兆焦/天）	NEg/（兆焦/天）	瘤胃降解蛋白克/天	过瘤胃蛋白克/天	CP/%	Ca/（克/天）	P/（克/天）
450	0.5	10.5	31.34	7.41	951	402	12.9	47	25
	0.6	10.5	31.34	9.04	981	418	13.3	50	25
	0.7	10.5	31.34	10.67	1 010	433	13.7	53	26
	0.8	10.5	31.34	12.38	1 038	448	14.2	55	27
	0.9	10.4	31.34	14.10	1 066	462	14.7	58	28
	1.0	10.4	31.34	15.82	1 092	475	15.1	61	29
500	0.5	11.3	34.18	8.08	1 024	391	12.5	49	26
	0.6	11.4	34.18	9.87	1 057	405	12.9	52	27
	0.7	11.4	34.18	11.67	1 088	419	13.3	54	27

续表 4-11

体重/千克	日增重/千克	DMI/（千克/天）	NE$_m$/（兆焦/天）	NE$_g$/（兆焦/天	瘤胃降解蛋白克/天	过瘤胃蛋白克/天	CP/%	Ca/（克/天）	P/（克/天）
	0.8	11.3	34.18	13.51	1 119	432	13.7	57	28
	0.9	11.3	34.18	15.36	1 149	444	14.1	59	29
	1.0	11.2	34.18	17.28	1 177	455	14.5	62	30
	1.1	11.1	34.18	19.16	1 206	465	15.0	65	31
550	0.5	12.2	36.99	8.74	1 094	382	12.1	51	27
	0.6	12.2	36.99	10.67	1 110	395	12.5	53	28
	0.7	12.2	36.99	12.64	1 164	407	12.9	56	29
	0.8	12.2	36.99	14.60	1 197	418	13.3	58	29
	0.9	12.1	36.99	16.65	1 229	428	13.7	61	30
	1.0	12.1	36.99	18.66	1 260	437	14.1	64	31
	1.1	12.0	36.99	20.71	1 291	445	14.5	66	32
600	0.5	13.0	39.75	9.37	1 163	375	11.8	53	28
	0.6	13.0	39.75	11.46	1 202	387	12.2	55	29
	0.7	13.0	39.75	13.56	1 238	397	12.5	58	30
	0.8	13.0	39.75	15.69	1 274	407	12.9	60	30
	0.9	13.0	39.75	17.87	1 308	416	13.3	63	31
	1.0	12.9	39.75	20.04	1 342	423	13.7	65	32
	1.1	12.9	39.75	22.26	1 374	430	14.1	68	33
650	0.5	13.8	42.43	10.00	1 231	371	11.6	54	29
	0.6	13.8	41.43	12.22	1 272	382	12.0	57	30
	0.7	13.8	42.43	14.4S	1 311	392	12.3	59	31
	0.8	13.8	42.43	16.74	1 349	400	12.7	62	31
	0.9	13.8	42.43	19.08	1 385	408	13.0	64	32
	1.0	13.7	42.43	21.38	1 421	414	13.4	67	33
	1.1	13.6	42.43	23.77	1 456	418	13.8	69	34

第三节　生态饲料配制技术

一、奶牛生态营养与生态饲料的概念

奶牛生态营养学是以生态学和生态经济学理论为基础,应用系统科学的思维原则和研究方法,把环境—奶牛—产品作为一个整体,研究奶牛在生存条件构成的多维环境条件中,对各营养要素的动态需求量及其相互关系,在精确数量化的基础上,用计算机模拟物质流、能量流和经济流的动态转化、平衡及其调控模式,以求达到用尽可能少的饲料(草)资源,在尽可能短的周期内,生产出尽可能多而优的牛奶,获取尽可能大的经济效益,达到(或维持)尽可能最佳的生态平衡。

奶牛生态饲料是利用动物生态营养学理论和方法,解决原料奶质量安全、环境应激和减轻奶牛粪便对环境的污染问题,从饲料原料的选购、配方设计、加工饲喂等过程,进行严格质量控制和实施营养系统调控,以改变、控制可能发生的原料奶安全和环境污染,使饲料达到低成本、高效益、低污染效果的饲料。

生态饲料的基本要求是无农药残留、无有机或无机化学毒害品残留、无抗生素残留、无致病微生物残留和霉菌毒素不超过标准。

二、奶牛常用饲料及其特性

按照饲料的营养特性,我国将饲料分成八大类:青绿饲料、青贮饲料、粗饲料、能量饲料、蛋白质饲料、矿物质饲料、维生素饲料、添加剂饲料。奶牛的常用饲料种类很多,根据饲料的性质可分为粗饲料、精饲料、矿物质饲料、添加剂饲料。

（一）粗饲料

粗饲料是指容积重小、纤维成分含量高、可消化养分含量低的饲料，主要有牧草与野草、青贮料类、农副产品类（包括藤、蔓、秸、秧、荚、壳）及干物质中粗纤维含量≥18%的糟渣类、树叶类和非淀粉质的块根、块茎类。

1．青干草的种类和营养特性

青干草是将牧草及饲料作物适时刈割，经自然或人工干燥调制而成的能够长期贮存的青绿饲料，保持一定的青绿颜色。优质的青干草颜色青绿，叶量丰富，质地较柔软，适口性好，营养丰富。青干草的粗蛋白含量为10%～20%，粗纤维含量为22%～23%，无氮浸出物含量为40%～50%，并且含有较丰富的矿物质，是奶牛的最基本、最重要饲料。

目前常用的豆科青干草有苜蓿、沙打旺、草木樨等干草，是牛的主要粗饲料，在成熟早期营养价值丰富，富含可消化粗蛋白、钙和胡萝卜素。豆科干草的蛋白质主要存在于植物叶片中，蛋白质的含量变化为10%～21%。豆科干草的纤维在瘤胃中发酵通常比其他牧草纤维快，因此牛摄入的豆科干草量总是高于其他牧草。禾本科干草主要有羊草、披碱草、冰草、黑麦草、无芒雀麦、苏丹草等，数量大，适口性好，但干草间品质差异大，粗蛋白质含量为7%～13%。

2．秸秆的种类和营养特性

农作物及牧草收获籽实后，残留下的茎叶等通称为秸秆，秸秆的营养特点是营养价值较低，秸秆中粗纤维含量高，可达30%～45%，其中木质素多，一般为6%～12%。粗蛋白含量低，为3%～9%，低于反刍动物饲料要求的蛋白质最低含量（8%）。秸秆中的消化能低，秸秆对牛的消化能为7.8～10.5兆焦/千克DM。秸秆中缺乏维生素，其中胡萝卜素含量仅为2～5毫克/千克，此外，秸秆的钙、磷等含量低，钙、磷的比例不适宜。秸秆的消化率一般低于50%。

牛单独饲喂秸秆时，牛瘤胃中微生物生长繁殖受阻，影响饲料的发酵，不能给宿主提供必需的微生物蛋白质和挥发性脂肪酸，难以满足对能量和蛋白质的需要。但我国秸秆资源丰富,如果采取适当的补饲措施,并结合适当的加工处理,如氨化、碱化及生物处理等,能提高牛对秸秆的消化利用率。目前被用作饲料的秸秆如下。

(1)玉米秸 刚收获的玉米秸,营养价值较高,但随着贮存期加长,营养物质损失较大。一般玉米秸粗蛋白质含量为6%左右;粗纤维为25%左右,牛对其粗纤维的消化率为65%左右;同一株玉米秸的营养价值,上部比下部高,叶片较茎秆高。玉米穗苞叶和玉米芯营养价值很低。

(2)麦秸 麦秸的营养价值低于玉米秸,其中木质素含量很高,含能量低,消化率低,适口性差,是质量较差的粗饲料。该类饲料不经处理,对奶牛没有多大营养价值。

(3)稻草 营养价值低于玉米秸、谷草,优于小麦秸。粗蛋白质含量为2.6%~3.2%,粗纤维21%~33%。灰分含量高,但主要是不可利用的硅酸盐。钙磷含量均低。牛对稻草的消化率50%左右,其中对蛋白质和粗纤维的消化率分别为10%和50%左右。

(4)谷草 在禾本科秸秆中,谷草品质最好。质地柔软、叶片多,适口性好。

(5)豆秸 指豆科秸秆。在豆秸中蚕豆秸和豌豆秸质地较软,品质较好。由于豆秸质地坚硬,应粉碎后饲喂,以保证充分利用。

3.秕壳的种类和营养特性

秕壳为籽实脱离时分离出的荚皮、外皮等。营养价值略高于同一作物的秸秆,但稻壳和花生壳质量较差。

(1)豆荚 含粗蛋白质5%~10%,无氮浸出物42%~50%,适于喂牛。

(2)谷类皮壳 包括小麦壳、大麦壳、高粱壳、稻壳、谷壳等。营养价值低于豆荚。稻壳的营养价值最差。

(3)棉籽壳 含粗蛋白质为4.0%~4.3%,粗纤维41%~50%,消化能8.66兆焦/千克,无氮浸出物34%~43%。棉籽壳虽然含棉酚0.01%,但对牛影响不大。在奶牛日粮中,注意喂量要逐渐增加,1~2

周即可适应。喂时用水拌湿后加入粉状精料,搅拌均匀后饲喂,喂后供给足够的饮水。喂小牛时应控制喂量,以防棉酚中毒。

4.青饲料的种类和营养特性

青饲料的含水量高,干物质含量低,能值低。含有丰富的优质的粗蛋白质,一般占干物质的 $10\%\sim20\%$,并且含有大量的酰胺,对牛的生长、繁殖和泌乳有良好的作用。维生素、矿物质元素含量高。青饲料中含有大量的胡萝卜素,可达 $50\sim80$ 毫克/千克,高于任何其他饲料。此外,青饲料中还含有丰富的硫胺素、核黄素、烟酸等 B 族维生素。矿物质中钙、磷含量丰富,比例适当,尤其豆科饲料中含量丰富。此外,青饲料中还含有富含铁、锰、铜、硒、锌等必需微量元素。无氮浸出物含量丰富,粗纤维含量少。青饲料中粗纤维的含量占干物质的 $18\%\sim30\%$,无氮浸出物占 $40\%\sim50\%$,因此青饲料易于消化,牛对青饲料的有机物的消化率可达 $75\%\sim85\%$。

常见青饲料种类主要包括天然牧草、栽培牧草、青饲作物、叶菜类作物、块根块茎类作物等。

(1)天然牧草 主要有禾本科、豆科、菊科和莎草科四大类牧草,其中豆科和禾本科牧草牛喜欢采食,菊科牧草有特殊的气味,适口性不好,牛不喜欢采食。

(2)栽培牧草 主要有苜蓿、黑麦草、无芒雀麦、草木樨、聚合草、苏丹草等。苜蓿有"牧草之王"的美称,粗蛋白质的含量高,其营养价值与收获时期关系很大,最适宜的刈割时期是现蕾期至初花期。奶牛青饲每天适宜的喂量为 25 千克。

(3)青饲作物 主要有青饲玉米、青饲大麦、燕麦等。

(4)叶菜类饲料 主要有苦荬菜、聚合草、甘蓝、人类食用剩余的蔬菜、次菜及菜帮等。

(5)树叶类饲料 主要有紫穗槐、刺槐叶、苹果树叶、橘树叶、桑叶、松叶等。

5.青贮饲料的种类及营养特性

青贮饲料的营养价值因原料种类的不同而不同,其共同的特点是:

青贮饲料中富含水分、粗蛋白质、维生素和矿物质等营养成分,其中以全株玉米青贮营养价值最高。适口性好,易于消化。青贮饲料气味酸香,柔软多汁,非蛋白氮中以酰胺和氨基酸的比例高,大部分的淀粉和糖类分解为乳酸,粗纤维质地变软,因此易于消化。

青贮饲料的种类包括:

(1)常规青贮 目前常用于玉米秸青贮和全株玉米青贮。青贮料可极大限度地保存原料原有的营养价值,适口性好。全株玉米青贮的营养丰富,粗蛋白质为 8.4%,碳水化合物为 12.7%。

(2)半干青贮 半干青贮又叫低水分青贮,是指青贮原料收割后,经风干含水量降到 45%～55%,形成对微生物不利的生理干燥和厌气环境,同时植物细胞形成高渗透压,使生命活动受抑制,发酵过程变慢,在无氧的条件下保持青贮料的方法。它兼有干草和一般青贮料的优点,干物质含量比一般青贮料多 1 倍。半干青贮调制过程中,营养损失减少,是日益被广泛采用的青贮发酵的主要类型之一,常用于苜蓿半干青贮。

(3)混合青贮 混合青贮是指把两种或两种以上的青贮原料进行混合青贮,互相取长补短调制青贮的方法。这种青贮方法适合于青贮原料干物质含量低(如块根块茎类饲料)与秸秆或糠麸类混合青贮,或者含可发酵糖少的豆科牧草与禾本科牧草混合青贮等。

(4)添加剂青贮 添加剂青贮就是在一般青贮的基础上加入适当添加剂的一种方法。青贮添加剂可分为三类,第一类发酵促进剂,主要有淀粉和糖类,作用是为细菌提供充足的养分,使发酵正常进行。如糖蜜、玉米粉、大麦粉、葡萄糖、蔗糖、马铃薯和纤维素酶等;第二类发酵抑制剂,主要包括强酸和盐类,作用是抑制微生物的生长。如甲酸、乙酸、苯甲酸、柠檬酸、稀盐酸、硫酸、磷酸等;第三类营养型添加剂,主要用于改善青贮饲料营养价值,对青贮发酵一般不起有益作用,目前应用最广的是尿素,尿素和磷酸脲属于非蛋白氮添加剂,一般在青贮料中添加 0.3%～0.5%。此外还有氨、矿物质等。

(5)拉伸膜青贮 包括圆捆青贮和袋式青贮。是指将收割好的新鲜牧草,玉米秸秆、稻草、甘蔗尾叶、地瓜藤、芦苇、苜蓿等各种青绿植物揉碎后,用捆包机高密度压实打捆,然后用青贮塑料拉伸膜裹包起来,造成一个最佳的发酵环境。经这样打捆和裹包起来的草捆,处于密封状态,在厌氧条件下,经3～6周,最终完成乳酸型自然发酵的生物化学过程。发酵后的草料,气味芳香,蛋白质含量和消化率明显提高,适口性好,采食量高,是理想的反刍动物粗饲料。

①圆捆青贮:圆捆青贮采用圆捆捆草机将草料压实,制成圆柱形草捆,然后采用裹包机,用青贮专用拉伸膜将草捆紧紧地裹包起来。大型圆捆,在含水量约50%时,每捆草重约500千克。小型圆捆,在含水量约50%时,每捆草重约40千克。

②袋式青贮:袋式青贮特别适合玉米秸秆、甘蔗尾叶、芦苇、高粱等。秸秆经切碎后,采用袋式灌装机将秸秆/牧草高密度地装入塑料拉伸膜制成的专用青贮袋。秸秆的含水量可高达60%～65%。一只33米长的青贮袋可灌装180 000千克秸秆。每小时可灌装120 000～180 000千克。

拉伸膜青贮具有保存时间长(露天保存3～5年)、使用方便(制作青贮不受收割天气的影响)、饲料浪费少和不会受踩踏损失等优点。裹包青贮和袋式青贮技术是目前世界上最先进的青贮技术,已在美国、欧洲、日本等发达国家广泛应用。北京、上海、安徽、湖南、广东、河南、青海等省市也开始采用此项技术,分别对稻草、玉米秸秆、地瓜藤、芦苇、甘蔗尾叶等进行了裹包青贮。

(二)精饲料

容积重大、纤维成分含量低(干物质中粗纤维含量小于18%)、可消化养分含量高的饲料、主要有禾本科籽实、豆科籽实、饼粕类、糠鼓类、草籽树实类、淀粉质的块根、块茎瓜果类(薯类、甜菜)、工业副产品类(玉米淀粉渣、DDGS、啤酒糟粕等)、酵母类、油脂类、棉籽等饲料原料和由多种饲料原料按一定比例配制的奶牛精料补充料。

1. 能量饲料

指干物质中粗纤维含量在 18% 以下,粗蛋白质含量在 20% 以下,消化能在 10.46 兆焦/千克以上的饲料,是奶牛能量的主要来源。主要包括谷实类及其加工副产品、块根、块茎类和瓜果类及其他。

(1) 谷实类饲料 谷实类饲料干物质以无氮浸出物为主(主要是淀粉),占干物质的 70%～80%,粗纤维含量在 6% 以下,粗蛋白质含量 10% 左右。

①玉米:被称为"饲料之王",是高能饲料,淀粉含量高,适口性好,易消化,其中有机物的消化率为 90%。玉米的脂肪含量较高,不饱和脂肪酸较多。但玉米的赖氨酸和色氨酸含量低,钙、磷的含量低,且比例不合适,因此要配合其他饲料共同使用。玉米可大量用于牛的精料补充料,用量可占 40%～65%。

②大麦:粗蛋白含量比玉米高,为 11%～13%,氨基酸组成与玉米接近,但赖氨酸含量相对较高。钙、磷的含量比玉米高。大麦可作为牛的饲料大量使用,但饲喂前必须进行加工处理(如压扁、粉碎)。用大麦饲喂牛可改善牛奶和牛肉脂肪的品质。

③小麦:小麦在我国极少作饲料用。但在某些地区,小麦的价格低于玉米,也用小麦作饲料。欧洲北部国家的能量饲料主要是麦类,其中小麦的用量最大。小麦的粗蛋白质 13.9%,粗脂肪 1.7%,粗纤维 1.9%,粗灰分 1.%,无氮浸出物(NFE)67.6%,钙 0.17%,磷 0.41%,赖氨酸 0.30%,蛋氨酸 0.25%,色氨酸 0.16%,苏氨酸 0.33%。产奶净能 9.63 兆焦/千克,比玉米(10.54 兆焦/千克)低 10%。粗蛋白质的消化率 78%。小麦同玉米一样缺赖氨酸,而色氨酸较丰富。钙、磷不平衡,钙少磷多。微量元素铁、铜、锰、锌、硒的含量较少。小麦含 B 族维生素和维生素 E 多。小麦中亚油酸含量比玉米低 40%,小麦不含叶黄素,因此胡萝卜素含量极低,维生素 E 的含量仅为玉米的 68%。小麦的生物素含量虽高,但利用率极低。小麦含较高的非淀粉多糖(亦称阿拉伯木聚糖或称黏液多糖),溶于水后可形成黏性凝胶,使胃肠道的内溶物的黏度增大,阻碍单胃动物对营养的吸收,但对奶牛的影响不

大。小麦最大用量为精料的 50%，一般以 20%～30% 为宜。奶牛对整粒小麦的消化率很低，最好经过粉碎（不要粉碎太细）、压扁、制粒或蒸汽压片处理。

④燕麦：燕麦的粗蛋白含量为 10%，粗蛋白质的品质高于玉米，是一种很好的饲料。燕麦的无氮浸出物含量丰富，容易消化，但燕麦的秕壳含量为 20%～35%，因此粗纤维的含量较高，使用燕麦饲喂牛时要将其压扁或破碎。

⑤高粱：无氮浸出物含量为 68%，消化率低，因其含有单宁适口性差，并且易引起牛便秘，应限量饲喂，一般不超过日粮的 20%。

（2）糠麸类饲料。糠麸类饲料是谷实类饲料的加工副产品，包括麸皮、米糠等，一般这类饲料的无氮浸出物为 40%～62%，粗蛋白质含量为 10%～15%，B 族维生素含量丰富，胡萝卜素和维生素 E 含量较少。含钙少，磷的含量较多。

①小麦麸与次粉：面粉厂用小麦加工面粉时得到的副产品。其营养价值随出粉率的高低而变化。粗蛋白质含量高（12.5%～17%），这一数值比整粒小麦含量还高，而且质量较好。与玉米和小麦子粒相比，小麦麸和次粉的氨基酸组成较平衡，其中赖氨酸、色氨酸和苏氨酸含量均较高，特别是赖氨酸含量（0.67%）较高。脂肪含量约 4%，其中不饱和脂肪酸含量高，易氧化酸败。麸皮粗纤维含量高，有效能值较低，质地疏松，容积大，具有轻泻作用，是牛产前和产后理想的饲料。矿物质含量丰富，但钙（0.13%）磷（1.18%）比例极不平衡，钙磷比为 1∶8 以上，饲喂麸皮时，要注意补钙。奶牛精料中使用 10%～15%。

②米糠：米糠是糙米加工时的副产品，米糠的有效营养变化较大，随含壳量的增加而降低。粗脂肪含量高，易在微生物及酶的作用下发生酸败。为使米糠便于保存，可经脱脂生产米糠饼。经榨油后的米糠饼脂肪和维生素减少，其他营养成分基本被保留下来。

③大豆皮：大豆制油的副产品，呈米黄色或浅黄色，主要成分是细胞壁和植物纤维，含粗纤维含量为 38%、粗蛋白质 12.2%、净能 7.49 兆焦/千克、钙 0.35%、磷 0.18%，几乎不含木质素，故消化率高，NDF

消化率达 95%。大豆皮可直接喂牛,替代部分干草。可替代部分玉米等谷物饲料,对于高产奶牛有助于保持日粮粗纤维理想水平,同时又能保证泌乳的能量需要。

④枣粉:粗蛋白含量>8%,含糖量 50%～70%,含有动物必要的维生素 P(又叫芦丁)和维生素 C(抗坏血酸),且含量极其丰富。适口性好,消化吸收率高,枣粉可用作为奶牛的能量饲料,提高饲料适口性,一般饲喂量可占精料的 5%～10%。

(3)块根、块茎及瓜果类饲料 主要包括甘薯、马铃薯、木薯等。按干物质中的营养价值来考虑,属于能量饲料。这类饲料的特点是含水量高,干物质含量仅 10%～30%,干物质中主要是淀粉和糖类,纤维素的含量不超过 10%,粗蛋白质含量更低为 5%～10%,矿物质中钙、磷贫乏。

①甘薯:称红薯、白薯、地瓜、山芋等。甘薯中干物质的含量为30%,其中无氮浸出物占 80%。甘薯含有大量的胡萝卜素、硫胺素、核黄素,但钙、磷缺乏,多汁有甜味,适口性好,容易消化,生熟均可饲喂。禁止用有黑斑病的甘薯饲喂牛,否则可导致牛气喘病,严重者甚至导致死亡。

②马铃薯:又称土豆,干物质含量 18%～26%,其中淀粉含量为80%,钙、磷和胡萝卜素缺乏。马铃薯容易消化,奶牛的最高饲喂量为20 千克/天。禁止饲喂由于贮藏不当发芽的马铃薯,发芽的马铃薯中含有龙葵素,采食过量引起中毒。

③胡萝卜:胡萝卜是冬季奶牛不可缺少的饲料。它富含糖分和胡萝卜素,适口性好,有利于提高牛的生产性能和繁殖性能。胡萝卜以生喂为宜。成年奶牛每头每天饲喂量可达 5 千克,胡萝卜最好切碎后饲喂,不然,容易引起奶牛肠道梗塞。新鲜胡萝卜中含水量高,一般为87%～90%,单位体积能量浓度低,不能单独作为牛的能量来源。

④甜菜:甜菜是秋、冬、春三季很有价值的多汁饲料,干物质为12%,粗纤维含量低,易消化,甜菜叶柔嫩多汁,块根在冬季饲喂,有利于增进牛的健康,提高生产性能。切碎或粉碎,拌入糠麸饲喂或煮熟后

搭配精料饲喂。

2. 蛋白质饲料

指干物质中粗纤维含量在 18％以下，粗蛋白质含量为 20％以上的饲料。对于奶牛主要是植物性蛋白质饲料、单细胞蛋白质饲料、非蛋白氮饲料等。

（1）籽实类

①全脂大豆：粗蛋白质含量为 42％，脂肪含量为 21％，大豆中氨基酸含量丰富，特别是赖氨酸，但蛋氨酸不足。全脂大豆中含有抗营养因子，在饲喂前要进行适当的加热处理，一般采用膨化方法处理效果好。膨化大豆是犊牛代乳料和补充料的优质原料。

②全棉籽：是泌乳高峰期奶牛的优质饲料。同时也是降低高产奶牛产后能量负平衡的首选饲料，具有以下优点：全棉籽能量含量高。其脂肪含量达 19.3％；全棉籽的粗纤维 100％为有效纤维，日粮中添加全棉籽可提高牛奶的乳脂率；全棉籽可整粒饲喂，不需要经过任何加工处理，降低饲料成本；日粮中添加全棉籽还可提高奶牛抵抗热应激的能力。每天每头奶牛可饲喂 0.5～1.5 千克全棉籽。由于全棉籽中含有一定量的棉酚，日粮中添加棉籽时，要相应减少精料补充料中棉籽粕的添加量。

（2）饼粕类

①大豆饼（粕）：粗蛋白质含量为 38％～47％，且品质较好，尤其是赖氨酸含量，是饼粕类饲料最高者，但蛋氨酸不足。大豆饼、粕可替代犊牛代乳料中部分脱脂乳，并对各类牛均有良好的生产效果。

②棉籽饼（粕）：是棉籽榨油后的副产品。由于棉籽脱壳程度及制油方法不同，营养价值差异很大。粗蛋白质含量 16％～44％，粗纤维含量 10％～20％。棉籽饼、粕蛋白质的品质不理想。棉籽饼中含有游离棉酚，长期大量饲喂会引起中毒。

③花生饼（粕）：花生饼、粕是以脱壳花生果为原料，经压榨或浸提取油后的副产物。粗蛋白质含量可达 48％以上，但氨基酸组成不好，赖氨酸含量只有大豆饼、粕的一半左右，蛋氨酸含量也较低，而精氨酸

含量高达 5.2%。花生饼、粕营养成分含量随着饼、粕中含壳量多少而有差异,含壳越多,饼、粕的粗蛋白质及有效能值越低。不脱壳花生榨油生产出的花生饼,粗纤维含量可达 25%。花生果中含有胰蛋白酶抑制因子,加热可将抑制因子破坏,但温度过高影响蛋白质的利用率。一般认为加热温度达到 120℃ 比较合适。花生饼、粕很容易感染黄曲霉菌而产生黄曲霉毒素。黄曲霉毒素有许多种,其中毒性最大的是黄曲霉毒素 B_1。蒸煮、加热对去除黄曲霉毒素无效,因此,对花生饼、粕中黄曲霉毒素含量应进行严格的检测。国家卫生标准规定允许量应低于 0.05 毫克/千克。

④菜籽饼(粕):有效能较低,适口性较差。粗蛋白质含量在34%～38%,矿物质中钙和磷的含量均高,特别是硒含量为 1.0 毫克/千克,是常用植物性饲料中最高者。菜籽饼(粕)中含有硫葡萄糖苷、芥酸等毒素。在奶牛日粮中应控制在 10% 以下。近几年国内外已培育出许多优良"双低"油菜品种,使其能得以在动物日粮中广泛而有效的应用。双低菜籽饼(粕)与普通菜籽饼(粕)相比,在粗蛋白质、粗脂肪、粗纤维、钙、磷等常规营养成分的含量方面没有明显改变。双低菜籽饼(粕)的硫葡萄糖苷含量大大降低,从而大大改善了菜籽饼(粕)的饲用价值。从有效能值来看,双低菜籽饼(粕)似略高于普通菜籽饼(粕)。从氨基酸组成来看,双低菜籽饼(粕)的赖氨酸含量显著高于普通菜籽饼(粕),蛋氨酸、精氨酸的含量也比普通菜籽饼(粕)高。双低菜籽饼(粕)的赖氨酸消化率也高于普通菜籽饼(粕)。双低菜籽饼(粕)与大豆饼(粕)相比,粗蛋白质含量和有效能值比大豆饼(粕)低;粗纤维含量显著高于大豆饼(粕),约为大豆饼、粕的 3 倍。双低菜籽饼(粕)的钙、磷含量是大豆饼(粕)的 2 倍。从氨基酸组成来看,双低菜籽饼(粕)的赖氨酸含量比大豆饼(粕)低,但含硫氨基酸(蛋氨酸和胱氨酸)比大豆饼(粕)高。因此,双低菜籽饼(粕)与大豆饼(粕)合用时,可以起到氨基酸的互补作用,使氨基酸更趋平衡双低菜籽饼(粕)的蛋白质消化率比大豆饼(粕)低。国外文献报道,在乳牛或肉牛饲粮中用双低菜籽(粕)作为主要蛋白质补充料时,都可得到良好的生产效果。"双低"菜(粕)在奶牛日粮

中的推荐用量为 15%～20%。

⑤亚(胡)麻仁饼(粕):主要产区有内蒙古、新疆、吉林、陕北、晋北、河北省北部、宁夏、甘肃等沿长城一带,是当地食用油的主要来源,亚麻仁经溶剂浸提或机械压榨取油后的残余物经粉碎或压片处理即为亚麻仁粕。粗蛋白质含量与棉籽饼、粕、菜籽饼、粕相似,一般在 32%～36%,但其氨基酸组成不佳。赖氨酸(1.12%)和蛋氨酸(0.45%)含量较低,但精氨酸含量高,可高达 3.0%左右,色氨酸的含量也较高。所以在使用亚麻仁饼(粕)时,要添加赖氨酸或与含赖氨酸高的饲料搭配。产奶净能 6.44～8.03 兆焦/千克,粗纤维含量 8%～10%。钙、磷含量较高,微量元素中硒的含量高(0.18 毫克/千克)。亚麻籽脂肪含量最高的是不饱和脂肪酸,其中亚麻酸所占比例较大,为其他常用植物油所不及。亚麻酸是动物机体不能合成又是生命活动必需的 ω-3 高不饱和脂肪酸的前体物,动物采食亚麻籽日粮后,奶也会含有大量的 ω-3 高不饱和脂肪酸。在奶牛日粮中的推荐用量为不超 15%。

⑥芝麻饼(粕):芝麻作为一种经济作物,在我国种植已久,而且种植面积也较广。由于芝麻饼(粕)的粗蛋白质含量平均在 40%～46%,氨基酸含量也很丰富,氨基酸组成中蛋氨酸、色氨酸含量丰富,尤其蛋氨酸高达 0.8%以上。赖氨酸缺乏,精氨酸极高,赖氨酸与精氨酸之比为 100:420,比例严重失衡,配制饲料时应注意。芝麻饼(粕)渣的有效能值也远远高出棉、菜籽饼而与豆饼接近。产奶净能 7.07 兆焦/千克。钙、磷较多,但多为植酸盐形式存在。维生素 D、维生素 E 含量低,核黄素、烟酸含量较高。芝麻饼(粕)中的抗营养因子主要为植酸和草酸,二者能影响矿物质的消化和吸收。在奶牛日粮中的推荐用量为不超 10%。

⑦葵花籽饼(粕):是指葵花籽经预压榨或直接浸出法榨取油脂后的物质。葵花籽粕中含有大量纤维质的壳,氨基酸的含量比豆粕低且不平衡,特别是赖氨酸,但是蛋氨酸的含量高于豆粕。

(3)单细胞蛋白质饲料 以酵母最具有代表性,其粗蛋白质含量 40%～50%,生物学价值较高,含有丰富的 B 族维生素。

（4）非蛋白氮饲料　一般指通过化学合成的尿素、铵盐等。牛瘤胃中的微生物可利用这些非蛋白氮合成微生物蛋白，和天然蛋白质一样被供宿主消化利用。

尿素含氮 46% 左右，其蛋白质当量为 288%，按含氮量计，1 千克含氮为 46% 的尿素相当于 6.8 千克含粗蛋白质 42% 的豆饼。尿素的溶解度很高，在瘤胃中很快转化为氨，尿素饲喂不当会引起致命性的中毒。因此使用尿素时应注意：①尿素的用量应逐渐增加，应有 2 周以上的适应期，以便保持奶牛的采食量和产乳量。②只能在 6 月龄以上的牛日粮中使用尿素，因为 6 月龄以下时瘤胃尚未发育完全。奶牛在产乳初期用量应受限制。③和淀粉多的精料混匀一起饲喂，尿素不宜单喂，应于其他精料搭配使用，也可调制成尿素溶液喷洒或浸泡粗饲料，或调制成尿素青贮料，或制成尿素颗粒、尿素精料砖等。④不可与生大豆或含尿酶高的大豆粕同时使用。⑤尿素应与谷物或青贮料混喂。禁止将尿素溶于水中饮用，喂尿素 1 小时后再给牛饮水。⑥尿素的用量一般不超过日粮干物质的 1%，或每 100 千克体重 15～20 克。

近年来，为降低尿素在瘤胃的分解速度，改善尿素氮转化为微生物氮的效率，防止牛尿素中毒，研制出了许多新型非蛋白氮饲料，如糊化淀粉尿素、异丁基二脲、磷酸脲、羟甲基尿素等。

3. 糟渣类副产品

（1）糟渣类　各种糟渣因原料不同、生产工艺不同、水分含量不同，使得营养价值差异很大。长期固定饲喂某种糟渣时，应对其所含有的主要营养物质进行测定。由于奶牛的消化道微生物有适应过程，更换饲料需逐步过渡，一般为 5～10 天。

①啤酒糟：是以大麦为原料，经发酵酿造啤酒后的工业副产品。鲜啤酒糟中含水分 75% 以上，过瘤胃蛋白质含量较高，并含有啤酒酵母。干糟中蛋白质为 20%～25%，纤维含量高，可用于奶牛日粮。鲜糟饲喂效果优于干糟，干糟的营养价值与麦麸相似，可代替部分蛋白质饲料。干糟的用量以不超过精料的 30% 为宜。鲜糟过量饲喂可导致奶牛中毒，因此，饲喂量应控制在 7～10 千克/（头·天），泌乳牛最多不超

过 10～15 千克/(头·天);另外,夏天温度很高,酒糟容易发霉,有的牛场的奶牛出现霉菌毒素中毒,其主要症状为拉血、便血、拉稀等。因此,在饲喂时一定要使用新鲜的啤酒糟。

②豆类淀粉渣:豆类淀粉渣是用豌豆、绿豆、蚕豆做原料生产的粉渣,其最大特点是粗蛋白质含量高,通常可达 33.7% 左右,质量较好,可以作为蛋白质的补充饲料。但是,高温季节豆类淀粉渣易腐败,饲喂后容易引起中毒,过多饲喂可引起瘤胃臌气、肠炎,因此,建议其喂量控制在 3～5 千克/(头·天)为宜,一般与青饲料、粗饲料搭配饲用。

③酱油渣:酱油渣是黄豆经米曲霉菌发酵后,浸提出发酵物中的可溶性氨基酸、低肽和成味物质后的渣粕。酱油渣营养价值较高,尤其是蛋白质含量丰富。折干物质的酱油渣的营养成分为,水分 12.0%,粗蛋白质 21.4%,脂肪 18.1%,粗纤维 23.9%,无氮浸出物 9.1%,矿物质 15.5%。酱油渣价格低廉,可用作奶牛饲料,但含盐量较高,一般含量为 6%～10%,因此不可多喂,以防食物中毒。

④沙棘果渣:沙棘果核提取沙棘油后的残渣,呈棕红色,具有特殊的清香味。沙棘果渣含油 1.8%～2.3%,蛋白质 18.34%,脂肪 12.36%,磷 1.14%,钙 0.2%,纤维素 12.65%,灰分 1.96%,无氮浸出物 64.67%;另外,沙棘果渣还含有丰富的维生素。沙棘果渣可以作为奶牛的粗饲料,鲜饲 5 千克/(头·天)或干饲 1 千克/(头·天)均可。

(2)玉米加工副产品　玉米蛋白粉:是玉米湿法加工工艺生产玉米淀粉的主要副产品,通常由 25%～60% 的蛋白质、15%～30% 的淀粉、少量的酯类物质和纤维素组成。玉米蛋白粉中的蛋白质主要是玉米醇溶蛋白(即玉米朊,占 60%)、谷蛋白(占 22%)、球蛋白和白蛋白,过瘤胃蛋白质含量高,可用作奶牛优质蛋白质饲料原料。在使用玉米蛋白粉的过程中,应注意霉菌含量,尤其是黄曲霉毒素含量。

①玉米胚芽饼:是玉米胚芽经提脂肪后的副产物,粗蛋白质含量为 14%～29%。其氨基酸组成较差,赖氨酸含量为 0.75%,蛋氨酸和色氨酸含量较低,钙少磷多,钙磷比例不平衡。另外,玉米胚芽饼粕的维生素 E 含量非常丰富,适口性好,但其品质不稳定,易变质,一般在牛

精料中的使用量为 15%～20%。由于价格较低,近年来在奶牛日粮应用较多。

②玉米酒精糟或玉米酒精蛋白饲料(DDGS):因加工工艺与原料品质差别,其营养成分差异较大。一般粗蛋白质含量为 26%～32%,含有蛋白氮较高。酒精糟气味芳香,是奶牛良好的饲料,既可作能量饲料,也可作蛋白质饲料。一般在牛精料中的使用量应在 30% 以下。

③玉米皮:也称玉米皮渣,或玉米纤维饲料、玉米皮糠等。它是湿法生产淀粉时将玉米浸泡、粉碎、水选之后的筛上部分,经脱水而制成的玉米麸质饲料。其粗纤维含量为 16.20%(6%～16%),无氮浸出物为 57.45%(其中淀粉 40% 以上),粗蛋白质为 3.0%(2.5%～9%)。在奶牛日粮中可以代替 20%～50% 的麸皮。

④玉米喷浆蛋白:是把玉米生产淀粉及胚芽后的副产品进行加工,把含蛋白质、氨基酸的玉米浆喷上去,使其蛋白质、能量、氨基酸含量增加,干燥后即成玉米喷浆蛋白,其主要成分为玉米皮。玉米喷浆蛋白颜色呈黄色,适口性好,蛋白质含量变化大(14%～27%),能量含量低,富含非蛋白氮。

(3)其他

①甜菜粕:甜菜粕中主要含有纤维素、半纤维素和果胶,还有少量的蛋白质、糖分等,干甜菜渣的主要成分为无氮浸出物和粗纤维。矿物质中钙多磷少,维生素中烟酸含量高;甜菜渣中有较多游离酸,如草酸;甜菜中的还含有甜菜碱。粗蛋白质 7.8%,NDF 占干物质的 59% 左右,果胶含量平均为 28% 左右,钙 0.9%,磷 0.06%。用湿甜菜渣饲喂时,奶牛每天可饲喂 12 千克,青年公牛的饲喂量为 24 千克。但由于湿粕草酸含量高,过量会引起腹泻,而且湿粕的体积大,所以不易多喂。干甜菜渣饲喂奶牛时,奶牛每天可饲喂 3.5 千克干甜菜渣;喂前要用 2～3 倍的水浸泡,以免干粕被食用后,在瘤胃内大量吸水,破坏瘤胃菌群平衡。直接饲喂时,应适当搭配一些干草、青贮、饼粕、糠麸等,以补充其不足的养分。用甜菜粕作为能量饲料替代部分玉米或大麦,不仅节省成本,而且有利于瘤胃健康,预防亚急性瘤胃酸中毒,还可以延长

奶牛的产奶寿命。经压榨处理的鲜甜菜渣,在高温或低温中快速干燥,再经压粒机制成颗粒,每 100 吨甜菜可生产颗粒粕 6 吨。颗粒粕与鲜甜菜渣相比,干物质、粗脂肪、粗纤维等含量大大增加。运输方便,利于保存,泡水后体积增大 4～5 倍。

②棕榈粕:棕榈粕的质量在很大程度上取决于壳的清除。由压榨炼油生产的棕榈饼含残油约 6%,由溶剂浸提生产的棕榈粕含残油在 1%～2%。在各种油粕中,棕榈籽粕的蛋白含量是最低的,正常范围在 16%～18%。如果壳和果实纤维不能有效地清除则会出现蛋白低至 13%而纤维超过 20%。由于高纤维,棕榈籽粕的能量含量颇低。赖氨酸、蛋氨酸及色氨酸均缺乏,脂肪酸属于饱和脂肪酸。奶牛使用可提高奶酪质量,但大量使用影响适口性。

(三)矿物质饲料

1.钙源饲料

目前使用的钙源饲料主要有石粉,主要成分是碳酸钙,是补充钙最经济的钙源。石粉的含钙量为 38%左右,要求粉碎粒度通过 80 目筛以上。奶牛禁用骨粉等动物性饲料。

2.磷源饲料

磷源饲料主要有磷酸氢钙、磷酸二氢钙、磷酸氢钠、磷酸钠、脱氟磷酸钙等,这类饲料消化利用比单纯的钙矿物质好,故在生产中应用较多。

3.食盐

食盐是配合饲料必不可少的矿物质饲料,奶牛以植物性饲料为主,摄入的钠和氯不能满足其营养需要,必须补充食盐。一般食盐的用量为精料的 1%～2%。

(四)饲料添加剂

饲料添加剂是指在饲料加工、制作、使用过程中添加的少量或者微量物质,包括营养性饲料添加剂和非营养性饲料添加剂。营养性饲料添加剂是用于补充饲料营养成分的少量或者微量物质,包括饲料级氨基酸、维生素、矿物质微量元素、酶制剂、非蛋白氮等。为保证或者改善饲料品质、提高饲料利用率而掺入饲料中的少量或者微量物质称谓非营养性饲料添加剂。

1. 营养性添加剂

主要包括氨基酸添加剂、矿物质添加剂、维生素添加剂、微量元素添加剂等。营养性添加剂主要作用就是平衡日粮的营养,改善产品的质量,保持动物机体各种组织细胞的生长和发育。

(1)氨基酸添加剂 目前使用的氨基酸添加剂主要有赖氨酸和蛋氨酸。氨基酸添加剂在犊牛的代乳品或开食料中广泛应用,对于成年奶牛由于瘤胃微生物对添加的氨基酸具有降解作用,所以,应补充降解率低的氨基酸类似物或瘤胃保护氨基酸(包被氨基酸)。近年来研究证明,高产奶牛除瘤胃自身合成的部分氨基酸外,日粮中还需一定数量的氨基酸,才能发挥正常的生产性能。

①赖氨酸添加剂:生产中常用 L-赖氨酸盐酸盐的形式添加。以菜籽饼、棉籽饼、花生饼、胡麻饼、芝麻饼等组成犊牛日粮,需添加赖氨酸;含大豆饼高的日粮,赖氨酸含量能满足营养需要,不需要添加赖氨酸。

②蛋氨酸添加剂:用作饲料添加剂的蛋氨酸及其类似物主要有 DL-蛋氨酸、羟基蛋氨酸及其钙盐、N-羟甲基蛋氨酸。其中 N-羟甲基蛋氨酸又称为保护性蛋氨酸,是德国迪高沙公司开发的产品,在瘤胃中不被微生物分解,适用于在奶牛饲料中应用。蛋氨酸具有促进反刍动物瘤胃对纤维素的消化,增加瘤胃微生物的数量和提高乙酸/丙酸比的作用。补充蛋氨酸羟基类似物,可使产奶量提高 12%～18%,犊牛增重提高 11%。Lundauist 发现,泌乳牛每头日添加 25～30 克蛋氨酸羟基类似物,乳脂率提高 10%。一般在泌乳早期(产后 3～4 个月)精粗比 60:40 情况下添加,效果较好。

(2)微量元素添加剂 主要是补充饲粮中微量元素的不足。奶牛日粮中需要补充的微量元素有铁、铜、锌、锰、钴、碘、硒等,常以这些元素的氧化物与硫酸盐添加到饲料中。有机微量元素利用率高,减少对环境的污染。在使用微量元素添加剂时,一定要充分拌匀,防止与大水分原料混合,以免凝集、吸潮,影响混合均匀度。

研究表明,微量元素氨基酸螯合物能使被毛光亮,并且能治疗肺炎、腹泻。用氨基酸螯合锌、氨基酸螯合铜加抗坏血酸饲喂小牛,可以治疗小牛沙门氏菌感染。

蛋氨酸锌在瘤胃中具有抗降解作用,锌的吸收率同氧化锌。通过尿排泄,在血液中浓度维持时间较长。试验研究表明,日粮中添加蛋氨酸锌每日每头产奶量提高 1.55 千克,牛奶中体细胞数下降 32.1%。另有报道,添加蛋氨酸锌可减少奶牛腐蹄病的发生。

(3)维生素添加剂　成年牛饲料中常需要添加的维生素主要有维生素 A、维生素 D 和维生素 E。犊牛在瘤胃功能没有健全以前,在代乳料中还需添加 B 族维生素和维生素 C。

①胆碱添加剂:对于高产奶牛,在泌乳早期常表现为能量负平衡,机体需要从脂肪组织中动用大量游离脂肪酸,通过肝脏合成脂蛋白,再转运至乳腺组织供泌乳需要。此时机体内源合成的胆碱不能满足需要,有必要进行外源补充。但日粮胆碱在瘤胃 80%～98% 被降解,直接添加无效。Erdman 等(1991)在泌乳早期荷斯坦奶牛日粮中分别添加过瘤胃保护胆碱 0.078%、0.156% 和 0.234%(每头牛每天可摄入氯化胆碱 15 克、30 克和 45 克),结果其产奶量分别提高了 1 千克/天、2.2 千克/天和 0.7 千克/天;对于泌乳中期奶牛,日粮中添加过瘤胃胆碱 0.08%、0.16% 和 0.24%,其产奶量显著增加。日粮中添加 0.16% 的过瘤胃氯化胆碱,3.5% 的 FCM 产量提高 4.5 千克/天。

②烟酸添加剂:研究表明,奶牛产奶量的提高、日粮中精料比例增加、日粮中亮氨酸和精氨酸过量、饲料加工过程对饲料中烟酸和色氨酸的破坏等因素均可导致奶牛缺乏烟酸。试验证明,在集约化生产条件下,高产奶牛在泌乳初期对烟酸的需要量提高。大量研究表明,每头奶牛每日从饲料中补饲 6 克烟酸比较理想,而且补饲期应该从产犊前 2 周或产前 1 个月开始直到产后 120 天,奶牛产奶量可提高 2.3%～11.7%,乳脂率提高 2.0%～13.7%。

2.非营养性添加剂

非营养性添加剂对牛没有营养作用,但可通过减少饲料贮藏期间饲料损失、提高粗饲料的品质、防治疫病、促进消化吸收等作用来促进生长,提高饲料报酬,降低饲料成本。

(1)抗生素　产奶牛禁用抗生素类添加剂,这类添加剂主要用于犊牛,对犊牛的生长发育具有良好的促进作用,并能有效地预防犊牛下痢。适合于犊牛的抗生素添加剂主要有杆菌肽锌、金霉素、土霉素等。

(2)益生素　常用的益生菌制剂主要有乳酸菌类、芽孢杆菌和活酵母菌。其中乳酸菌类主要应用的有嗜酸乳杆菌、双歧乳杆菌和粪链球菌;活酵母作为饲料添加剂主要应用酿酒酵母和石油酵母。犊牛开食料中使用的微生物主要是乳酸杆菌、肠球菌以及啤酒酵母等,也可以使用米曲霉提取物。成年牛的微生物添加剂目前普遍使用米曲霉和啤酒酵母,使用量为 4~100 克/天。

(3)酶制剂　饲用酶制剂主要应用于犊牛的人工乳、代乳料或开食料中,常使用的酶制剂有淀粉酶、蛋白酶和脂肪酶,激活内源酶的分泌,提高和改善犊牛的消化功能,增强犊牛的抵抗力。应用于成年牛的主要是纤维素降解酶类和复合粗酶制剂。复合酶制剂含有各种纤维素酶、淀粉酶、蛋白酶等,可提高奶牛生产性能。

(4)缓冲剂　当高产奶牛高精料日粮时,或玉米青贮、啤酒糟等饲料,使奶牛瘤胃酸度增加、乳脂率下降。缓冲剂主要作用是调节瘤胃酸碱度,增进食欲,保证牛的健康,提高生产性能,并控制乳脂率下降。比较理想的缓冲剂首推碳酸氢钠(小苏打),其次是氧化镁,双乙酸钠近年也引起人们重视。

①碳酸氢钠:碳酸氢钠主要作用是调节瘤胃酸碱度,增进食欲,提高奶牛对饲料消化率以满足生产需要,改善乳的品质,提高产奶量。碳酸氢钠添加量占精料混合料的 1.5%。添加时可采用每周逐渐增加(0.5%、1%、1.5%)喂量的方法,以免造成初期突然添加使采食量下降。

②氧化镁:氧化镁的主要作用是维持瘤胃适宜的酸度,增强食欲,

增加日粮干物质采食量,有利于粗纤维和糖类消化,提高产奶量。氧化镁还能增加奶及血液中含镁量,有助于乳腺吸收大分子脂肪酸,进而增加乳脂,提高乳脂率。用量一般占精料混合料的 0.75％～1％或占整个日粮干物质的 0.3％～0.5％。碳酸氢钠与氧化镁二者同时使用效果更好,合用比例以(2～3):1 较好。

③双乙酸钠:是乙酸钠和乙酸的复合物,是一种新型多功能饲料添加剂。对高产奶牛来说,为了保证一定的能量,粗饲料的进食受到限制,此时添加乙酸钠可起到提高乳脂率的作用。目前在奶牛生产中应用效果较好,通常添加量为每天每头 40～100 克。另外,双乙酸钠用于青贮饲料,有抑制霉菌生长和防腐保鲜的作用。因为双乙酸钠同时含有乙酸钠和乙酸的成分,经试验表明其饲喂效果优于乙酸钠。

注意:添加碳酸氢钠和双乙酸钠时,应相应减少食盐的喂量,以免钠食入过多,但应同时注意补氯。

(5)饲料存贮添加剂

①抗氧化剂:二丁基羟基甲苯是饲料中常用的抗氧化剂,用量一般为 60～120 毫克/千克饲料。此外还有丁羟基茴香醚,主要用作油脂的抗氧化剂;乙氧喹常用作维生素 A 的稳定剂,最大用量为 150 毫克/千克。

②防霉剂:防霉剂主要是丙酸、丙酸钙和丙酸钠。丙酸钙和丙酸钠的使用量,当 pH 为 5.5 时,防霉浓度为 0.012 5％～1.25％;当 pH 为6.0 时,防霉浓度为 1.6％～6.0％。

(6)其他添加剂

①抗热应激添加剂:高温季节奶牛皮肤蒸发量、饮水量和排尿量增加,钾的损失显著高于钠,因而,应提高日粮中钾的水平。氯化钾添加量为 180g/(头·天),分 3 次拌料饲喂。高温情况下如果多喂精料,同时应增加碳酸氢钠,推荐剂量为 150～200 克/(头·天)。奶牛日粮中添加 300 克/(头·天)乙酸钠,可在一定程度上缓解外界高温对产奶性能的抑制作用,产奶量及乳脂总分泌量明显增加。氧化镁占奶牛日粮干物质的 0.75％。

在热应激情况下,日粮中添加某些复合酶制剂、瘤胃素、酵母培养物等均有很好的缓解效果。研究表明,在日粮中添加酵母培养物能提高乳产量及乳成分含量,增强牛的体质,减少肠道疾病的发生,有助于产后的体况恢复,改善乳牛的繁殖性能。一些有清热解暑、凉血解毒作用的中草药,兼有药物和营养物质的双重作用,可有效缓解热应激反应。如采用石膏、板蓝根、黄芩、苍术、白芍、黄芪、党参、淡竹叶、甘草等。

②阴离子盐:日粮阳阴离子差(DCAD)是保证动物正常发挥生产性能的重要因素,其指的是日粮矿物质元素离子酸碱性的大小。DCAD 是指每 100 克干物质中所含有的主要阳离子毫摩尔数与主要阴离子毫摩尔数之差,即 $DCAD = mEq[(Na^+ + K^+) - Cl^-]$ 或 $DCAD = mEq[(Na^+ + K^+) - (Cl^- + S^{2-})]$,可通过在日粮中添加 $NaHCO_3$,$KHCO_3$,$CaCl_2$,$CaSO_4$,NH_4Cl,$(NH_4)_2SO_4$,$MgSO_4$,$MgCl_2$ 等进行调节。阴离子型日粮可使日粮呈酸性,增加日粮钙的吸收和促进骨钙动员,减少干奶牛的乳热病的发病率,而阳离子日粮可诱发并增加乳热病的发病率。

研究报道,当喂奶牛阳离子日粮时,48%奶牛患乳热症,喂阴离子日粮,奶牛则不发生乳热症。另外试验表明,当喂奶牛阴离子盐和每日采食 150 克钙日粮时,奶牛乳热症发病率由 17%降至 4%。产前 2～3 周,饲喂 100 克氯化铵,100 克硫酸镁,减少乳热症发病率、低血钙症,产后 DMI 增加。Kim-Hyeonshup 等(1997)报道,DCAD 分别为 250 毫摩尔/千克干物质,50 毫摩尔/千克干物质,-100 毫摩尔/千克干物质,-250 毫摩尔/千克干物质时,饲喂阴离子型日粮的奶牛乳热病的发病率为 0,且在随后的产乳期产奶量增加 8%,而饲喂阳离子日粮的奶牛的乳热病的发病率为 5%。一般说来,阴离子型日粮要在干乳期末 3～4 周时饲喂,有利于提高下一个产乳期的产奶量。阴离子盐适口性不好,应与酒糟、糖蜜等饲料混合饲喂。

③酵母培养物:酵母培养物通常指用固体或液体培养基经发酵菌发酵后所形成的微生态制品。富含 B 族维生素。矿物质、消化酶、未

知促生长因子和较齐全的氨基酸,是集营养与保健为一体的饲料添加剂。它具有能够刺激肠胃内有益微生物(蛋白质合成菌、纤维分解菌等)生长,保证瘤胃正常发酵,从而达到提高饲料利用率和改善动物生产力水平的作用。

在泌乳早期的荷斯坦奶牛日粮中,每天每头添加 60 克酵母培养物,可提高产奶量、乳脂量和乳糖量。

三、饲料配制车间的选址与管理

应设置在无有害气体、烟尘和其他污染源的地区,远离粪污处理场。厂房与设施应有防鼠、防鸟、防虫害的有效措施,以防止它们带进病原微生物而污染饲料。外来的(尤其是来自传染病疫区)运输工具和人员进入饲料生产区,应采取一定的消毒处理措施,以防传染病原的交叉传播。禁止各种动物进入饲料生产区。建立产品质量安全管理体系,并保证其工作正常运转。

四、生态饲料的配制技术

(一)饲料原料的选择、保管与取用

选择原料首先要保证饲料原料来源于已认定的无公害、绿色食品产品及其副产品。饲料原料要新鲜卫生,无毒无害。要严格执行《饲料和饲料添加剂管理条例》和《饲料卫生标准》等法规。使用绿色饲料添加剂,如酶制剂、酸化剂、益生素、寡糖和中草药饲料添加剂等;其次,要注意选购消化率高、营养变异小的原料。据测定,选择高消化率的饲料至少可以减少粪尿中 5% 氮的排出量。再次是要注意选择有毒有害成分低、安全性高的饲料,以减少有毒有害成分在奶牛体内累积和排出后的环境污染。

玉米蒸汽压片淀粉的全消化道消化率为 91.7%,干玉米为 85%,

粉碎玉米为 88.7%。豆科牧草的总可消化率一般高于禾本科牧草。对于微量元素，反刍动物对蛋氨酸锌的吸收率高于无机锌源。对于奶牛所用脂肪产品，直接饲喂油料籽实或脂肪粉比植物油添加效果要好。

Glenn 等(1998)观察到用高湿玉米取代干粉玉米，磷的进食量相似，但粪磷排放降低。Guyton 等(2000)用干粉大麦，干粉玉米，高湿玉米分别做对照比较，发现随着淀粉消化率的提高，粪磷排放程度降低(4%～10%)。Guyton 等(2003)研究发现用蒸汽压片玉米饲喂奶牛，磷的排泄量要显著低于干粉玉米组。

选择优质蛋白饲料，提高蛋白的消化吸收。

优质粗饲料(苜蓿、羊草、优质青贮等)能够提供大量的蛋白和可消化养分，适口性好，并可提高奶牛的干物质采食量。研究报道，若提高5%的干物质采食量可降低 1%的粗蛋白需要量；若饲料氮转化率从25%提高到 30%，可降低氮排放 15%。另据报道，饲喂高质量牧草甲烷产生量降低 20%。

原料入库后，要做好防潮、防霉、防鼠、防虫害等项工作；对霉变的饲料及时处理；为了防止饲料霉变，尤其是在南方地区和高温高湿季节，应当在配合饲料中添加防霉剂。

保证仓储卫生条件，仓库应注意清扫与消毒，饲料成品应与原料分开存放，防止交叉污染；尽量缩短产品在库内存放的时间。原料使用应遵循"先进先出"的原则。

(二)饲料的加工

饲料加工的适宜程度对奶牛的消化吸收影响很大。

采用膨化、颗粒化和蒸汽压片加工技术，可进一步提高饲料的适口性和养分消化率，破坏和抑制饲料中的抗营养因子有毒有害物质和微生物，改善饲料卫生质量，提高养分的消化率，使粪便排出的干物质减少 1/3。对某些饲料添加剂采用稳定化技术(如微胶囊包膜法、酯化法、盐化法等)处理，以提高其利用效率。

饲料粉碎、制粒、膨化等，有利于饲料熟化，提高消化率。饲草经激光照射后,消化率提高了 10%～14%。机械加工(粉碎)显著提高干玉米的消化率。Clark 等(1975)和 Moe 等(1973)报道,整粒玉米经过压片或粉碎处理,消化率提高了 25%左右,这主要是因为玉米中的淀粉(或非结构性碳水化合物)消化率提高了 7%～10%。Harrsion 等(1996)报道,机械压片处理玉米青贮饲料能够使整个日粮的淀粉消化率提高大约 6%。

粉碎度好或制粒的牧草日粮可减少甲烷损失的 20%～40%。这主要是由于自由采食小粒饲料加快了瘤胃食糜流通速率,降低了微生物对细胞壁碳水化合物的消化率,从而降低甲烷产量。

在加工过程中,注意保证配料准确、适度粉碎、均匀混合、合理调质、正确包装等常规质量控制措施的实施。

(三)根据奶牛不同的生长阶段、生理阶段和泌乳水平配制日粮

总的来说,应根据所奶牛的营养需要量,运用动物营养调控理论与技术,充分满足奶牛生长与泌乳需要,提高饲料利用率,降低营养物质排出率,增进健康、预防疾病。

奶牛不同的生长、生理和泌乳阶段其营养需要差别很大,生产中要尽可能地准确估计奶牛各生长阶段的营养需要及各营养物质的利用率,设计出营养水平与奶牛生理需要基本一致的日粮,这是减少养分消耗和降低环境污染的关键。近年的许多研究报道表明,根据奶牛不同年龄、不同生理机能变化及环境的改变配制日粮,可以有效地减少氮、磷和甲烷的排放量。

奶牛典型饲粮中氮转化为乳氮的效率为 25%～30%,其余的随粪尿等方式排出体外。排泄氮的组成与蛋白能量的饲喂类型,饲喂方法和动物年龄及生理阶段具有很大的相关性。我们应根据奶牛的营养需要,科学配制日粮,以提高饲料氮利用率为手段,降低氮的排泄,减少营养浪费。

日粮类型影响瘤胃的发酵类型,进而影响甲烷的产量,这种影响主要是通过改变瘤胃 pH 和微生物区系而产生的。当奶牛自由采食高精

料日粮时,以甲烷损失的能量占饲料总能的 $2\%\sim3\%$,而采食饲草(维持水平)时其甲烷能量损失为 $6\%\sim7\%$。当给奶牛饲喂粗饲料时,可使纤维素分解菌大量增殖,瘤胃主要进行乙酸发酵,产生大量的氢,导致瘤胃氢分压升高,刺激产甲烷菌大量增殖,甲烷产量明显增加。碳水化合物的结构性质影响甲烷产量,饲喂可完全消化的纤维源(消化率接近 100%),如甜菜渣,甲烷损失可降低至采食量的 $4\%\sim5\%$。

(四)利用奶牛瘤胃能氮平衡和新蛋白质体系配制日粮

在能氮平衡方面,如果饲料中可溶性氮降解过快,大部分氮将以氨气的形式被瘤胃吸收,随后以尿氮和乳尿素氮的形式排出,饲料利用率很低。若瘤胃中可溶性氮过低,菌体蛋白的合成将由于可利用氨浓度过低而达不到最大合成值。所以我们也应注意能氮的平衡,最大限度地提高瘤胃中菌体蛋白的合成。

通过改变饲粮组成可有效提高奶牛氮的利用率。高瘤胃降解率蛋白同时配以瘤胃可发酵碳水化合物可提高氮的利用率,并降低氮的排放(NRC,2001)。

VonKeyserlingk 等(1999)利用瘤胃非降解蛋白和瘤胃降解蛋白平衡日粮,并添加必需氨基酸来减少奶牛的粗蛋白摄入。用两种日粮饲喂泌乳早期奶牛:一种为根据 NRC(1989)标准配制的日粮;另一种为小肠可利用的过瘤胃蛋白,谷物类饲料蛋白水平降低 2.9%,全混合日粮蛋白降低 1%。结果表明两种日粮对奶牛干物质采食量和泌乳量均无差异,后者降低了 10% 氮的排出。

(五)严禁使用违禁药物与饲料,合理使用饲料及药物添加剂

在配方设计时要严格遵守相关饲料法规及卫生标准,严格执行国家《饲料和饲料添加剂管理条例》、《允许使用的饲料添加剂品种目录》和《饲料药物添加剂使用规范》,以及"兽药停药期规定",严禁使用违禁药物,特别是严禁使用 β-兴奋剂类、激素类和镇静剂类药物。严禁在奶牛饲料中添加和使用动物源性饲料原料。在生产含有药物饲料添加剂

的饲料产品时,要严格执行饲料药物添加剂使用规范的规定。同时要注意,同一种饲料产品中尽量避免多种药物合用,确是要复合使用时,应遵循药物的配伍原则。

(六)其他

定期对计量设备进行检验和正常维护,以确保其精确性和稳定性,其误差不应大于规定范围。微量和极微量组分应进行预稀释,并且应在专门的配料室内进行。配料室应有专人管理,保持卫生整洁。混合时间,按设备性能不应少于规定时间。混合工序投料应按先大量、后小量的原则进行。投入的微量组分应将其稀释到配料称最大称量的10%以上。

新接受的饲料原料和各个批次生产的饲料产品均应保留样品。样品密封后留置专用样品室或样品柜内保存。样品室和样品柜应保持阴凉、干燥。留样应设标签,载明饲料品种、生产日期、批次、生产负责人和采样人等事项,并建立档案由专人负责保管。样品应保留至该批产品保质期满后3个月。商品饲料还应在包装物上附有饲料标签,标签应符合 GB 10648 中的有关规定。

第四节　奶牛生态饲养的营养调控技术

按照生态平衡要求来确定奶牛营养需要量,减少了日粮养分浪费,同时也降低了奶牛粪尿对环境的污染。在我国奶牛业生产规模不断扩大和集约化程度不断提高的情况下,充分运用营养调控技术,最大限度地提高奶牛对营养物质的利用率,对减少环境的污染,促进我国奶业的持续快速健康发展具有十分重要的意义。

在日粮中添加酶制剂、酸化剂、益生素、寡聚糖和中草药添加剂等无残留营养性添加剂,能更好地维持畜禽肠道菌群平衡,提高饲料消化率,减少对环境的污染。

一、有机微量元素

使用有机微量元素,减少无机微量元素的使用,降低微量元素对环境的污染。同时应特别注意限制在奶牛日粮中高浓度微量元素的应用。对微量元素硒的添加也应控制,防止过量中毒。

二、酶制剂

酶制剂通过补充动物体消化酶分泌的不足或增加动物体内不存在的酶,有效地降低饲料中的抗营养因子,促进营养物质的消化率,提高饲料的利用率。在奶牛日粮中使用纤维素酶,可提高日粮中粗纤维消化率。

三、酸化剂

酸化剂能降低饲料 pH,抑制病原菌和霉菌生长;降低日粮 pH 使胃内 pH 下降,提高酶活性;降低肠道内容物 pH,抑制肠道病原菌生长,促进矿物质的吸收,直接参与体内代谢,提高营养物质消化率。试验证明,日粮中添加延胡索酸降低了奶牛瘤胃中甲烷的产量,且不影响纤维消化。

四、益生素

益生素作为现代养殖业中一种绿色的饲料添加剂,可以改善奶牛的肠道环境,抑制有害菌的繁殖,减少氨和其他有害气体的生成,降低 H_2S、NH_3 和粪臭素的排放,减少恶臭对环境的污染。给奶牛直接饲喂乳酸菌可以降低排泄物中大肠杆菌的数量。应用益生素可以有效地降低饲料病原菌排泄到畜产品中的数量,大大降低了畜牧生产对人类和环境的危害。

五、寡聚糖

寡聚糖是一种微生态调节剂及免疫增强剂。它具有类似抗生素的作用,但确具有无污染、无残留的特性。犊牛代乳粉中分别加甘露寡糖和抗生素,结果加甘露寡糖组饲料采食量增加,粪便流动性评分升高,但生长上没有差异。寡糖可以优化反刍动物肠道微生物群落,尤其是对幼牛,可在一定程度上降低犊牛腹泻发病率,从而减少粪便对环境的污染。

六、脂肪

在日粮中添加脂肪酸和脂肪也可以抑制甲烷的生成,同时也改变了瘤胃中 VFAs 的比例,改善生产性能和泌乳效率。中链脂肪酸可以抑制甲烷菌以及甲烷的生成,其中 12：0 和 14：0 两种中链脂肪酸对抑制瘤胃甲烷和甲烷产量都最为有效,中链脂肪酸对甲烷生成的抑制程度也受基础日粮的影响。在添加油脂的配合饲料中要使用足量的抗氧化剂,同时也不能忽视饲料产品的日常抗氧化保护措施。

七、添加电子受体或离子载体

降低瘤胃中甲烷的生成可以通过增加利用氢气和甲酸的微生物来实现。瘤胃中存在数种细菌可以利用氢气或甲酸,可以通过添加这些细菌利用电子受体来降低甲烷产量。如瘤胃中的产琥珀酸丝状杆菌、产乳酸月形单胞菌、产琥珀酸沃林氏菌、小韦荣菌和反刍月形单胞菌反刍亚种均可与甲烷菌竞争利用氢气,它们利用延胡索酸作为电子受体氧化氢气。

日粮中添加莫能菌素,不但可直接抑制甲烷生成菌,而且还抑制生成氢和甲酸细菌的活性,同时能抑制甲酸脱氢酶的活性,从而减少了甲烷产生所需的氢源,使甲烷产量降低,增强形成琥珀酸和丙酸的细菌活性,结果使丙酸含量增加。

八、中草药添加剂

中草药纯属天然物质,具有与食物同源、同体、同用的特点,可以改善机体代谢、促进生长发育、提高免疫功能及防治畜禽疾病等多种功效。它最大的优点就是无残留。在奶牛生产中,乳房炎的危害极大,在处于隐性阶段,由于不表现临床症状而被忽视,这期间各种病原菌不断排向周围环境,影响其他动物和人类健康,用中草药添加剂预防乳房炎效果明显,极大地降低了牛奶制品向人类传播疾病的概率。张树方(2004)报道,给经亚临床乳房炎快速诊断为阳性的奶牛饲喂由穿心莲、王不留行、淫羊藿按 1∶2∶1 组成的中药复方,每头 100 克/天,连用20 天。结果表明,试验组牛的牛奶中体细胞数下降了 75%,隐性乳房炎的转阴率为 87.81%,说明中药复方对隐性乳房炎防治效果显著。

九、改变饲喂模式

(一)增加饲喂次数

增加奶牛喂料的次数能够提高饲料转化率,增加产奶量和避免疾病的发生。饲喂次数由每天 1～2 次增加到 4 次,奶牛日增重增加16%,干物质采食量增加 19%,提高了饲料转化率。

(二)实施精准饲养

饲养者根据奶牛各阶段不同的生理特点和营养需要,配置合理日粮。另外,我们还可以根据同一阶段奶牛的体况评分和生产能力的不同再进行分群饲养,使饲料供给做到真正的按需分配,保证养分被最优化吸收利用,减少饲料浪费,最大限度地发挥奶牛泌乳遗传潜力。这种精细饲养相对于整体饲养来说,可减少氮排放 6%。

监控血中尿氮(BUN)和乳中尿氮(MUN)水平。在奶牛饲养中,由于 BUN 与 MUN 存在相关性,一般采用 MUN 检测奶牛的营养状况。荷斯坦奶牛 MUN 的正常值为 8~14 毫克/100 毫升,国内测得的正常值一般为 12~18 毫克/100 毫升。MUN 与尿氮浓度存在正相关,其值过低同时伴随乳蛋白低,可能表示饲料蛋白不足或能量不足,其值过高同时伴随乳蛋白低,可能表示饲料蛋白过剩和能量不足。过度饥饿或采食量不足会使体组织动员,蛋白降解增加,也会提升血浆尿素氮水平。BUN 和 MUN 是检测饲料氮利用效率的有效手段。

(三)科学管理

养殖场要有严格的牛舍消毒防疫计划,对患病牛要进行隔离,对于较严重的流行性传染病,要执行相应的卫生防疫政策;堆放的饲料要经常翻动以防霉变;养殖场要具备污水和排泄物处理池,将废水分解利用,单纯的排水沟只会将污水排出场外,这并不减少"实际"污染。

对泌乳牛每天光照 16 小时黑暗 8 小时,每天 3 次挤乳,比低于 12 小时光照和每日两次挤奶粪氮水平明显降低。

十、环境温度及应激管理

瘤胃中甲烷的产量受环境温度影响很大,较低的环境温度能提高瘤胃内食糜的后流速度,降低了甲烷的产量。试验表明,当瘤胃的颗粒相和液相的流通速度分别提高 68% 和 54% 时,瘤胃内甲烷的总产量将降低 30%。

针对不同不同生理阶段、不同饲养环境条件下引起奶牛应激的原因,采用相应的抗应激剂。

奶牛对热应激的反应首先表现为食欲下降,采食量减少,从而造成机体营养摄入不足,导致生产性能降低。在热环境条件下,应随时保持充足的饮水。因此,可以在奶牛休息遮阳的地方设置水槽,确保奶牛饮水方便,同时还应控制水温,最好供应凉水。在配合饲料中适量增加优质蛋白质的含量,使蛋白质浓度比正常水平提高 4%左右,过瘤胃蛋白占粗蛋白比例提高到 35%~38%,赖氨酸与蛋氨酸比例为 3:1。还可以通过降低日粮粗饲料比例,提高精料比例的方法增加能量浓度。但在泌乳牛日粮中也要保证一定的粗纤维比例,日粮中要含有 28%~30%NDF,以保证正常瘤胃发酵,维持乙酸产量,保证乳脂率。热应激奶牛出汗损失钾,日粮钾提高至 1.2%,可提高 DMI、增加产奶量3%~9%。钠浓度从 0.18%提高至 0.45%,可提高产奶量 7%~18%。如果添加氧化镁,使镁含量从 0.25%提高至 0.44%,热应激奶牛产奶量可提高 9.8%。对热应激奶牛,碱性日粮更适合,当阳离子含量从 120毫摩尔/千克提高到 464 毫摩尔/千克干物质时,DMI 呈线性增加,钠、钾作为阳离子来源同样有效。在高温环境条件下,泌乳前期奶牛(泌乳45~75 天)DCAB 为 275 毫摩尔/千克干物质时饲喂效果最佳。另外,瘤胃素、酵母培养物及复合酶等均有一定的抗热应激效果。对处于热应激的奶牛,要采取降温措施,如电扇通风、淋浴降温、搭建凉棚等。

思考题

1.阐述奶牛瘤胃发酵特点及其调控技术。

2.简述奶牛生态营养、生态饲料和营养离子平衡的概念。

3.论述奶牛生态饲养的营养调控技术。

第五章

饲草种植与粗饲料加工技术

导　读　本章介绍了主要饲草的种植与加工技术,包括种植环境要求、肥料与农药的科学使用、绿色饲草的认证、各种牧草及饲料作物的种植与加工技术。重点掌握青贮玉米和苜蓿的种植技术、干草的调制技术、青贮制作技术、作物秸秆加工技术和饲草饲喂价值评定方法。

第一节　主要饲草种植技术

一、饲草种植技术总则

(一)种植环境

(1)选址要求　要求产地及产地周围 2 千米内不得有大气污染,尤其是上风口不得有化工厂、水泥厂、砖瓦窑、石灰窑、畜禽屠宰厂、畜禽场、皮革厂等"三废"排放、疫病排放污染源。避开居民生活区、医疗废弃物、风景旅游区等区域,离主干公路、铁路等交通要道最好在 100 米以上。

(2)空气质量　产地空气质量应符合 NY/391—2000《绿色食品产地环境技术条件》中空气各项污染物的指标,并经环保部门认可。

(3)土壤环境质量　产地土壤环境质量应符合 NY/391—2000《绿色食品产地环境技术条件》中土壤各项污染物的指标,并经环保部门认可。

(4)灌溉水质量　产地灌溉用水质量符合 NY/391—2000《绿色食品产地环境技术条件》中灌溉水各项污染物指标,并经环保部门认可。

(5)肥料质量　在生产过程中施用肥料质量应符合 NY/394—2000《绿色食品肥料使用准则》的要求,各种质量安全手续齐全。

(6)农药质量　在病虫害防治过程中使用的农药质量应符合 NY/393—2000《绿色食品农药使用准则》的要求,各种质量安全手续齐全。

(7)病虫害防治　以防为主、综合防治,优先采用农业防治、生物防治,配合科学合理地使用化学防治,达到生产安全、优质、无公害牧草的目的。严禁使用国家明令禁止的高毒、高残留、高生物富集性、高三致(致畸、致癌、致突变)农药及其混配农药。

(8)种子质量　生产用种子来源于绿色食品生产管理系统生产的牧草与饲料作物种子,并符合种子质量标准,产地植物检疫、运输检疫、种子生产许可证、种子质量合格证等手续齐全。

(二)耕作制度

(1)品种选择　使用绿色认证系统认证过的种子和种苗,或未经禁用物质处理的常规种子种苗,且应适应当地的土壤和气候特点,对病虫害有抗性。在品种的选择中要充分考虑作物的遗传多样性,不允许使用任何转基因作物品种。

(2)作物轮作　牧草饲料作物轮作是绿色、有机生产系统中的一个重要部分,合理的作物轮作有利于控制杂草,防止病虫害,改善作物的营养条件,提高土壤肥力。在编制作物轮作计划中至少应包括豆科作物在内的三种作物,并尽可能包括深根作物和有积累矿物质特性的植物。

(3)水土保持　必须采取积极的措施,防止水土流失、土壤沙化、过量或不合理使用水资源等。在土壤和水资源的利用上,用充分考虑这些资源的持续利用。在多年生、一年生作物的种植中,提倡运用覆盖秸秆或与不同作物间作的方法,来减少裸露土地的面积。对天然草场资源开发利用时,应注意控制在持续利用的水平上,严禁过度开发利用。

(4)杂草控制　通过采用轮作、休耕、绿肥等限制杂草生长发育的栽培技术控制杂草。允许采取机械、电和热除杂草法,以及秸秆覆盖方法除草。禁止使用基因工程技术生产的产品和化学除草剂除草。

(三)肥料使用

(1)种类　必须使用生产绿色食品允许使用的肥料种类,在不能满足的情况下,可以使用按一定比例组配的有机无机混肥,但禁止使用硝态氮肥。

化肥必须与有机肥配合使用,有机氮与无机氮之比不超过 1:1,但是后一次追肥必须在收获前 30 天进行。化肥也可以与有机肥、复合微生物肥料配合使用,厩肥 1 000 千克,加尿素 5~10 千克或磷酸二铵 20 千克,复合微生物肥料 60 千克。最后 1 次追肥必须在收获前 30 天进行。

(2)城市生活垃圾　要经过无公害化处理,质量达到城市垃圾农用控制国家标准的技术要求才能使用。每年每亩农田控制用量,黏性土壤不超过 3 000 千克,沙性土壤不超过 2 000 千克。

(3)秸秆还田　在实行秸秆还田时,允许用少量氮素化肥调节碳氮比。

(4)农家肥　生产绿色牧草饲料作物的农家肥,无论采用任何原料(包括人畜粪尿、秸秆、杂草、泥炭等)制作堆肥,必须高温发酵,以杀灭各种寄生虫卵和病原菌、杂草种子,使之达到无害化卫生标准要求。

(5)绿肥　应在盛花期翻压,翻埋深度为 15 毫米左右,盖土要严,翻后耙匀。压青后 15~20 天才能进行播种和移苗。

(6)严禁施用未腐熟的人畜粪尿和饼肥。

(7)叶面肥料　质量应符合国家标准规定,按使用说明要求稀释喷肥。

(8)微生物肥料　可用于拌种,也可以做底肥和追肥使用,使用时应严格按照使用说明书的要求操作,微生物肥料的有效活菌应符合农业部行业标准(NY/227—94)的要求。

(四)农药使用

优先使用 AA 级和 A 级绿色食品生产资料农药类产品。允许使用中等毒性以下植物源农药、动物源农药、微生物源农药、硫制剂、铜制剂农药。可以有限度地使用部分有机合成农药,但要注意控制施药量与安全间隔期。严禁使用高毒、高残留农药防治病虫害。严禁使用基因工程品种(产品)制剂。

(五)病虫害防治

因地制宜选用抗(耐)病优良饲草作物品种。播前种子应进行消毒处理。合理布局,实行轮作倒茬,加强中耕除草,清洁田园,降低病虫害源数量。培育无病虫害壮苗。保护病虫害天敌,创造有利于天敌生存的环境条件,选择对天敌杀伤力低的农药,释放天敌,如捕食螨、寄生蜂等。

(六)刈割利用

牧草饲料作物要适时刈割利用,一般豆科牧草在现蕾初期,禾本科牧草在抽穗期,禾谷类在乳熟期收割比较适宜。刈割时间应尽量避开酷暑、严寒、暴雨等恶劣天气。每茬间隔时间应符合生产要求,留茬高度也应适宜。

（七）认证管理

生产绿色牧草饲料作物应该进行严格的管理。主要记录品种产地、引种全套手续、播种期、播量期、病虫害防治情况、施肥情况、刈割利用情况等资料，并有当地畜牧师和兽医师签字证明。

二、主要饲草种植技术

（一）饲料作物

1. 玉米

玉米既是重要的粮食作物，又是重要的饲料作物。其植株高大，生长迅速，产量高；茎含糖量高，维生素和胡萝卜素丰富，适口性好，饲用价值高，适于作青贮饲料和青饲料，被称为"饲料之王"。目前生产中广泛使用的专用青贮或青饲品种有农大 108、中原单 32、中玉 15、饲宝 1、饲宝 2、科多 4、科多 8 等，可根据当地条件选用。

玉米属一年生草本植物。种子一般在 6～7℃ 时开始发芽，苗期不耐霜冻，出现 －3～－2℃ 低温即受霜害。拔节期要求日温度为 18℃ 以上，抽雄、开花期要求 26～27℃，灌浆成熟期保持在 20～24℃。适宜在年降水量 500～800 毫米的地区种植。对氮的需要量较高。各类土壤均可种植。适宜的 pH 为 5～8，以中性土壤为好，不适于在过酸、过碱的土壤中生长。

（1）栽培技术　玉米田要深耕细耙，耕翻深度一般不能少于 18 厘米，黑钙土地区应在 22 厘米以上。春玉米在秋翻时，可施入有机肥作基肥，一般每公顷施堆、厩肥 30～45 吨。夏玉米一般不施基肥。

播种期因地区不同差异很大。我国北方春玉米的播期大致为：黑龙江、吉林 5 月上、中旬；辽宁、内蒙古、华北北部及新疆北部多在 4 月下旬至 5 月上旬；华北平原及西北各地 4 月中、下旬；长江流域以南则可适当提早。小麦等作物收获后播种夏玉米时，应抓紧时间抢时抢墒播种,愈早愈好。玉米可采用单播、间作、套种等方式播种。单播时行距 60～70 厘米,株距 40～50 厘米;作青贮或青饲用时,行距可缩小到 30～45 厘米,株距 15～25 厘米。播种量一般收籽田每公顷 22.5～37.5 千克,青贮玉米田 37.5～60.0 千克,青刈玉米田 75.0～100.0 千克。播种深度一般以 5～6 厘米为宜;土壤黏重、墒情好时,应适当浅些,多为 4～5 厘米;质地疏松、易干燥的沙质土壤或天气干旱时,应播深 6～8 厘米,但最深不宜超过 10 厘米。

玉米生长到 3～4 片真叶时进行间苗,每穴留 2 株大苗、壮苗。到 5～6 片真叶时进行定苗,每穴留 1 株。玉米苗期不耐杂草,应及时中耕除草。一般在玉米播种前或播后出苗前 3～5 天进行。玉米苗期常见的害虫为地老虎、蝼蛄和蛴螬。在玉米心叶期和穗期,常发生玉米螟危害。在玉米穗期可发生金龟子(蛴螬成虫)危害。玉米螟用敌百虫、敌敌畏、溴氰菊酯等灌心、喷雾防治,或用白僵菌粉、BT 生物杀虫剂防治,也可用人工繁放赤眼蜂防治。玉米大、小斑病可用 75% 代森锰锌 500～800 倍液喷雾防治。化学防治应严格掌握用药量和浓度,按无公害农产品农药标准执行。对于青贮玉米,要少施苗肥,重施拔节肥,轻施穗肥。

(2)收获和利用　籽粒玉米以籽粒变硬发亮、达到完熟时收获为宜,粮饲兼用玉米应在蜡熟末期至完熟初期进行收获。专用青贮玉米则在蜡熟期收获为宜。籽粒玉米一般每公顷产籽粒 6.0～8.0 吨,青贮玉米一般每公顷产青体 60～75 吨。收割时,适当提高收割部位可防止植株带泥,且去除了基部坚硬部分,提高青贮质量,一般收割部位应是基部距地面 2～3 厘米。

玉米籽粒淀粉含量高,还含有胡萝卜素、核黄素、B 族维生素等多种维生素,是奶牛的优质高能精饲料。专用青贮玉米品种调制的青贮饲料品质优良,具有干草与青料两者的特点,且补充了部分精料。100 千克带穗青贮料喂奶牛,可相当于 50 千克豆科牧草干草的饲用价值。

2.大麦

大麦有冬大麦和春大麦之分,冬大麦的主要产区为长江流域各省和河南等地;春大麦则分布在东北、内蒙古、青藏高原、山西、陕西、河北及甘肃等省(区)。大麦适应性强,耐瘠薄,生育期较短,成熟早,营养丰富,饲用价值高,是重要的粮饲兼用作物之一。

大麦属一年生草本植物,喜冷凉气候,耐寒,对温度要求不严,高纬度和高山地区都能种植。耐旱,在年降水量 400～500 毫米的地方均能种植,但抽穗开花期需水量较大,此时干旱会造成减产。对土壤要求不严,不耐酸但耐盐碱,适宜的 pH 为 6.0～8.0。土壤含盐 0.1%～0.2%时,仍能正常生长。

(1)栽培技术　播前要精细整地,每公顷施用厩肥 30～45 吨、硫酸铵 150 千克,过磷酸钙 300～375 千克作底肥。为预防大麦黑穗病和条锈病,可用 1%石灰水浸种,或用 25%多菌灵按适宜浓度拌种。用 50%辛硫磷乳剂拌种可防治地下害虫。条播行距 15～30 厘米,每公顷播种量为 150～225 千克,播深 3～4 厘米,播后镇压。青刈大麦在适期范围内播种越早,产量越高。冬大麦的播种期,华北地区以在寒露到霜降为宜;长江流域一带可延迟到立冬前播完。春大麦可在 3 月中、下旬土壤解冻层达 6～10 厘米时开始播种,于清明前后播完。

大麦为速生密植作物,无需间苗和中耕除草,但生育后期应注意防除杂草,并及时追肥和灌水。一般在分蘖期、拔节孕穗期进行,每公顷每次追氮肥 100～150 千克。

(2)收获与利用　籽粒用大麦在全株变黄,籽粒干硬的蜡熟中后期收获,每公顷产籽粒 2.25～3.0 吨;青刈大麦于抽穗开花期刈割,也可提前至拔节后;青贮大麦乳熟初期收割最好。春播大麦每公顷产鲜草22.5～30.0 吨,夏播的产 15.0～19.5 吨。在苗高 40～50 厘米时可青刈利用。此时柔软多汁,适口性好,营养丰富,是奶牛优良的青绿多汁饲料。也可调制青贮料或干草。国外盛行大麦全株青贮,其青贮饲料中带有 30%左右大麦籽粒,茎叶柔嫩多汁,营养丰富,是奶牛的优质粗饲料。

3.燕麦

燕麦是内蒙古、青海、甘肃、新疆等各大牧区的主要饲料作物,黑龙江、吉林、宁夏、云贵高原等地也有栽培。燕麦分带稃和裸粒两大类,带稃燕麦为饲用,裸燕麦也称莜麦,以食用为主。栽培燕麦又分春燕麦和冬燕麦两种生态类型,饲用以春燕麦为主。

燕麦属一年生草本植物。燕麦喜冷凉湿润气候,种子发芽最低温度 3～4℃,不耐高温。生育期需≥5℃积温 1 300～2 100℃。需水较多,适宜在年降水量 400～600 毫米的地区种植。对土壤要求不严,在黏重潮湿的低洼地上表现良好,但以富含腐殖质的黏壤土最为适宜,不宜种在干燥的沙土上。适应的土壤 pH 为 5.5～8.5。

(1)栽培技术　播前种子精选后,晒 2～3 天,并用种子量的 0.2%～0.3%的菲醌或拌种双、多菌灵,防治黑穗病、锈病、病毒病等。用辛硫磷拌种防治地下害虫。

燕麦要求土层深厚、肥沃的土壤,播前要精细整地。深耕前施足基肥,一般深耕 20 厘米左右,每公顷施厩肥 30.0～37.5 吨,过磷酸钙 600 千克、尿素 300 千克。农家肥、过磷酸钙和尿素的 60%播前作底肥施入。40%在燕麦拔节孕穗期结合中耕或趁雨追肥。禁止使用未经国家和省级农业部门登记的化学或生物肥料,禁止使用硝态氮肥。冬燕麦要求在前作收获后耕翻,翻后及时耙糖镇压。播种期因地区和栽培目的不同而异,我国燕麦主产区多春播,气温稳定在 10℃ 以上时即可播种,一般在 4 月上旬至 5 月上旬,冬燕麦通常在 10 月上、中旬秋播。收籽燕麦条播行距 15～30 厘米,青刈燕麦 15 厘米。播种量每公顷 150～225 千克,播种深度 3～5 厘米,播后镇压。燕麦宜与豌豆、苕子等豆科牧草混播,一般燕麦占 2/3～3/4。

燕麦不宜连作,轮作周期 3～4 年,前茬以豆类、马铃薯或绿肥作物最好。轮作方式:燕麦—豌豆(马铃薯、蚕豆)—燕麦;燕麦—黑豆—谷子—燕麦。

燕麦出苗后,应在分蘖前后中耕除草 1 次。由于生长发育快,应在分蘖、拔节、孕穗期及时追肥和灌水。追肥前期以氮肥为主,后期主要是磷、钾肥。

莜麦 3～5 叶期是蚜虫发生期,应及时灭蚜防病,7 月下旬至 8 月上旬要注意防治黏虫。要做好病虫危害预测预报工作,一旦病虫害发生,要因地制宜地选用无公害农产品允许使用的低毒高效农药或生物制剂进行防治病虫害。

(2)收获与利用 籽粒燕麦应在穗上部籽粒达到完熟、穗下部籽粒蜡熟时收获,一般每公顷收籽粒2.25~3.0吨。青刈燕麦第一茬于株高40~50厘米时刈割,留茬5~6厘米;隔30天左右齐地刈割第二茬,一般每公顷产鲜草22.5~30.0吨。调制干草和青贮用的燕麦一般在抽穗至完熟期收获,宜与豆科牧草混播。

燕麦籽粒富含蛋白质和脂肪,但粗纤维含量较高、能量少,营养价值低于玉米,宜喂牛。燕麦秸秆质地柔软,饲用价值高于稻、麦、谷等秸秆。

青刈燕麦茎秆柔软,适口性好,蛋白质消化率高,营养丰富,可鲜喂,亦可调制青贮料或干草。燕麦青贮料质地柔软,气味芳香,是奶牛冬春缺青期的优质青饲料。用成熟期燕麦调制的全株青贮料饲喂奶牛,可节省50%的精料,生产成本低,经济效益高。

4.高粱

高粱为一年生草本植物。在我国栽培较广,以东北各地为最多。高粱茎秆富含糖分,营养价值高,植株高大,每亩可产青饲料6 000~10 000千克,被誉为"高能作物"。其抗旱性强,适口性好,饲料转化率高,青贮后甜酸适宜,牲畜普遍喜欢采食。饲用高粱可大致分为3种类型:籽粒饲用高粱、饲草高粱和青贮甜高粱。

(1)栽培技术 高粱对土壤的适应范围较广,但土层深厚、疏松、保水、保肥能力强的土壤更适于种植高粱。高粱要求微酸性至微碱性土壤,pH在6.5~7.5较为适宜。高粱对茬口要求不严格,玉米、大豆、花生等茬都适合,尤以豆科作物茬口为好。高粱不宜重茬,重茬后高粱黑穗病明显加重,产量也会降低。

翻地深度要达到20~23厘米,耕后立即耙压整地。施足基肥,各种有机肥均要求优质并充分腐熟,用量为22 500~30 000千克/公顷。若土壤缺磷或钾,可配合使用矿物磷肥和矿物钾肥,如磷矿粉、钙镁磷肥、硫酸钾等,具体数量视土壤条件而定,施用磷肥用量为150~450千克/公顷,钾肥用量为75~150千克/公顷。氮素化肥,以尿素计总量不应超过300千克/公顷,其中25%~30%用于基肥或种肥。种子要求籽粒饱满,发芽率不低于80%的种子。采用40%拌种双或40%禾穗胺,以种子量的0.5%药量拌种防治高粱丝黑穗病。在5厘米土层温度稳定在10~12℃时即可播种,一般播种采用垄作,行距50~55厘米,株距20~27厘米,保苗90 000~105 000株/公顷。播深3.3厘米,播种量量为30千克/公顷。在高粱出苗后要及时查田。缺苗不多时要及时补种,高粱间苗应提早到2~3叶期,在全苗基础上,可于4叶期定苗。根据土壤条件和高粱的长相确定追肥时期和数量,追尿素150~225千克/公顷。追肥时间在孕穗期,也可进行二次追肥,第一次在10~12片叶时进行,追总量的2/3,第二次在16~17片叶时进行,追总量的1/3。

在玉米螟产卵始、盛、末期各放蜂1次,视虫情程度决定放赤眼蜂数量。施放量为15万~45万头/公顷,卵盛期加大防蜂量。将每克含孢子40亿~80亿的白僵菌混合物按每500克加填充料1.5~2.5千克制成颗粒剂,以22.5~30千克/公顷的数量施在高粱喇叭口内。玉米螟趋光性强,用黑光灯可以诱杀大量成虫。于玉米螟成虫羽化初始日期,每晚9:00到次日4:00开灯。黏虫用速灭杀丁(氰戊菊酯)2 000~3 000倍液喷雾,用药量3 000~6 000毫升/公顷。

(2)收获与利用　通常最佳刈割期为乳熟末至蜡熟初期阶段。以饲用甜高粱大力士为例,为避免饲草质量降低,应在其高度达1~1.2米时及时刈割。在干旱季节,应在大力士高度达1.5米以上再收获,以免家畜氰氢酸中毒。留茬高度在15~20厘米,对大力士的再生最有利。

甜高粱青贮方法与玉米青贮方法相似。甜高粱也可以直接青饲。但必须注意:甜高粱的青绿叶片中含有氰糖式,生长阶段它被水解后产生有害物质氢氰酸,家畜食用富含氢氰酸的高粱有中毒的危险。用饲用甜高粱制成青贮饲料后,有毒成分会发生降解,因此不会出现中毒。

制作干草时要注意避免在雨天刈割和晾晒,否则易造成糖分流失。饲用时与其他牧草搭配喂,有利于提高营养成分的利用率。

(二)牧草

1.豆科牧草

(1)紫花苜蓿　紫花苜蓿在我国主要分布在西北、东北、华北地区,江苏、湖南、湖北、云南等地也有栽培。苜蓿是奶牛的主要饲草,还是重要的水土保持植物、绿肥植物和蜜源植物,在轮作倒茬及三元种植结构调整中也发挥着重要作用。

紫花苜蓿属多年生草本植物。喜温暖半干燥气候。生长的最适温度是 25℃,-30～-20℃ 能够越冬,有雪覆盖时,-44℃ 也能安全越冬。抗旱力强,适于在年降水量 500～800 毫米的地区生长。对土壤要求不严,除重黏土、极瘠薄的沙土、过酸过碱的土壤及低洼内涝地外,其他土壤均能种植。适宜的 pH 范围为 7～8。生长期间最忌积水。

①栽培技术。整地要精细,做到深耕细耙,上松下实,地平土碎,无杂草。春、夏、秋均可播种,也可临冬寄籽播种。春季风沙大,气候干旱又无灌溉条件的地区以及盐碱地宜雨季播种。秋播不要过迟,一般以在播种后能有 30～60 天的生育期较为适宜。长江流域 3～10 月均可播种,而以 9 月播种最好。播种量一般为每公顷 15.0～22.5 千克,播种深度 2 厘米左右。条播、撒播均可,但通常多用条播。条播行距为 20～30 厘米。干旱地区和盐碱地种植可采用开沟播种的方法,播后要及时进行镇压。

应采取综合措施防除苜蓿田间杂草。第一播前要精细整地,清除地面杂草;第二要控制播种期,如早秋播种可有效抑制苗期杂草;第三可采取窄行条播,使苜蓿尽快封垄;第四进行中耕,在苗期、早春返青及每次刈割后,均应进行中耕松土,以便清除杂草;也可使用化学除莠剂进行化学除草。在返青及刈割后要注意追施磷、钾肥,并进行灌溉。苜蓿忌积水,雨后积水应及时排除,以防造成烂根死亡。

②收获与利用。苜蓿的适宜刈割时间为现蕾期至始花期。刈割后

的留茬高度一般为 5～7 厘米。北方地区春播当年,若有灌溉条件,可刈割1～2次,此后每年可刈割 3～5 次,长江流域每年可刈割 5～7 次。鲜草产量一般为 15.0～60.0 吨/公顷,水肥条件好时可达 75.0 吨以上。

紫花苜蓿是奶牛的优质牧草。粗蛋白含量为 18%,且消化率可达70%～80%。粗脂肪、粗纤维、无氮浸出物、粗灰分含量分别为2.47%、23.77%、36.83%和 8.74%,另外,紫花苜蓿富含多种维生素和微量元素,还含有一些未知促生长因子,对奶牛的生长发育均具良好作用,不论青饲、放牧或是调制干草和青贮,适口性均好,被誉为"牧草之王"。

在单播地上放牧易得臌胀病,为防此病发生,放牧前先喂一些干草或粗饲料,同时不要在有露水和未成熟的苜蓿地上放牧。

(2)红三叶 我国在 20 世纪 20 年代引入,已在西南、华中、华北南部、东北南部和新疆等地栽培。花期长,蜜腺发达,是优良的蜜源植物,花色艳丽,还可用作草坪绿化植物。

红三叶属多年生草本植物。喜温牧草,生长的最适温度为 20～25℃,耐热性差,抗寒性较强,-25℃并有雪覆盖能安全越冬。喜水不耐旱,适宜的年降水量为 800～1 000 毫米。对土壤要求不严,但沙砾地、低洼地和地下水位较高的地不宜种植。耐酸性较强,适宜的土壤pH 为 5.5～7.5,土壤含盐量 0.3%则不能生长。

①栽培技术。不耐连作,同一地块需隔 5～7 年才能再次种植。种子硬实率较高,播前需用碾米机碾压。在华北、东北、西北地区宜春、夏播种,春播在 3 月中、下旬至 4 月上旬,夏播在 6 月中旬至 7 月中旬。南方地区宜秋播,时间在 9 月中、下旬或 10 月上旬。条播行距30～40厘米,播种量15.0～22.5 千克,播深1～2 厘米,播后镇压1～2 次。

红三叶苗期生长缓慢,易受杂草危害,需及时中耕除草,每年返青前后也要中耕除草1～2 次。红三叶不耐旱,不抗热,干旱和炎热天气,要及时灌水,以促进其生长。

②收获与利用。红三叶的适宜刈割期青饲用时在开花初期,调制

干草和青贮饲料时则在开花盛期。在长江流域,一年可刈 5～6 茬,鲜草产量 52.5～90.0 吨/公顷;在华北中、南部,一年可刈 3～4 茬,鲜草产量为 37.5～45.0 吨。刈割留茬 10～12 厘米。

红三叶营养丰富,其营养成分含量分别为蛋白质 17.1％、粗脂肪 3.6％、粗纤维 21.5％、无氮浸出物 47.6％、粗灰分 10.2％,总消化养分和净能略高于苜蓿,饲用价值高。适口性好,可青饲、放牧利用,也可调制成青贮饲料或干草。放牧在现蕾至开花初期进行,放牧时注意预防臌胀病。

(3)白三叶　20 世纪 20 年代引入我国,分布在东北、西北、华北、西南等 20 个省市。白三叶茎叶繁茂,固土力强,是良好的水土保持植物。草姿优美,绿色期长,可作为草坪植物。

白三叶属多年生草本植物。主根短而侧根发达。茎细长,匍匐生长。掌状三出复叶,小叶倒卵形或倒心脏形,叶面有“V”字斑纹。头形总状花序,花冠白色或微带紫色。荚果长卵形,每荚含种子 3～4 粒。种子心脏形,黄色或棕褐色,千粒重 0.5～0.7 克。

喜温暖湿润气候,生长的最适温度为 19～24℃,抗寒能力较强,晚秋遇－8～－7℃的低温仍能恢复生长,耐热能力较强。喜水不耐旱,年降水量不宜低于 600～800 毫米。耐阴耐湿,可在林下种植。对土壤要求不严,除盐渍化土壤外均能种植。耐酸性较强,适宜的土壤 pH 为 5.6～7.0,pH＞8 的碱性土壤生长不良或不能生长。

①栽培技术。白三叶要求精细整地,耕深 20 厘米,耕翻前施有机肥 45.0～60.0 吨作底肥,酸性土壤宜施用石灰。种子硬实率高,播前需要碾磨处理,以破除硬实。北方地区宜春播,时间为 3 月下旬至 4 月上、中旬;南方地区从 3 月上旬至 9 月上旬均可播种,但以秋播为宜。条播、穴播或撒播均可,条播行距 30 厘米,在坡地上宜穴播,按株行距 40～50 厘米播种。播种量为每公顷 3.75～7.5 千克,播种深度为 1.0～1.5 厘米。

苗期不耐杂草,在出苗后至封垄前要连续中耕除草 2～3 次。当封垄后,白三叶可有效抑制杂草,注意拔除大草即可。

②收获与利用。白三叶的适宜刈割期为开花期。在东北地区每年可刈 2～3 次,华北 3～4 次,南方 4～5 次,留茬 5～15 厘米。每公顷产鲜草 45.0～60.0 吨,高的可达 75.0 吨。

白三叶草质柔嫩,营养丰富,干物质中含粗蛋白 24.7%,粗脂肪 2.7%,粗纤维 12.5%,无氮浸出物 47.1%,粗灰分 13.0%,且适口性好,牛喜食。白三叶是放牧型牧草,耐践踏,再生性好。注意放牧时间不能过长,因为白三叶含有雌性激素香豆雌醇,能造成奶牛生殖困难。冬季要禁牧。此外,青饲或放牧时还要注意预防臌胀病。

(4)籽粒苋 籽粒苋在我国栽培历史悠久,全国各地均能种植。籽粒苋也可作为观赏花卉,还可作为面包、饼干、糕点、饴糖等食品工业的原料。

籽粒苋属一年生草本植物。喜温暖湿润气候,生长的最适温度为 20～30℃,40.5℃ 仍能正常生长。不耐寒,成株遇霜冻很快死亡。耐干旱,不耐涝,积水地易烂根死亡。对土壤要求不严,耐瘠薄,抗盐碱。旱薄沙荒地、黏土地、次生盐渍土壤均可种植。在含盐量 0.23% 的盐碱地上能正常生长,pH 8.5～9.3 的草甸碱化土地也能正常生长,可作垦荒地的先锋植物。但排水良好,疏松肥沃的壤土或沙壤土生长最好。

①栽培技术。籽粒苋忌连作。要精细整地,深耕多耙,结合耕翻每公顷施有机肥 22.5～30.0 吨作基肥。一般在春季地温 16℃ 以上时即可播种,低于 15℃ 出苗不良。北方于 4 月中旬至 5 月中旬播种,南方于 3 月下旬至 6 月播种,播种期越迟,产量也就越低。条播、撒播或穴播均可。行距 25～35 厘米,株距 15～20 厘米。播种量 375～750 克/公顷,覆土 1～2 厘米,播后及时镇压。

苗期生长缓慢,易受杂草危害,要及时进行中耕除草。在二叶期时,要进行间苗,4 叶期定苗。8～10 叶期生长加快,宜追肥灌水 1～2 次,每公顷施尿素 300 千克,现蕾至盛花期生长速度最快,对养分需求也最大,要及时追肥。苗高 20～30 厘米时再中耕除草一次。每次刈割后,结合中耕除草,追肥灌水。

②收获与利用。青饲用籽粒苋于现蕾期收割,调制干草时在盛花

期刈割,制作青贮饲料时在结实期刈割。刈割留茬 20～30 厘米,最后一次刈割不留茬。北方一年可收 2～3 次,南方 5～7 次,每公顷产鲜草 75.0～150.0 吨。

籽粒苋茎叶柔嫩,清香可口,营养丰富。其籽实可作为优质精饲料利用。茎叶适口性好,其营养价值与苜蓿和玉米籽实相近,属于优质的蛋白质补充饲料,无论青饲或调制青贮、干草和草粉均为奶牛喜食。

(5)小冠花 小冠花又叫多变小冠花。辽宁、河北、河南、山西、山东、陕西、江苏、湖北、湖南等省均有种植,且表现良好。小冠花是良好的水土保持植物以及公路和铁路的护坡、护堤植物及土壤改良植物,还是良好的蜜源植物和园林绿化植物。

小冠花属多年生草本植物。喜温耐寒,最适生长温度为 20～23℃,-30℃能安全越冬,耐炎热,34～36℃持续高温,生长旺盛。喜水,适宜在年降水量 600～1 000 毫米的地区种植,但不耐水淹和潮湿环境。对土壤要求不严,除酸性过大、含盐量过高或低洼内涝地外,其他土壤均能种植,具一定的耐酸碱能力,最适 pH 为 6.8～7.5。

①栽培技术。整地质量要好,耕深要达到 20 厘米,并在耕翻前每公顷施入农家肥 45.0～60.0 吨。种子硬实率极高,达 70%～80%,可用浓硫酸浸种 20～30 分钟,用清水冲洗至无酸性反应,阴干播种。也可用 80℃的水浸种 3～5 分钟,再用凉水降温后捞出,凉干播种。春、夏、秋播均可,秋播宜早不宜迟,以免越冬困难。条播或穴播,条播行距 100～150 厘米,穴播株行距各 100 厘米,播种量 6.0～7.5 千克,播深 1～2 厘米。

小冠花苗期生长缓慢,易受杂草危害,要注意中耕除草,返青期和每次刈割后,易滋生杂草,需中耕除草一次。冬前灌一次冬水,以利越冬。每年追肥、灌溉 1～2 次,追肥以磷肥为主。

②收获与利用。适宜刈割时期是从孕蕾到初花期,一年可刈 3～4 茬,留茬 5～6 厘米,产鲜草 45.0～90.0 吨/公顷。放牧利用在株高 40～60 厘米时开始。

小冠花枝叶繁茂柔软,叶量丰富,无怪味,营养价值高,富含粗蛋白

(18.83％)、粗脂肪(2.61％)和无氮浸出物(24.45％)，且消化率较高。可青饲、放牧利用，也可调制成青贮饲料和干草饲喂。

2.禾本科牧草

(1)羊草　羊草又名碱草，我国分布的中心在东北平原、内蒙古高原的东部，华北、西北亦有分布。羊草草地是东北及内蒙古地区重要的饲草基地，除满足当地需要外，还远销海内外。

羊草属多年生根茎型草本植物。羊草具极强的抗寒性，在−40.5℃条件下能安全越冬，由返青至种子成熟所需积温为 1 200～1 400℃。耐旱能力强，在年降水量 300 毫米的地区生长良好，但不耐水淹。对土壤要求不严，除低洼内涝地外，各种土壤均能种植，对瘠薄、盐碱土壤有较好的适应性，适应的土壤 pH 为 5.5～9.0。

①栽培技术。播前要精细整地，耕深不少于 20 厘米，并及时耙耱，使土壤细碎，墒情适宜，无杂草。结合翻地要施入 37.5～45.0 吨的厩肥作底肥。播前须对种子清选，除去杂质，提高净度，以利出苗。播种时间以夏天雨季为宜，也可春播，夏播最晚不迟于 7 月中旬，延晚会影响越冬。条播行距 30 厘米，播种量每公顷 37.5～45.0 千克，播种深度 2～4 厘米，播后镇压 1～2 次。

羊草幼苗生长极慢，最宜受杂草危害，从而造成幼苗死亡，所以中耕除草，抑制杂草危害，是保证羊草幼苗成活的重要措施。羊草根茎发达，生长年限过长，根茎形成絮结草皮，致使土壤通透性下降，产草量降低。所以在利用 5～6 年以后，要进行耙地松土复壮，切断根茎，疏松土壤，延长羊草草地的利用年限。

②收获与利用。调制干草时，羊草的适宜刈割期为抽穗期，若青饲则在拔节至孕穗期刈割为宜。在良好的管理水平下，每年可刈割 2 次，若生产条件较差，每年只能刈割 1 次。在大面积栽培条件下，每公顷产干草 1.5～4.5 吨，若有灌溉、施肥条件，可达 6.0～9.0 吨。

羊草营养丰富，粗蛋白、粗脂肪、粗纤维、无氮浸出物及粗灰分含量分别为 13.35％、2.58％、31.45％、37.49％和 5.19％。叶量多，适口性好，属于优质饲草。其主要利用方式为调制干草，其干草是奶牛重要的冬春贮备饲料。放牧利用宜在拔节至孕穗期进行，注意不要过牧。

（2）多年生黑麦草　多年生黑麦草又名英国黑麦草、宿根黑麦草、牧场黑麦草等，我国南方、西南和华北地区均有种植。多年生黑麦草分蘖多，耐践踏，绿期长，也是优良的草坪植物。

多年生黑麦草属多年生草本植物。喜温凉气候，适宜在夏季凉爽、冬季不太寒冷的地区种植。生长的适宜温度为 20℃，超过 35℃生长不良。耐寒耐热性差，在东北、内蒙古等地不能越冬或越冬不良，在南方越冬良好，但夏季高温地区多不能越夏。喜湿润条件，在年降水量为 500～1 500 毫米的地区均可生长。不耐旱，高温干旱，对其生长更为不利。对土壤要求较严，最适宜在排灌良好，肥沃湿润的黏土或黏壤土上生长，适宜的土壤 pH 为 6～7。

①栽培技术。播前要细致整地，施足底肥。每公顷施厩肥15.0～22.5 吨，过磷酸钙 150～225 千克作底肥，施肥后耕翻耙压，做到地平土碎，以利播种。春播或秋播，以秋播最为适宜，时间在 9～11 月，春播时宜在 3 月中旬进行。条播行距 15～30 厘米，播种量 15.0～22.5 千克，播深 1.5～2.0 厘米。

多年生黑麦草喜肥，特别对氮肥反应敏感，追施氮肥不仅可以增加产草量，而且还可以提高粗蛋白的含量。在每次刈割或放牧后，均宜追施氮肥，在分蘖、拔节、抽穗等需水较多的阶段，要及时灌水。

②收获与利用。青饲利用时，适宜刈割期为抽穗至始花期，调制干草时宜在盛花期，鲜草产量 45.0～60.0 吨/公顷，刈割留茬高度 5～10 厘米。

多年生黑麦草质地柔嫩，营养丰富，粗蛋白、粗脂肪、粗纤维、无氮浸出物、粗灰分含量分别为 17.0％、3.2％、24.8％、42.6％和 12.4％，适口性好，牛尤喜食。主要利用方式为放牧或刈牧结合，放牧在草层高 20～30 厘米时为宜。

（3）无芒雀麦　无芒雀麦又名无芒草、禾萱草、光雀麦等，在我国东北、华北、西北表现尤为良好，是我国北方地区建立人工草地的当家草种。无芒雀麦固土能力强，是优良的水土保持植物。

无芒雀麦属多年生草本植物。无芒雀麦特别适合寒冷干燥气候。在年降水量为 400～500 毫米的地区生长较为合适,有较强的耐旱能力。成株－33℃能安全越冬,－48℃,有雪覆盖的条件下越冬率可达 83%,适宜的生长温度为 20～26℃。对土壤要求不严,喜排水良好而肥沃的壤土或黏壤土,轻沙质土壤和盐碱土上也可以生长。耐水淹,水淹 50 天也能成活。

①栽培技术。春播者要秋翻地,夏播者要在播前 1 个月翻地。耕地宜深,要在 20 厘米以上,整地宜平整细碎。结合耕翻每公顷施用 15.0～22.5 吨厩肥和 225 千克过磷酸钙作底肥。无芒雀麦种子寿命短,贮藏 4～5 年以上的种子不要用于播种。春、夏、秋播均可,春、秋播种宜早不宜迟。墒情好,宜春播,春旱严重的地区,宜在 6～7 月份雨季播种。条播,行距 15～30 厘米。播种量每公顷 22.5～30.0 千克;若撒播,播种量以 45.0 千克为宜。播种深度黏性土壤 2～3 厘米,沙性土壤 3～4 厘米,播后及时镇压 1～2 次。

苗期生长缓慢,因此应加强中耕除草。需要氮肥多,在拔节、孕穗及每次刈割后要结合灌水追施氮肥 150～225 千克。每年冬季或早春可追施厩肥,同时追 450～600 千克的磷肥。生长到第 3～5 年时,根茎絮结成草皮,使土壤表面紧实,导致产草量下降。此时必须及时耙地松土复壮,以提高产草量和利用年限。

②收获与利用。无芒雀麦春播当年,只能刈割 1 次,此后每年可刈割 2～3 次,刈割时间宜在孕穗至初花期。在灌溉条件下,鲜草产量 45.0 吨/公顷。

无芒雀麦枝叶柔嫩,营养价值高,粗蛋白、粗脂肪、粗纤维、无氮浸出物、粗灰分含量分别为 15.6%、2.6%、36.4%、42.8%、2.6%,适口性好,牛尤喜食。在利用上,主要是放牧或刈制干草,也可青饲或调制青贮饲料。播种当年不能放牧,第 2、3 年采收第一茬草调制干草,用再生草放牧或青饲,此后主要用于放牧。

(4)披碱草 披碱草又名直穗大麦草、碱草、青穗大麦草等,在我国主要分布于东北、华北、西南,呈东北至西南走向。我国于 20 世纪 60

年代开始驯化栽培,70 年代逐渐推广,现已成为华北、东北地区的主要牧草。

披碱草属多年生疏丛型草本植物。披碱草从返青至种子成熟需 ≥10℃的积温 1 700～1 900℃。抗寒能力较强,在－40℃条件下能够越冬。耐旱能力强,在年降水量 250～300 毫米的条件下生长尚好。对土壤要求不严,耐盐碱,可在微碱性或碱性土壤上生长,在 pH 7.6～8.7 的范围内生长良好。

①栽培技术。播前要精细整地,耕深 20 厘米,并施足底肥。种子具长芒,易黏结成团,影响播种质量,因而播前需作去芒处理,以利播种。披碱草春、夏、秋均可播种。水分条件好的地区宜春播,春旱严重的地区宜夏、秋乘雨抢种。条播行距 30 厘米,播种深度 2～4 厘米,播种量 30.0～45.0 千克,播后要镇压。

披碱草苗期生长缓慢,易受杂草侵害,要及时中耕除草,以消灭杂草,促进生长。第二年雨季每公顷追施尿素 150～300 千克。

②收获与利用。披碱草主要刈割调制干草,也可青饲或调制青贮饲料。调制干草在抽穗至始花期刈割,在旱作条件下,每年只能刈割一茬,留茬 8～10 厘米。在灌溉条件下,干草产量 5.25～9.75 吨/公顷,旱作则为 2.25～3.0 吨。

披碱草叶量少而茎秆多,品质不如老芒麦,营养成分为粗蛋白 14.94%、粗脂肪 2.67%、粗纤维 29.61%、无氮浸出物 41.36%、粗灰分 11.42%,属中等品质的牧草。奶牛喜食抽穗期至始花期刈割调制的干草,迟于盛花期刈割则茎秆粗老,适口性下降。

(5)苇状羊茅　苇状羊茅又名苇状狐茅、高牛尾草。我国南北各地栽培效果良好,许多省、区把其列为人工草地建设的当家草种或骨干草种。根系发达,固土力强,又是良好的水土保持植物。

苇状羊茅属多年生疏丛型草本植物。苇状羊茅喜温耐寒又抗热。幼苗能忍受－4～－3℃的低温和 36℃以上的高温,在东北、华北、西北地区能安全越冬。苇状羊茅喜水又耐旱,适宜的年降水量为 450 毫米以上,地下水位高或排水不良的生境条件均能生长。在年降水量小于

450 毫米的干旱地区也能种植。对土壤要求不严,从贫瘠到肥沃的土壤,从酸性到碱性的土壤均可种植,适应的土壤 pH 为 4.7～9.5,既可在南方的红壤上种植,又可在北方的盐碱土壤上栽培。

①栽培技术。宜选择肥沃土壤并精细整地,耕深要在 20 厘米以上,耕后及时耙糖。耕翻前每公顷施用半腐熟的厩肥 30.0～37.5 吨和过磷酸钙 375～450 千克作底肥,生长期间要及时追施氮肥,并配合追施适量的磷、钾肥。春、夏、秋三季播种。北方寒冷地区宜春播,春旱严重的地区亦可夏播;南方温暖地区宜秋播,但不宜过迟,时间掌握在幼苗越冬前达到分蘖期为宜。条播行距 30 厘米,播种量每公顷 22.5～30.0 千克,覆土 2～3 厘米,播后镇压 1～2 次。

苗期生长缓慢,易受杂草危害,出苗后要及时中耕除草,以抑制杂草的滋生。

②收获与利用。青饲利用时,宜在拔节至抽穗期刈割,调制干草和青贮饲料时则在孕穗至初花期刈割为宜。每年可刈割 3～4 次,鲜草产量 30.0～45.0 吨/公顷。

苇状羊茅属中等品质的牧草,营养物质含量较丰富,粗蛋白、粗脂肪、粗纤维、无氮浸出物、粗灰分含量分别为 15.4%、2.0%、26.6%、44.0%、12.0%。苇状羊茅适宜刈割利用,可青饲,也可调制成青贮饲料或干草。亦可放牧,时间宜在拔节中期至孕穗初期进行,也可在春季、晚秋或收种后的再生草地上放牧。青饲时食量不可过多,以防产生牛羊茅中毒症。

(6)苏丹草　苏丹草又名野高粱,原产于非洲北部的苏丹高原。1905—1915 年开始栽培,是当前各国栽培最普遍的一年生禾草。我国 20 世纪 30 年代自美国引入,现在全国各地均有栽培。

苏丹草属一年生草本植物。苏丹草为喜温牧草,耐寒性差,幼苗期遇 2～3℃的低温即受冻害,在 12～13℃时,苏丹草即停止生长,生育期要求的积温为 2 200～3 000℃。抗旱力强,在干旱年份也能获得较高产量。对水分反应敏感,在水大、肥足时,可大幅度增产,但又不能忍受过分湿润的土壤条件。对土壤要求不严,沙壤土、重黏土、盐碱土、微酸性土壤均可栽培,但最喜欢排水良好、肥沃的沙壤土和黏壤土。

①栽培技术。苏丹草忌连作。春播时应在头一年秋季进行翻耕,耕深应在 20 厘米以上,第二年春季耙糖之后播种。夏播时要在前作收获后及时耕翻耙糖,以便适时播种。播前需对种子进行清选,并晒种 4～5 天,可提高发芽率。北方一般在 4 月下旬到 5 月上旬,南方在 2～3 月播种。宜条播,干旱地区行距 45～60 厘米,播种量 22.5 千克为宜;水肥条件较好的地区行距 20～30 厘米,播种量 30.0～37.5 千克。

苏丹草苗期生长慢,竞争能力不如杂草,应及时中耕除草,每隔 10～15 天进行一次。需肥量大,特别对氮肥反应敏感。在播种时除每公顷施 15.0～22.5 吨厩肥作底肥外,还要在分蘖期、拔节期及每次刈割后结合灌溉进行追肥,每次每公顷追施尿素或硫铵 112.5～150.0 千克,过磷酸钙 150～225 千克,以促进分蘖和加速生长。

②收获与利用。调制干草时,宜在抽穗至开花期刈割,青饲时在孕蕾期刈割较为适宜,而调制青贮饲料时则宜在乳熟期刈割。在水肥条件较好的条件下,苏丹草每年可刈割 3～4 次,旱作时可刈 1～2 次,鲜草产量 15.0～75.0 吨/公顷,刈割留茬 7～8 厘米。

苏丹草营养物质含量丰富,其粗蛋白质、粗脂肪、粗纤维、无氮浸出物、灰分含量分别为 8.1%、1.7%、35.9%、44.0% 和 10.3%。质地柔软,适口性好,饲喂奶牛的效果可与苜蓿相媲美。苏丹草适于调制干草或青贮,青饲也是主要的利用方式。

第二节 粗饲料加工技术

一、饲草原料质量管理及粗饲料品质评定

使用的青饲料、青贮饲料、粗饲料应来源于疫病洁净地区,无霉烂

变质,未受农药或某些病原体污染;建立详细的饲料生产记录。

传统评定奶牛粗饲料品质的指标有常规营养成分、采食量、能量、消化率、利用率等。

现行粗饲料品质评定指标包括:粗饲料干物质体外 48 小时真消化率(IVTDMD)、体外中性洗涤纤维 30 小时消化率、体外中性洗涤纤维 48 小时消化率或体外中性洗涤纤维 24 小时消化率、物理有效中性洗涤纤维(peNDF)、饲料相对值(relative feed value,RFV)、相对质量指数(relative forage quality,RFQ)、分级指数(GI)等。

目前,在奶牛生产中多采用 RFV 和 GI 来衡量粗饲料的价值。

$$RFV=(DMI \times DDM)/1.29$$

其中 DMI(干物质采食量,%体重)=120/NDF(%DM);DDM(可消化干物质,%DM)=88.9-0.779×ADF(%DM)

表 5-1 饲料相对值分级标准

分级	RFV
特	>151
1	125~151
2	103~124
3	87~102
4	75~86
5	<75

卢德勋(2001)在继承 RFV 合理内涵(在粗饲料品质评定指数中引入采食量与能量指标)的基础上,克服现行粗饲料品质评定指数以能量为中心的不足,提出了全新的粗饲料评定指数——粗饲料分级指数(GI_{2001}),经修订,提出 GI_{2008} 计算公式。

GI_{2008}(兆焦)= NE_L(兆焦/千克)×DMI(千克/天)×DCP(%DM)/(1-pef)NDF(%DM)

DMI:粗饲料干物质自由采食量,千克/天。

NE_L:粗饲料产奶净能值,兆焦/千克干物质。采用 Tilley 和 Terry(1963)两级离体消化法测定四种粗饲料干物质体外消化率(IVD-MD)后,利用其粗能值和固定的 ME/DE 系数计算得出 ME 值,总能(GE)由氧弹式热量计(GR-3500 型)来测定。按照中国奶牛饲养标准(2004)的公式的计算产奶净能:NE_L(兆焦/千克干物质)＝0.550 1DE(兆焦/千克干物质)－0.395 8;DE(兆卡/千克干物质)＝GE(兆卡/千克干物质)×IVDMD。

DCP:粗饲料可消化粗蛋白含量,％/DM。

pef:物理有效因子。pef 变化范围可以从 0(NDF 不能刺激咀嚼活动)到 1(NDF 最大的刺激咀嚼活动),假设 pef 为保留在 19 毫米和 8 毫米筛上物重(％DM)占样品重(％DM)的比例之和。

二、干草的调制

青干草是将牧草及饲料作物适时刈割,经自然或人工干燥调制而成的能够长期贮存的青绿饲料,保持一定的青绿颜色。在实际生产中,要想获得优质的青干草,关键要适时刈割、合理加工调制、科学贮存管护。

(一)适时刈割

青干草的质量、产量与刈割的时间密切相关,牧草过早刈割,水分多,产量低,不易晒干;过晚刈割,营养价值降低。因此,必须在营养物质产量、牛利用率最高的时期刈割,一般禾本科草类在抽穗期,豆科草类在孕蕾及初花期刈割为好。

(二)青干草的加工调制方法

青干草的干燥法主要有两种,自然干燥法和人工干燥法。目前常常采用自然干燥法。

1.自然干燥法

就是靠太阳的辐射以及空气的蒸腾作用,使牧草含水量降低到

20%以下,这种干燥法容易造成营养成分的损失,因此必须操作规范。常用的有地面干燥法、草架阴干法等。

(1)地面干燥法 青草刈割后,在原地将青草滩开晾晒,经4～5小时暴晒,水分降至40%时,将青草堆成小堆,晾4～5天,当水分降至15%～17%,楼成大垛存贮。对于豆科牧草和杂草类调制干草,用牧草压扁机把牧草茎秆压裂、干燥,可缩短干燥时间1/3～1/2。

(2)草架阴干法 把收割的青草在草棚的草架上自然晾干。在晴天需要10天左右晾干,可防止雨淋、日晒造成的损失,比地面干燥法减少营养损失17%,消化率提高2%。

2.人工干燥法

主要包括常温鼓风干燥法和高温快速干燥法。

(1)常温鼓风干燥法 就是把经自然晾晒含水量降到50%的青草,放在有通风道的草棚中,用鼓风机吹风进行干燥,这种方法只有当气温高于15℃,相对湿度小于75%时适用效果好。一般把草垛成1.5～2米高的小堆,干燥3天左右,再堆成4～5米的大堆干燥。

(2)高温快速干燥法 成本高,国内较少使用。用专用的牧草烘干机,可在几小时甚至数秒内使青草的含水量由80%迅速降至15%,这种方法几乎可以完全保存青饲料的营养价值。

(三)青干草的存贮与管护

干草安全贮存的含水量,散放干草为25%,打捆干草为20%～22%,铡碎干草为18%～20%,干草块为16%～17%。判断干草的含水量的简易方法为,用手拿一束干草进行拧扭,如草茎轻微发脆,扭弯部分没有见到水分,可安全贮存。

贮藏时的注意事项:在贮存初期,要实行贮存干燥法,用塑料大棚贮存库时,在库底垫好草帘,在草帘下面安鼓风机,将草垛的湿气吹出,在草帘上面堆高1～2米草捆,侧面安放鼓风机,堆未完全干的堆贮草垛实行3～4天昼夜吹风,后在白天晴天吹风6～7天,以确保草垛全干,使存贮安全。

潮湿的干草(含水量在 19％～20％)容易发热,以至燃烧,引起火灾应特别注意,这种现象多发生在贮存后的 1～1.5 个月内。因此,在这一阶段要多观察草垛,如发现草垛有发热现象,温度达到 60℃时要立即搬开草捆,并密切注意温度变化。

(四)干草的品质鉴定

优质干草的品质感官鉴定方法如下。

(1)颜色气味　优质青干草呈绿色,绿色越深,品质越好,有干草香味。茎秆上每个节的茎部颜色是干草所含养分高低的标记,每个节的茎部呈现深绿色部分越长,则干草所含养分越高。

(2)叶片含量　干草中的叶量越多,品质越好。优质豆科牧草的干草中叶量应占干草总重量的 50％以上。

(3)牧草形态　干草中所含的花蕾、未结实花序的枝条越多,叶量越多,茎秆质地越柔软,适口性越好,品质越好。

(4)含水量　优质干草的含水量在 15％～18％,如果含水量超过20％不宜贮存。

(5)病虫害情况　有病虫害的牧草调制成的干草品质较低,牛不愿采食,也不利于牛健康。如果干草叶有病斑或有黑色粉末则为有病症的干草,不能饲喂牛。

(五)青草粉的颗粒化和压块处理

颗粒化处理就是将粉碎的草粉,再制成颗粒的方法。在制作颗粒的过程中可以按营养要求配制成全价饲料,可以克服草粉粉尘大,不易操作,易于损失等缺点,压制成草块更适合于养牛。干草块的加工即将水分 10％左右的干草切成3～4 厘米,然后加水使其含水量达到14％～15％压制而成。

三、青贮饲料的制作

青贮饲料指将新鲜的青刈饲料作物、牧草、新鲜的全株玉米或收获籽实后的玉米秸等青绿多汁饲料直接或经适当的处理后,切碎、压实、密封于青贮窖、壕或塔内,在厌氧环境下,通过乳酸发酵而成。

1. 原料要求

含糖量:青贮原料含糖量不应低于 1%～1.5%,以保证乳酸菌活动。

含水量:适宜的含水量为 65%～70%,最低不少于 55%。豆科植物的含水量以 60%～70%为宜。用手抓一把握紧,手指潮湿为宜。含水量过大时,可掺一些秕壳、糠麸等,水分太小可掺一些多汁的菜帮、菜叶或浇一些水。

2. 适时收割

为确保青贮玉米产量最高,品质最优,一般在抽雄后 18～20 天为最佳收割时期,此时玉米正处于乳熟末期,植株鲜重开始下降,但没有急剧下降,籽粒开始收浆(蜡熟),但没有变硬,即玉米籽粒乳线处 1/2～1/3 时,绿叶数没有明显减少,植株含水量正适于青贮发酵,因此,是青贮质量最好时期,可即收即贮。收割时,适当提高收割部位可防止植株带泥,且去除了基部坚硬部分,提高青贮质量,一般收割部位应是基部距地面 2～3 厘米。

3. 制作方法

(1)切碎　青贮原料铡短长度因饲喂畜禽种类而定,一般把禾本科牧草、豆科牧草、叶菜类等原料铡成 2～3 厘米长的小段;玉米秆、麦秆等粗茎植物,需切成 0.5～2 厘米长为宜;一些柔软幼嫩的植物,也可不切碎青贮。原料的含水量越低,切的长度也应越短。

(2)装填　装填原料速度要快,最好 1～2 天贮完,最迟不超过 3～4 天。

(3)压实　层层装入窖中,机械镇压,每装 30～50 厘米厚镇压一次。人工踏踩,每装 15～20 厘米厚踏踩一次,一定要压实,特别是边角不可忽视。尤其边缘更应踩实,要求踩得越实越好。若不能一次装满全窖,可以装填一部分后立即在原料上面盖上一层塑料薄膜,窖面盖上木板,次日继续装填。

（4）封窖　当原料装填压紧与窖口齐平时,中间可高出窖的边缘30厘米,在原料的上面盖上一层 10～20 厘米厚的秸秆或牧草,覆上塑料薄膜后,再覆上 30～50 厘米厚的土,并踩踏成馒头形。拍平表面,并在周围挖排水沟,最初几天应注意检查,如有裂缝,及时修好,严防漏气。

4.开窖利用

经过 40～60 天时间的发酵才能成熟,开窖时间不宜提前。一般要尽可能避开高温或严寒季节。一旦开窖利用后,就必须连续取用,每天要用多少取多少,取用后及时用塑料薄膜覆盖。用青贮取料机取料,应从表面一层一层地向深部取 6～7 天以上,始终保持一个平面,切忌只在一处掏取。取出的青贮料过夜后,一般不可饲喂,防止中毒。

图 5-1　青贮饲料抓取机

5.质量鉴定

青贮饲料在饲用前或饲用中都要对品质进行鉴定,确认为品质优良之后,才能饲用。

（1）采样　在不同部位、不同深度取样 5～6 个点,每个样点采取约20 厘米见方的青贮饲料,深度间隔 5～10 厘米,样点与窖壁间距 0.3～0.5 米。

（2）感官鉴定　鉴定指标有三项,即气味、颜色和质地。

（3）化学鉴定　鉴定指标包括青贮饲料 pH、有机酸含量和腐败鉴定等。

优良青贮饲料 pH 为 3.8～4.2,中等为 4.6～5.2,低劣为 5.4～

6.0,甚至更高。

优良青贮饲料中游离酸约占 2％,其中乳酸占 1/3～1/2,醋酸占 1/3,不含丁酸(具恶臭味)。

腐败鉴定。在试管中应加 2 毫升盐酸(比重 1.19)、酒精(95％)和乙醚(1：3：1)的混合液,将中部带有铁丝的软木塞塞入试管中。铁丝的末端弯成钩状,钩一块青贮饲料,铁丝的长度应距离试液 2 厘米。如有氨存在时,则会生成氯化铵,因而在青贮饲料四周出现白雾。

四、秸秆饲料的加工调制技术

(一)物理加工

1. 机械处理

机械加工是指利用机械将粗饲料铡碎、粉碎或揉碎,这是粗饲料利用最简便而又常用的方法。秸秆饲料比较粗硬,加工后便于咀嚼,减少能耗,提高采食量,并减少饲喂过程中的饲料浪费。粉碎机筛底孔径以 8～10 毫米为宜。利用铡草机将粗饲料切短成 1～2 厘米,稻草较柔软,可稍长些,而玉米秸较粗硬且有结节,以 1 厘米左右为宜。揉碎机械将秸秆饲料揉搓成丝条状,尤其适于玉米秸的揉碎,是当前秸秆饲料利用比较理想的加工方法。

2. 膨化处理

将切碎的粗饲料放在容器内加水蒸煮,以提高秸秆饲料的适口性和消化率。一般在压力 2.07×10^5 帕下处理稻草 1.5 分钟,$(7.8～8.8) \times 10^5$ 帕处理 30～60 分钟。

膨化是利用高压水蒸气处理后突然降压以破坏纤维结构的方法,对秸秆甚至木材都有效果。膨化可使木质素低分子化和分解结构性碳水化合物,从而增加可溶性成分。但因膨化设备投资较大,目前在生产上尚难以广泛应用。

3. 盐化处理

指铡碎或粉碎的秸秆饲料,用 1% 的食盐水,与等重量的秸秆充分搅拌后,放入容器内或在水泥地面上堆放,用塑料薄膜覆盖,放置 12～24 小时,使其自然软化,可明显提高适口性和采食量。在东北地区广泛利用,效果良好。

4. 秸秆的颗粒化

将秸秆经过粉碎揉搓之后,根据用途设计配方,与其他农副产品及饲料添加剂搭配,用颗粒机械制成颗粒饲料。这种技术将维生素、微量元素、添加剂等成分加入到颗粒饲料中,提高了其营养价值,并改善了适口性,饲喂牛的效果明显,一次性投资不高,是一项值得推广的实用技术。

(二)化学加工

在生产中广泛应用的有碱化、氨化处理。

1. 碱化处理

碱类物质能使饲料纤维内部的氢键结合变弱,使纤维素分子膨胀,削弱细胞壁中纤维素与木质素间的联系,溶解半纤维素,有利于牛对饲料的消化,提高粗饲料的消化率。碱化处理所用原料,主要是石灰水 $[Ca(OH)_2]$,其方法:100 千克切碎的秸秆加 3 千克生石灰或 4 千克熟石灰,食盐 0.5～1 千克,水 200～250 千克,处理后晾 24～36 小时即可饲喂。

2. 氨化处理

氨化处理是通过氨化与碱化双重作用以提高秸秆的营养价值。秸秆经氨化处理后,粗蛋白质含量可提高 100%～150%,纤维素含量降低 10%,有机物消化率提高 20% 以上。氨化饲料的质量,受秸秆饲料本身的饲料质地优劣、氨源的种类及氨化方法诸多因素所影响。氨化选用清洁未霉变的麦秸、玉米秸、稻草等,一般铡短 2～3 厘米。

(1)堆贮法　适用于液氨处理、大量生产。先将 6 米×6 米塑料薄膜铺在地面上,在上面垛秸秆。草垛底面积为 5 米×5 米为宜,高度接近 2.5 米。秸秆原料含水量要求 20%～40%,一般干秸秆仅 10%～13%,故需边码垛边均匀地洒水,使秸秆含水量达到 30%左右。草码到 0.5 米高处,于垛上面分别平放直径 10 毫米,长 4 米的硬质塑料管 2 根,在塑料管前端 2/3 长的部位钻若干个 2～3 毫米小孔,以便充氨。后端露出草垛外面约 0.5 米长。通过胶管接上氨瓶,用铁丝缠紧。堆完草垛后,用 10 米×10 米塑料薄膜盖严,四周留下 0.5～0.7 米宽的余头。在垛底部用一长杠将四周余下的塑料薄膜上下合在一起卷紧,以石头或土压住,但输氨管外露。按秸秆重量 3%的比例向垛内缓慢输入液氨。输氨结束后,抽出塑料管,立即将余孔堵严。

(2)窖贮法　适用于氨水处理、尿素处理,中、小规模生产。氨水用量按 3 千克÷(氨水含氮量×1.21)计算。如氨水含氮量为 15%,每 100 千克秸秆需氨水量为 3 千克÷(15%×1.21)＝16.5 千克。尿素用量见小垛法。

(3)小垛法　适用于尿素处理,农户少量生产制作。在家庭院内向阳处地面上,铺 2.6 米² 塑料薄膜,取 3～4 千克尿素,溶解在 40～55 千克水中,将尿素溶液均匀喷洒在 100 千克秸秆上,堆好踏实。最后用 13 米² 塑料布盖好封严。小垛氨化以 100 千克一垛,占地少,易管理,塑料薄膜可连续使用,投资少,简便易行。

氨化的时间应根据气温和感官来确定。一般 1 个月左右,根据气温确定氨化天数,并结合查看秸秆颜色变化,变褐黄即可。饲喂时一般经 2～5 天自然通风将氨味全部放掉,呈糊香味时,才能饲喂,如暂时不喂可不必开封放氨。

3.“三化”复合处理

利用氨化、碱化、盐化综合技术处理秸秆,可提高干物质瘤胃降解率 22.4%,提高牛日增重 48.8%,牛肥育经济效益提高 1.76 倍(曹玉凤,李英等,1997)。处理液的成分以及处理秸秆的比例见表 5-2,处理方法见氨化处理。

表 5-2　"三化"复合处理液与秸秆的比例　　　　　　千克

秸秆种类	秸秆重量	尿素用量	生石灰	食盐用量	水用量	贮料含水量
干玉米秸	100	2	3	1	45～55	35～40
干稻草	100	2	3	1	45～55	35～40
干麦秸	100	2	3	1	40～50	35～40

（三）生物学处理

生物学处理主要指微生物的处理,指给粗饲料接种某种微生物或加入发酵物,在适当的温度发酵一段时间,加入的菌类或者秸秆中原来的微生物产生的氧化酶分解粗饲料种粗纤维和木质素等,使饲料具有酸、甜、香、软、熟的特性,可提高营养价值和适口性。

发酵方法:①将粗饲料加适量水后堆积,让自身进行微生物发酵生热,或加入糖化霉菌,使淀粉类物质转化为糖。②用真菌中的绿色木霉产生纤维素酶,酶解饲料。③利用牛瘤胃内容物中微生物群,在体外用人工条件培养,用以发酵饲料。如"秸秆发酵活干菌",是在厌氧条件下,加入适当的水分、糖分,在密闭的环境下,进行乳酸发酵。但多数因操作技术复杂,投入成本太高,而难以在生产上推广应用。

思考题

1.简述玉米、苜蓿的种植关键技术。

2.生态饲草种植有哪些要求?

3.论述青贮饲料制作技术要点

4.如何制作氨化饲料?

5.粗饲料品质评定有哪些指标?

第六章

奶牛饲养管理与繁殖技术

　　导　　读　本章详细阐述了不同阶段奶牛的生态饲养技术和繁殖关键技术;介绍了无公害食品奶牛饲养管理准则和有机牛奶生产技术要点。重点掌握不同阶段奶牛的饲养管理技术和奶牛的适时配种技术。

第一节　奶牛的常规饲养管理

一、日粮结构的确定

　　根据成年奶牛不同的生理时期,选择适当的饲料原料,以干物质为基础,日粮中粗料比例应在 40%～60%,才会保证牛体健康。为了保证奶牛有足够的采食量,日粮中应保证有足够的容积和干物质食量,高产奶牛(日产奶量 20～30 千克)干物质需要量为体重的 3.3%～

152

3.6％,中产奶牛(日产奶 15～20 千克)为 2.8％～3.3％;低产奶牛(日产奶量 10～15 千克)为 2.5％～2.8％。

　　奶牛的精料喂量,在奶牛生产中,一般按奶牛维持需要 3 千克,然后每产 2～3 千克奶加喂 1 千克精料来确定。日粮组成应多样化,发挥不同饲料之间的营养互补作用,同时应适口性好,否则会由于适口性差、奶牛采食量不够而影响产奶量。

二、饲料的变更

　　牛瘤胃内微生物区系的形成需要 30 天左右的时间,一旦打乱,恢复很慢。因此,有必要保持饲料种类的相对稳定。在必须更换饲料种类时,一定要做到逐渐进行,一般应有 7～15 天的过渡时间,以便使瘤胃内微生物区系能够逐渐适应,不至于产生消化紊乱现象。时青时干或时喂时停,均会使瘤胃消化受到影响,造成生产性能下降,甚至导致疾病。

三、饲料的清洁卫生

　　由于牛的采食特点,饲料不经咀嚼即咽下,故对饲料中的异物反应不敏感,因此饲喂牛的精料要用带有磁铁的筛子进行过筛,而在青粗饲料切草机入口处安装磁化铁,以除去其中夹杂的铁针、铁丝等尖锐异物,避免网胃-心包创伤。对于含泥较多的青粗饲料,还应浸在水中淘洗,晾干后再进行饲喂。严防将铁钉、铁丝、玻璃、沙石等异物混入饲料喂牛;切忌使用霉烂、冰冻的饲料喂牛,保证饲料的新鲜和清洁。

四、饮水

　　保证充足清洁的饮水。水是奶牛机能代谢和产奶不可缺少的物质。奶牛的饮水量一般为干物质进食量的 5～7 倍,每天需水 60～100 升,目前奶牛场一般具有水槽或自动饮水器,让牛自由饮水,冬季饮水的水温不低于10℃。饮水的方法有多种形式,最好在运动场安装自动饮水器,或在运动场设置水槽,经常放足清洁饮水,让牛自由饮用。

五、TMR饲喂技术

全混合日粮(total mixed ration,TMR)饲喂技术是指根据奶牛在泌乳阶段的营养需要,把铡切成适当长度的粗饲料、精饲料和各种添加剂按照一定的比例进行充分混合,并调整适宜水分含量而得到的一种营养相对平衡的日粮的饲养方法。该技术可以针对大小牛群在恰当的阶段,都能够采食适量的平衡的营养,达到最高的产奶量、最佳的繁殖率和最大的利润。

(一)选用适宜的混合搅拌车

搅拌车是推广应用TMR技术的关键,根据奶牛场的建筑结构、喂料道的宽窄、牛舍高度和牛舍入口等来确定合适的TMR搅拌机容量;根据牛群大小、奶牛干物质采食量、日粮种类(容重)、每天的饲喂次数以及混合机充满度等选择混合机的容积大小。常见的TMR搅拌车有立式、卧式、固定式、牵引式和自走式搅拌车等。其中立式搅拌机搅拌效果好,混合均匀度高,机器的使用寿命长。按容积有5米³、8米³、11米³、13米³、16米³、20米³多种车型。奶牛场可根据实际情况配置。

(二)合理分群和适时转群

合理分群是TMR技术的必要措施,否则就会产生饲喂过肥的奶牛,严重影响牛的产奶性能的发挥。牛群的分群的数目视牛群的大小和现有的设备而定。一般小型奶牛场(<300头)可以直接分为泌乳奶牛群和干奶牛群,各设计一种TMR日粮;中型牛场(300~500头)可根据泌乳阶段分为早、中、后期牛群和干奶牛群;大型牛场(>500头)可将牛群细分为新产牛群、高产头胎牛群、高产经产牛群、体况异常牛群、干奶前期、干奶后期牛群等,分别设计TMR。在具体分群过程中可根据奶牛的个体情况及牛群的规模灵活掌握,适时调整或合并,调整转群时要小群转移,最好在投料时转移。

一个 TMR 组内的奶牛泌乳量不应超过 9～11 千克(4％乳脂率)。产奶潜力高的奶牛应保留在高营养的 TMR 组,而潜力低的奶牛应转移至较低营养的 TMR 组。

对于干奶牛分为干奶前期(干奶到产前 15～21 天)和干奶后期(围产前期)两个群非常关键,因为这是两个完全不同的生理阶段。后备牛要细分,每群的规模不能太大,一般 10 头左右,要求群中个体一致,随着月龄的增加群体数量可以适当增加。

(三)日粮的配制

根据奶牛生理、生产阶段和生产水平,预测其干物质采食量,确定不同牛群的 TMR 的营养水平,在分析比较饲料原料成分和饲用价值的基础上,按奶牛营养需要进行配比,调整能量和蛋白在合理水平,控制精粗比、中性洗涤纤维(NDF)、非纤维性碳水化合物(NFC)、钙磷等水平在要求范围,优化配合出最经济的日粮配方。精料干物质的最大比例不超过日粮干物质的 60％。

(四)原料的准备

饲料及饲料添加剂的选择应遵循国家或地方有关饲料法规。严禁使用贮存过程中雨淋发酵、霉变、污染和鼠(虫)害的饲料原料;严禁使用动物性饲料原料。

精料补充料直接购入或自行加工。

制备玉米秸青贮时要铡短、切碎,长度 1～2 厘米。干草类粗饲料要粉碎,长度 1～1.5 厘米。糟渣类水分控制在 65％～80％。

清除原料中的金属,塑料袋(膜)等异物。

(五)TMR 的制作与品质控制

1. 投料与搅拌

做到准确称量,记录并审核每批原料的投放量。添加过程中,防止铁器、石块、包装绳等杂质混入搅拌车,造成车辆损伤。

投料顺序应遵循先粗后精,先干后湿,先轻后重的原则,一般搅拌混合时投料顺序为干草(铡短成2.5厘米)→青贮料、辅料→精料(包括添加剂)等。边加料边搅拌,物料加齐后再搅拌5~8分钟。一般时间15分钟/批左右为宜,搅拌时间太长会造成TMR过细,有效中性洗涤纤维不足;搅拌时间过短,混合不均匀,营养不均匀,影响饲喂效果。

表6-1 不同原料的适宜混合时间 分钟

组分及类别	干草	青贮	糟渣类	精料补充料
时间	4	3	2	2

TMR搅拌车在搅拌时要以满载量的60%~70%为宜,太多则混合不均匀。

2. pH

每周至少检测一次原料水分。冬夏季的水分要求不同,冬季45%左右;夏季可在45%~55%。pH5.5~6.0之间。

3. 感官检测

从感官上,搅拌效果好的TMR日粮,精粗饲料混合均匀,松散不分离,色泽均匀,新鲜不发热、无异味,不结块。

4. 细度检测

TMR的细度应采用宾夕法尼亚颗粒分离筛测定。3屉(上6%~8%;中40%~50%;底盘<40%);4屉(上6%~10%;中30%~50%;下30%~50%;底盘<20%)。细度应符合不同奶牛生长及泌乳阶段的要求。

一般青贮料的适宜长度为2~3厘米,但要求有15%~20%的长度要超过4厘米,并应加入一定量的5厘米长的干草。

5. 营养成分检测

要经常检测分析饲料原料营养成分的变化,注意各种原料的水分变化。每周至少检测一次原料水分。同时奶牛日粮需要一定量的NDF(高产奶牛日粮中,至少含有NDF 28%~35%),来维持瘤胃发

156

酵,保证奶牛的健康和乳脂率的稳定,NDF 主要来源于粗饲料。

(六)料槽管理

TMR 饲喂要均匀投放饲料,确保牛有充足的时间采食,一般干奶牛和生长牛一天投放 1 次,泌乳的奶牛一天投放 2 次,夏季可投放 3 次。TMR 的适宜供给量应略大于奶牛最大采食量,一般应将剩料量控制在 3%～5%,没有剩料可能意味着有些牛采食不足,过多则会造成饲料浪费。当剩料过多时应检查饲料配合是否合理,以及奶牛采食是否正常。空槽时间每天不超过 2～3 小时,防止剩料过多或缺料。

随时供应新鲜的日粮。不空槽、勤匀槽,夏季定期刷槽。勤查槽,观察日粮一致性和搅拌均匀度。

在闷热的夏季为了防止饲料沉积发热,每天应翻料 2～3 次。

每天应该 6 次或更多次地推料,保证奶牛能采食到饲料。

(七)对牛舍的要求

散栏式牛舍是目前国内外现代化牛场广泛采用的牛舍,适合于 TMR 技术的应用。一般要求牛舍的宽度 20～30 米,长度在 60～120 米,饲喂道宽 4.0～4.5 米。标准牛舍以饲养 200～400 头为宜。在拴系和固定牛床饲养管理条件下,也可根据个体产奶量单槽饲喂全混合日粮。

每头奶牛应有 70～90 厘米的采食槽位。通常采用平地式饲槽。底面光滑、耐用、无死角,便于清扫。

(八)其他注意的问题

食槽宽度、高度、颈夹尺寸要适宜;槽底光滑,浅颜色。牛只去角,避免相互争斗。每天保持饲料新鲜。观察牛只采食、反刍及剩料情况。奶牛在休息时至少应有 50% 的牛只在反刍。做到每 3 个月校正 1 次混合机的磅秤;要求有性能良好的混合和计量设备;检查刀片的锋利度(与 TMR 的细度有关)。要经常调查并分析其营养成分的变化,尤其是原料水分的变化。操作人员在身体不适、疲惫、酒醉等情况下不准操作。注意安全生产。

六、挤奶技术

在正常饲养管理条件下,正确而熟练的挤奶技术对奶牛高产稳产具有重要作用,而且还可以防止奶牛发生乳房炎。

挤奶方法有手工挤奶和机械挤奶。机械挤奶具有劳动强度小,生产效率高,不易污染牛奶,乳房炎发病率低等优点,逐渐替代人工挤奶得到普遍应用。在某些情况下仍需采用手工挤奶,如患有乳房炎的牛,因此,挤奶员必须熟练掌握手工挤奶技术。

(一)挤奶次数

一般日产 20 千克以下母牛,每日挤奶 2 次;20 千克以上,日挤奶 3 次。每次挤奶的间隔时间,尽可能保持均等。奶业发达国家一般每天挤两次奶,我国由于劳动力便宜一天挤奶 3 次。已经证明,由每天挤奶两次改为 3 次时,产奶量平均增加 20% 左右。实际上,挤奶次数应依据泌乳量而定,当日均产奶量低于 20 千克时,可挤两次奶;日均产奶20~30 千克时,挤奶 3 次。另据报道,以每日两次挤奶代替 3 次挤奶,产奶量平均减少了 6%~8%,但是牛场劳动负荷减轻,奶牛的乳头磨损减少,乳房炎减少,奶牛的预期寿命将因此延长 1~2 年。

(二)挤奶方法

1. 手工挤奶

(1)准备工作　挤奶前要将所有的用具和设备洗净、消毒,并集中在一起备用。挤奶员要剪短并磨圆指甲,身着工作服、帽,洗净双手。温和地将躺卧的牛赶起,立即用粪铲清除牛床后 1/3 处的垫草和粪便,拴牛尾,经常修剪奶牛乳房上过长的毛。用温水将后躯、腹部清洗干净,避免黏附在牛身上的泥垢、碎草等杂物落入乳中。准备好清洁的挤奶桶、乳房炎诊断盘和诊断试剂、药浴杯、干净的毛巾或一次性纸巾、盛有 55℃ 的温水的水桶等。然后再次洗净双手，用 50℃ 的温水清洁乳房，擦洗时先用湿毛巾依次擦洗乳头孔、乳头和乳房，避免用大量水清洗乳房和乳头，然后用干毛巾自下而上擦净乳房的每一个部位，防止乳房或乳头上的水流入奶衬或牛奶中。每头牛所用的毛巾和水桶都要做到专用，可采用一根细软管或喷壶以手直接清洗乳房。杜绝用一桶水、一块布擦洗一群牛的做法，以防止交叉感染。立即进行乳房按摩，方法是用双手抱住左侧乳房，双手拇指放在乳房外侧，其余手指放在乳房中沟，自下而上和自上而下按摩 2～3 次，同样的方法按摩对侧乳房。使乳房膨胀，皮肤表面血管怒张，呈淡红色，皮温升高，这是乳房放乳的象征，然后立即开始挤奶。

（2）挤奶 首先将每个乳区的头三把奶挤入乳汁检查杯（平盘）中，观察是否有絮状凝乳等异常现象，同时触摸乳房是否有红肿、疼痛等异常现象，以确定是否患有乳房炎。检查时严禁将头两把奶挤到牛床或挤奶员手上，应收集在专门容器内，以防交叉感染。对于发现患病的牛要及时隔离单独饲喂，单独挤奶，并积极进行治疗。先把正常乳区挤净，异常奶的乳区最后挤。异常乳挤贮于单个容器内。对于检查确定正常的奶牛，挤奶员坐在牛右侧后 1/3～2/3 处，与牛体纵轴呈 50°～60° 的夹角。两腿夹住奶桶，开始挤奶。一般是先挤后侧 2 个乳头，这叫"双向挤乳法"。此外还有单向（先挤一侧 2 个乳头）、交叉（一前一后乳头，通常先挤左前右后两乳头）以及单乳头挤乳法，只有在特殊情况下才应用。四个乳区挤完后，要由上而下、前后左右按摩乳房，再分别将各乳区挤净。挤奶时最常用的方法为拳握法，该法具有乳头不变形、不损伤，挤奶速度快，省力方便等优点。对于乳头较小的牛可采用滑下法。拳握法的要点是用全部指头握住乳头，首先用拇指和食指握紧乳头基部，防止乳汁倒流，然后用中指、无名指、小指自上而下挤压乳头，使牛乳自乳头中挤出。挤乳频率以每分钟 80～120 次为宜。当挤出奶量急剧减少时停止挤奶，换另一个乳区继续进行，直至所有的乳区挤完。滑挤法是用拇指和食指握住乳头基部自上而下滑动，此法容易拉长乳头,造成乳头损伤,只能用于乳头特别短小的牛。

(3)药浴　挤完乳后立即用浴液浸泡乳头,这样可以显著降低乳房炎的发病率。这是因为挤完奶后乳头需要 15～20 分钟才能完全闭合,在这个过程中环境病原微生物极易侵入,导致奶牛感染。常用浴液有碘甘油(3％甘油加入 0.3％～0.5％碘)等。保证消毒液的浓度,做好相关记录。药液浸没乳头根部,并停留 30 秒。

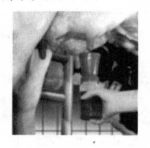

图 6-1　乳头药浴

(4)清洗用具　挤完奶后将应及时将所有用具洗净、消毒,置于干燥清洁处保存,以备下次使用。

2. 机械挤奶

机械挤奶是利用挤奶机械进行挤奶,挤奶机械主要有提桶式、移动式和管道式三种,提桶式适用于拴系挤奶的小型养殖户,移动式适用于散养的农户和小型奶牛场,管道式适于大、中型奶牛场。挤奶机械是利用真空原理将乳从牛的乳房中吸出,一般由真空泵、真空罐、真空管道、真空调节器、挤奶器(包括乳杯、集乳器、脉动器、橡胶软管、计量器等)、储存罐等组成。

(1)挤奶准备　挤奶前准备同手工挤奶,首先做好牛、牛床和挤奶员的清洁卫生,准备好乳头消毒液、干净的毛巾(每头牛一条)或纸巾。然后检查挤奶机的真空度和脉冲频率是否符合要求,绝大多数挤奶机的真空度为 40～44 千帕,脉动频率一般为 55～65 次/分钟。

按照手工挤奶相同的方法洗净并擦干乳房与乳头。对泌乳正常的牛药浴(2％～3％次氯酸钠或 0.3％新洁尔灭)各乳头 30 秒,然后用纸巾擦干,并检查头三把奶(对乳出现异常的牛立即隔离饲养,并进行治疗),立即按正确方式套上挤奶杯,安装挤奶杯的速度要快,不能超过 45 秒。挤奶杯的位置要适当,应保持奶杯布局均匀,向前向下倾斜。开始挤奶。挤奶机的正确安装方式参见所使用的机器使用说明书,并遵从机器销售厂家技术支持人员的指导。

（2）挤奶　整个挤奶过程由机器自动完成，不需要挤奶员参与。完成一次挤奶所需的时间一般为 4～5 分钟，在这个过程中挤奶员应密切注意挤奶进程，及时发现并调整不合适的挤奶杯。在挤奶过程中可能出现挤奶杯脱落、挤奶杯向乳头基部爬升等现象，挤奶杯上爬极易导致乳房受伤。使用挤奶杯自动脱落的机械时，在挤奶杯脱落后立即擦干乳头残留的乳，然后进行药浴碘消毒剂，浴液与手工挤奶的相同。使用挤奶杯不能自动脱落的挤奶机时，在挤奶快要完成时（乳区的下乳速度明显降低）用手向下按摩乳区，帮助挤干奶，等下乳最慢的乳区挤干后，关闭集乳器真空开关 2～3 秒（让空气进入乳头和挤奶杯内套之间），卸下挤奶杯，如果奶杯吸附乳头太紧，则用一个手指轻轻插入乳头和挤奶杯内套之间，使空气进入，便可卸下。根据不同情况对奶杯组进行手动脱杯，不得过度挤奶。

　　然后立即按上述相同的方法进行乳头药浴。挤奶结束后，按照生产厂家规定的程序，对挤奶器械进行清洗、消毒，以备下次使用。

a.　　　　b.　　　　c.　　　　d.　　　　e.　　　　f.
药浴乳头　纸巾清洁乳头　弃掉头几把奶　正确挤奶　断真空摘奶杯　乳头药浴

图 6-2　挤奶程序

（三）挤奶注意事项

　　挤奶直接关系到奶牛健康、泌乳量、牛奶质量、挤奶机寿命和牛场的经济效益，因此在挤奶过程中应密切注意以下事项：

　　（1）建立完善合理的挤奶规程　在操作过程中严格遵守挤奶操作规程，并建立一套行之有效的检查、考核和奖惩制度。加强对挤奶人员的培训。

　　（2）保持挤奶环境的安静　在挤奶时，任何外界的不良刺激都会刺激肾上腺素分泌,血管收缩,减少乳房的血液供应,使催产素到达乳腺肌上皮细胞的数量减少,从而影响挤奶量。因此,挤奶员在挤奶时应精力集中,保持安静的环境条件,避免奶牛受惊,防止对放奶的抑制。挤奶员要和奶牛建立亲和关系,严禁粗暴对待奶牛。

(3)挤奶次数和挤奶间隔　严格遵守,不要轻易改变,否则会影响泌乳量。

(4)挤奶牛排列顺序　生产中每头泌乳牛的状况各不相同,理想的挤奶牛排列顺序是:先挤第一胎无乳房疾患的青年母牛;其次挤无乳房炎病的经产母牛;然后是历史上曾患过乳房炎但现无症状的母牛;最后挤各乳区产生不正常奶的母牛。患乳房炎的母牛不能采用机械挤奶,必须使用手工挤奶。

(5)挤奶时既要避免过度挤奶,又要避免挤奶不足　过度挤奶不仅使挤奶时间延长,还易导致乳房疲劳,影响以后排乳速度;挤奶不足会使乳房中余乳过多,不仅影响泌乳量,还容易导致奶牛患乳房炎。关于余乳多少最合适目前有很大争议,原来的观点认为挤奶越彻底越好,这样会降低奶牛患乳房炎的机会,但最新的研究却表明,适当余乳有利于降低乳房炎的发病率。因此,还需要进行更深入的研究以确定合适的挤奶时间。

(6)挤奶后站立　挤奶后,母牛必须站立 1 小时左右,以使乳头括约肌完全收缩,并可防止乳头过早与地面接触,减少感染疾病的机会。使牛站立的最好办法是喂给新鲜饲料。实践证明,这个办法能减少乳房疾病。

(7)参加 DHI 测定　根据 DHI 测定的体细胞(SCC)计数,可以做到早期发现乳房炎和隐性乳房炎,有利于乳房炎的早期治疗。

(8)及时更换奶衬　奶衬是挤奶器直接与牛接触的唯一部件,其质量优劣,直接影响使用寿命、挤奶质量、乳头保护及牛奶卫生。选用奶衬时必须要与不锈钢奶杯相配套。奶衬材料在使用过程中会老化,失去弹性,形成裂缝(有的缝隙十分细微,难以觉察)或破裂,细菌藏匿于此不易清洗与消毒,导致疾病传染和影响正常的挤奶功能,因此按不同材质经使用不同规定时限后及时调换奶衬是挤奶器管理中极为重要的环节之一。采用 A、B 两组奶衬间隔数日交替使用，能恢复奶衬材料的疲劳，延长使用寿命。制造奶衬的材料有天然橡胶、合成橡胶和硅胶，由于材料不同，因此奶衬的使用寿命也不一样，一般情况下，三种材料的使用寿命分别是 1 000 头次、2 000 头次和 5 000 头次。

（四）牛奶的冷却和过滤

牛奶是微生物活动的良好培养基，因此，为防止牛奶污染，在人工挤奶的情况下，牛奶在称重后应立即过滤，除去机械杂质、牛毛、饲料屑等落入的污物，过滤时可用 4 层纱布。过滤后应立即将牛奶的温度降至 4℃，以抑制细菌生长，保持牛奶的新鲜品质。

第二节　犊牛的饲养管理

犊牛是指出生后 6 月龄以内的小牛。通常又分为哺乳期犊牛（0～2 月龄）和断奶后犊牛（3～6 月龄）。犊牛的饲养是奶牛生产的第一步，提高犊牛成活率，培养健康的犊牛群，给育成期牛的生长发育打下良好基础。加强犊牛培育是提高牛群质量、创建高产牛群的重要环节。

一、乳用犊牛培育的目标

（一）提供良好的培育条件

犊牛培育的好坏，直接影响到成年乳牛的体型及生产性能。犊牛从其父母双亲处继承来的优秀遗传基因只有在适当的条件下才能表现出来；通过改善培育条件，才能使犊牛的良好性能得到发挥，加快奶牛育种进度，提高整个奶牛群的质量。

(二)提供营养丰富的日粮,保持良好的乳用体型

犊牛日粮营养应丰富,但不能使犊牛过胖。恰当使用优质粗料,促进犊牛消化机制的形成和消化器官的发育,锻炼犊牛的消化机能,使其成年后能适应采食大容积精粗饲料的需要。

(三)加强犊牛的护理和运动,实现全活、全壮

新生犊牛出生后对外界环境的抵抗力差,机体的免疫机能尚未形成,容易遭受呼吸道和消化道疾病的侵袭。因此,应精心护理初生犊牛,预防疾病和促进机体的防御机制的发育,减少犊牛死亡,成活率保证95%以上;适当的运动不仅有利于发育,而且有利于锻炼四肢,防止蹄病。

(四)适时断奶,减少断奶应激,保证正常生长发育

断奶后的犊牛以优质青粗饲料为主,强调控制精料量,使犊牛的体型向乳用方向发展,并适于繁殖。犊牛期的平均日增重应达到680～750克;满6月龄犊牛的体重170～180千克,胸围124厘米,体高106厘米。

二、乳用犊牛生长发育特点

(一)体型和体重变化

在正常的饲养条件下,犊牛体重增长迅速。犊牛初生重占成母牛体重的7%～8%,3月龄时达成牛体重20%,6月龄达30%,12月龄达50%,18月龄达75%,5岁时生长结束。母牛妊娠期饲养不佳,胎儿发育受阻,初生犊牛体高普遍矮小;出生后犊牛体长、体身发育较快,如发现有成年牛体躯浅、短、窄和腿长者,则表示哺乳期、育成期犊牛、育成牛发育受阻。所以犊牛和育成牛宽度是检验其健康和生长发育是否正

常的重要指标。在正常饲养条件下,6 月龄以内荷斯坦奶牛平均日增重为 500～800 克;6～12 月龄荷斯坦育成母牛,每月平均增高 1.89 厘米,12～18 月龄平均增长 1.93 厘米,18～30 月龄(即第一胎产犊前)平均每月增高 0.74 厘米。

(二)瘤胃发育

犊牛的消化特点,与成年牛有明显不同。新出生的犊牛真胃相对容积较大,约占四个胃总容积的 70%;瘤胃、网胃和瓣胃的容积都很小,仅占 30%,并且它的机能也不发达。1～2 周龄的犊牛几乎不反刍,3 周龄以后开始反刍,瘤胃发育迅速,比出生时增长 3～4 倍,3～6 月龄又增长 1～2 倍,6～12 月龄又增长 1 倍。满 12 个月龄的育成牛瘤胃与全胃容积之比,已基本上接近成年母牛。瘤胃发育迅速,对犊牛育成牛的饲养,具有特殊的重要意义。

表 6-2　瘤胃与全胃容积之比的变化　　　　%

月龄	所占比例
初生	30
2.5～3	67
4	80
18	85

(三)免疫系统

新生犊牛自身免疫机制尚未发育完善,抗病能力较差,主要依靠吸收母牛初乳中的免疫球蛋白来抵御疾病,3～4 天母源抗体活性下降,14 天前后抗体达到最低,而犊牛自体免疫系统需要 20 日龄左右时间才能形成,犊牛主动免疫系统形成之前,有一高危期,最容易患病。

三、新生犊牛的护理

犊牛出生后,立刻用干草或干净的抹布或毛巾清除口腔、鼻孔内的

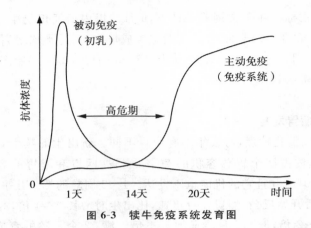

图 6-3　犊牛免疫系统发育图

黏液,擦干身体上的黏液。并将分娩母牛与新生犊牛分开,减少应激,转入产房温室(最低温度在 10℃以上),待到犊牛身上的毛全部干透以后转到犊牛笼中,减少低温对犊牛的刺激。如犊牛生后不能马上呼吸,可握住犊牛的后肢将犊牛吊挂并拍打胸部,使犊牛吐出黏液。如发生窒息,应及时进行人工呼吸,同时可配合使用刺激呼吸中枢的药物。

　　犊牛出生后,脐带的剪断和消毒是很重要的一步,能避免犊牛脐带炎的发生。犊牛出生后用消毒剪刀在距腹部 6～8 厘米处剪断脐带,将脐带中的血液和黏液向两端挤挣,用 5%～10% 碘酊药液浸泡 2～3 分钟即可,切记不要将药液灌入脐带内。从产房转出之后再次消毒。断脐不要结扎,以自然脱落为好。另外,剥去犊牛软蹄。犊牛想站立时,应帮助其站稳。

　　称量体重,按牛场编号规则打耳标,填写相关记录。

四、初乳期饲喂技术

(一)初乳及其特性

初乳是犊牛的生命的源泉。通常将母牛产后 3～7 天内所产的奶叫初乳。

初乳具有很多特殊的生物学特性：①初乳的特殊功能就是能代替肠壁上黏膜的作用。初乳覆在胃肠壁上，可阻止细菌侵入血液中，提高对疾病的抵抗力。②初乳含有丰富而易消化的养分。母牛产后第1天分泌的初乳，干物质总量较常乳多1倍以上。其中，蛋白质含量多4～5倍，乳脂肪多1倍左右，维生素A、维生素D多10倍左右，各种矿物质含量也很丰富。③初乳的酸度较高（45～50吉尔里耳度），可使胃液变成酸性，不利于有害细菌的繁殖。④初乳可以促进真胃分泌大量消化酶，使胃肠机能尽早形成。⑤初乳中含有较多的镁盐，有轻泻作用，能排出胎粪。⑥初乳中含有溶菌酶和免疫球蛋白，能抑制或杀灭多种病菌。⑦初乳中的免疫球蛋白、乳铁蛋白、免疫细胞等和其他未知促生长因子、乳源性多肽因子等，具有增强犊牛免疫功能和促进犊牛肠道生长发育的作用。

表6-3　初乳和常乳成分的组成

	项目	乳固形物/%	乳蛋白/%	IgG/（毫克/毫升）	乳脂肪/%	乳糖/%	矿物质/%	维生素A/（微克/分升）
初乳	第一次挤奶	23.9	14.0	32.0	6.7	2.7	1.1	295.0
	第二次挤奶	17.9	8.4	25.0	5.4	3.9	1.0	190.0
	第三次挤奶	14.1	5.1	15.0	3.9	4.4	0.8	113.0
	常乳	12.9	3.1	0.6	4.0	5.0	0.7	34.0

来源：J. A. Foley and D. E. Otterby，1978。

初乳的质量受多种因素的影响。妊娠后期母牛饲养管理，不仅影响胎儿的生长发育，也影响到初乳的质量及免疫球蛋白的含量；干奶天数在60天左右且为经产牛的初乳抗体浓度高；初乳中的抗体与初乳中的总干物质比例成正比；一般外观呈奶油状、浓稠的富含抗体。据报道，对初生重为40千克的犊牛来说，一般需要喂给200～300克的母源性免疫球蛋白才能确保其被动免疫系统的充分建立。因此，初乳中免疫球蛋白的含量应不低于50毫克/毫升。优质的初乳中免疫球蛋白的含量要达到70毫克/毫升以上。

牛初乳中免疫球蛋白的含量受年龄、胎次、品种、营养状况、早产、产前挤乳、产后时间及泌乳阶段等影响。老龄乳牛初乳中免疫球蛋白的含量少。有关研究表明,当乳牛被接种病原菌 Staphy-lococcus aureus 和 Corynebacterium 时血清中的免疫球蛋白的含量明显增高,然后通过大量的选择性转移进入初乳。初乳中的免疫球蛋白含量会随泌乳进行迅速下降。张和平(1999)对中国北方荷斯坦牛产后初乳中 IgG 含量进行了测定,结果见表 6-4。

表 6-4　中国北方荷斯坦牛产犊后 7 天内乳中 IgG 含量的变化

产犊后时间	IgG/(毫克/毫升)	产犊后时间	IgG/(毫克/毫升)
0 小时	67.23±10.65	60 小时	2.75±1.73
12 小时	33.30±8.24	72 小时	1.95±1.07
24 小时	10.15±4.85	5 天	0.86±0.29
36 小时	4.66±2.09	7 周	0.73±0.19
48 小时	3.10±1.81		

初乳中 IgG 浓度除受品种、营养状况等因素影响外还受乳牛的胎次影响。Levieux 等(1999)对 60 头乳样进行了测定,发现第一胎的初乳量及 IgG 浓度和总产量远低于第二胎以后的牛($p < 0.001$),见表 6-5。

表 6-5　不同胎次牛产犊后第一次泌乳初乳量及 IgG 浓度

胎次	初乳量/千克	IgG/(毫克/毫升)
1	3.32±2.55	49.3±18.1
2~4	8.10±5.39	64.8±27.8
5	6.74±4.00	85.7±52.4

来源:田野(2008)。

造成初乳质量下降的原因:初乳来自头胎牛或五胎以上的经产牛;产前因漏乳而丢失大量初乳;干奶期超过 90 天或少于 40 天的初乳质量也不合格;首次挤出的初乳量超过 9 千克者亦质量可疑。

（二）饲喂初乳的时间

初生犊牛对初乳的吸收速率以出生后 0～6 小时为最高，其后则逐渐降低。犊牛出生后应在 0.5～1 小时内给犊牛饲喂初乳。初乳灌服宜越早越好。尽早饲喂初乳的原因有三点：①母牛血液当中的抗体不能通过胎盘的屏障传递给犊牛，因而新生的犊牛缺乏对疾病的抵抗力。②初乳含有母牛在分娩前两周所分泌的高含量抗体。③完整的抗体是通过肠膜吸收的，一直持续到肠膜关闭，关闭后就不再吸收蛋白质分子。这个过程在生后很快开始下降，新生犊牛对初乳中的免疫球蛋白的吸收率和需求量在半小时内达最大值，而后逐渐降低。为保护新生犊牛免受疾病的感染，血液中的抗体浓度至少应为 10 毫克/毫升。据资料表明，饲喂时间和饲喂量对犊牛的死亡率与血液中的抗体浓度关系十分重要。在刚出生和出生后 12 小时内饲喂 2 千克初乳，才能供小牛获得足够的抗体，若初乳少于 2 千克或第一次饲喂延迟，血液中抗体含量就会短缺（＜10 毫克/毫升血清），犊牛血清中的大部分抗体来自第一次初乳。初生犊牛出生后约 12 小时开始"肠闭合"进程，抗体的吸收和比例下降，至生后 24 小时左右基本完成"肠闭合"，此时饲喂的初乳几乎没有抗体被吸收（图 6-4）。所以不管初乳饲喂量多少，延迟饲喂初乳都会影响抗体的吸收。

出生后通过小肠吸收初乳的免疫物质是新生犊牛获得被动免疫的唯一来源。喂初乳过迟，初乳喂量不足，甚至完全不喂初乳，犊牛都会因免疫力不足而发生疾病，增重缓慢，死亡率升高。饲养实践证明，从出生到断奶期间犊牛的死亡主要源于出生后第一天没有获得足够的母源抗体。新生犊牛被动免疫失败，死亡率超过 50％，而且幸存者的健康状况和生产性能也受到永久的损害。

（三）初乳饲喂方法

1. 初乳的选择

在饲喂前使用初乳质量检测仪测定初乳质量、比重、免疫球蛋白质

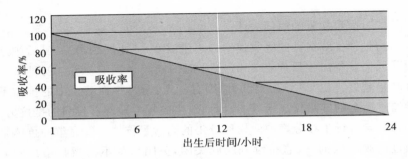

图 6-4　犊牛对初乳吸收的变化

量,初乳测定仪上标有绿色、黄色和红色刻度,按照初乳测定仪悬浮在初乳中的水平面,表示初乳中免疫蛋白的含量,绿色为最佳(母源抗体浓度＞50 毫克/毫升),黄色尚可(母源抗体浓度为 20～50 毫克/毫升),而红色最差(母源抗体浓度＜20 毫克/毫升)。

　　坚持饲喂优质合格初乳(免疫球蛋白含量＞50 毫克/毫升),带血、乳房炎牛的初乳不能用。一般情况下经产牛初乳的质量高于头胎牛,所以在没有初乳测定仪的情况下一般选择使用经产牛初乳饲喂犊牛。有测定仪则选择优质初乳饲喂,不分经产牛还是头胎牛。合格新鲜初乳其免疫球蛋白保持生物活性的时间随储存温度的不同而长短相异。优质初乳可在−20℃下保存 1 年,4℃保存 7 天,20℃保存 2 天。产下公犊的母牛第一次挤下的初乳,装入 4 千克的初乳袋,贴好标签,标记采集日期、母牛编号以及测量质量,进行速冻保存,备用。但注意冻乳不能反复地冷冻解冻。

　　另据报道,与饲喂未经巴氏灭菌初乳相比,饲喂巴氏灭菌初乳 24 小时血清 IgG 水平提高 25％,吸收率提高 28％。需要说明的是对初乳做巴氏灭菌采取与全乳相同的方法是行不通的。宾夕法尼亚州立大学针对大量初乳的一项研究表明,对初乳加热至 60℃并持续 30 分钟可以在避免 IgG 黏度影响与减少细菌数之间达到最佳理想平衡。此外,明尼苏达大学的另一项研究表明,如果初乳中致病微生物水平升高,那么采用 60℃ 持续加热 60 分钟的巴氏灭菌法可以确保杀灭有害菌。当然，IgG 在这一过程中会有少量损失。

2. 初乳的饲喂

目前，在规模化奶牛场多采用犊牛初乳灌服技术，采用专用犊牛初乳灌服器（图 6-5）直接将初乳灌入真胃，应避免灌入肺中。在犊牛出生后，0.5～1 小时内给犊牛灌服母牛第一次挤下的初乳 4 千克（1 千克初乳/10 千克体重），生后 12 小时内再饲喂 2 千克。停喂 12～18 小时，结束初乳灌服程序。初乳灌服完毕后使犊牛于犊牛笼内保持静卧 2 小时以上，避免翻动，让其充分吸收。此法操作简单，安全可靠，使犊牛获得大量的优质初乳，为犊牛提供高水平的被动免疫、重要的能量来源和生长因子，提高犊牛成活率，促进生长。灌服器用后要立即清洗晾干，用前要消毒清洗。

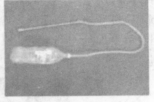

图 6-5 犊牛初乳灌服器

在没用犊牛初乳灌服器的奶牛场，也可实行出生 0.5 小时以内喂 2 千克，出生 6 小时再喂 2 千克，12 小时时再喂 2 千克，这种喂法也保证了在 12 小时内喂了 6 千克，但灌服法有利于提高犊牛小肠吸收母源抗体的吸收。

使用冷冻初乳喂犊牛时，将冻存初乳容器放在 4℃ 冷藏箱中慢慢解冻；或将其置于 50℃ 水浴解冻，待初乳融化温度达到 37～39℃ 时饲喂，过高温度会破坏初乳中的免疫球蛋白。

初乳最好即挤即喂，以保持乳温，适宜的初乳温度为 38℃±1℃。如果饲喂冷冻保存的初乳或已经降温的初乳，应加热到 38℃ 左右再饲喂。初乳的温度过低会引起犊牛胃肠消化机能紊乱,导致腹泻。初乳加热最好采用水浴加热,加热温度不能过高,过高的初乳温度除会使初乳中的免疫球蛋白变性失去作用外,还容易使犊牛患口腔炎、胃肠炎。犊牛每次哺乳 1～2 小时后应给予 35～38℃ 的温开水一次,防止犊牛因渴饮尿而发病。

第二天转入喂混合初乳,日喂 3～4 次,每日喂量一般不超过体重的 8％～10％,饲喂 4～5 天,然后逐步改为饲喂常乳。

犊牛采用母牛与犊牛分开的人工哺乳法。人工哺乳法多哺乳壶哺乳法。人工哺乳法主要有两种:桶式哺乳法和哺乳壶哺乳法。

(1)哺乳壶哺乳法 要求奶嘴质量要好,固定结实,防止犊牛撕破或扯下,哺乳时要尽量让犊牛自己吮吸,避免强灌。

(2)桶式哺乳法 采用奶桶哺乳时奶桶应固定结实,第一次饲喂时通常一手持桶,用另一手食指和中指(预先清洗干净)蘸乳放入犊牛口中使其吮吸,慢慢抬高桶使犊牛嘴紧贴牛乳吮吸,习惯后将手指从犊牛口中拔出,犊牛即会自行吮吸,如果不行可重复数次,直至犊牛可自行吮吸为止。

图 6-6　犊牛哺乳壶哺乳法

检查犊牛的血清蛋白水平可正确评估牛场初乳饲喂方案的成效。总蛋白含量的目标水平为 55 克/升。2～10 日龄犊牛血清蛋白水平低于该值,则表明被动免疫传递失败。犊牛出现被动免疫失败的比例应该低于 20％,若高于 20％,应尽快调整初乳饲喂计划,保证犊牛摄入足

图 6-7　犊牛桶式哺乳法

量优质初乳。

五、常乳期犊牛的饲养

初乳期结束到断奶称为常乳期。这一阶段是犊牛体尺体重增长及胃肠道发育最快的时期,尤以瘤网胃的发育最为迅速,此阶段的饲养是由真胃消化向复胃消化转化、由饲喂奶品向饲喂草料过渡的一个重要时期。此阶段犊牛的可塑性很大,是培养优秀奶牛的最关键时刻。

(一)哺乳管理

1.哺乳原则

犊牛经过 5～7 天的初乳期后,即可开始饲喂常乳,从 10～15 天开始,可由母乳改喂混合乳。初乳、常乳、混合乳的变更应注意逐渐过渡(4～5 天),以免造成消化不良,食欲不振。同时做到定质、定量、定温、定时饲喂。

定质是指乳汁的质量,为保证犊牛健康,最忌喂给劣质或变质的乳汁,如母牛产后患乳房炎,其犊牛可喂给产犊时间基本相同的健康母牛的乳汁。

定量是指按饲养方案标准合理投喂食物,1～2 周龄犊牛,每天喂奶量为体重的 1/10;3～4 周龄犊牛,每天喂奶量可为其体重的 1/8;5～6 周龄为 1/9;7 周龄以后为 1/10 或逐渐断奶。

定温指饲喂乳汁的温度。出生后头几周控制牛奶的温度十分重要。奶温应保持恒定,不能忽冷忽热。冷牛奶比热牛奶更易引起消化紊乱。加热温度太高,初乳会出现凝固变质,同时高温饮食可使犊牛消化道黏膜充血发炎。故应采用水浴加热。饲喂乳汁的温度,一般夏天掌握在 36～38℃;冬天 38～40℃。出生后的第一周,所喂牛奶的温度必须与体温相近(39℃),但是对稍大些的小牛所喂牛奶的温度可低于体温(25～30℃)。

定时指两次饲喂之间的间隔时间,一般间隔 8 小时左右,每天最好饲喂两次相等量的牛奶,每次饲喂量占体重的 4％～5％。如饲喂间隔时间太长,下次喂奶时容易发生暴饮,从而将闭合不全的食管沟挤开,使乳汁进入尚未发育完善的瘤胃而引起异常发酵,导致腹泻。但间隔时间过短,如在喂奶 6 小时之内犊牛又吃奶,则形成的新乳块就会包在未消化完的旧乳块残骸外面,容易引起消化不良。如将犊牛每天所需的牛奶量一次喂给,饲喂量就会超过犊牛真胃的容积,多余的牛奶就会反流到瘤胃中并造成消化紊乱(例如臌气)。

全奶因可能含有有害菌,建议使用巴氏法消毒后饲喂。也有专家建议用紫外线消毒,可以避免营养物质的损失。

2. 哺乳方法

可采用哺乳壶哺乳法、哺乳壶哺乳法。

目前在欧洲,韩国、日本正在使用"21 日龄自动喂乳设施(哺育机)"——犊牛饲喂站饲养。每天把代乳粉根据一定比例倒入自动饲喂器,每头犊牛的脖子上都配有一个自动喂奶识别系统,可以每头犊牛每天喂 7.5 千克。一个犊牛饲喂站可同时饲喂 120 头犊牛,56～60 日龄断奶。

3. 哺乳方案

中国荷斯坦牛哺乳期的平均日增重要求为 900～950 克,即到 6 月龄体重达到 165～174 千克。实践证明,高奶量长哺乳期饲养,虽然犊牛增重快,但对其消化器官发育很不利;而且加大成本,奶牛产后往往不能高产。所以目前许多奶牛场开始逐渐减少哺乳量和缩短哺乳期。

喂奶方案多采用"前高后低",即前期喂足奶量,后期少喂奶,多喂精粗饲料。

初乳期(1～3日龄)后到断奶以哺喂全乳或代乳粉为主,喂量占体重的8%～10%,之后随着采食量的增加逐渐减少全乳的喂量。在45～90日龄断奶。下面介绍几种哺乳方案。

方案一:510千克全乳,90天哺乳期。3～10日龄,5千克/天;11～20日龄,7千克/天;21～40日龄,8千克/天;41～50日龄,7千克/天;51～60日龄,5千克/天,61～80日龄,4千克/天;81～90日龄,3千克/天。

方案二:200～250千克全乳,45～60天哺乳期。3～20日龄,6千克/天;21～30日龄,4～5千克/天,31～45日龄,3～4千克/天;46～60日龄,0～2千克/天。

方案三:400千克全乳,90天哺乳期。3～30日龄,6千克/天;31～60日龄,4.5千克/天;61～90日龄,3千克/天。

方案四:35千克代乳粉,60天哺乳期,日哺乳3次。4日龄,0.18千克/天(代乳粉)+4.5千克/天(初乳);5～6日龄,0.36千克/天+3千克/天(初乳);7日龄,0.54千克/天+1.5千克/天(初乳);8～35日龄,0.72千克/天;36～42日龄,0.6千克/天;43～49日龄,0.48千克/天;50～56日龄,0.36千克/天;57～63日龄,0.3千克/天。犊牛奶粉按1:8的比例用60℃左右的温开水冲调成犊牛奶,冬季的水温可稍高一些,注意千万不要用滚开的水;待犊牛奶降至适宜温度时即可转移至犊牛奶瓶或小桶内饲喂。第一次饲喂犊牛奶粉占1/4,牛奶占3/4。第5、6天,犊牛奶粉和牛奶各占一半。第7天犊牛奶粉占3/4,牛奶占1/4。从第8天开始即全部喂食犊牛奶。

方案五:100千克全乳,30～45天早期断奶。早期断奶需要有代乳料和开食料。实践证明,人为缩短犊牛喂乳期,既保证其营养需要,又不影响其生长发育,并能在其以后生产性能的发挥中带来更理想的效果。一般每年上半年出生的犊牛可用30天的喂乳期。下半年出生的犊牛由于受到高温和低温两种环境的不利影响,喂乳期可延长到50

天。早期断奶犊牛的饲养方案见表6-6。

表6-6　早期断奶犊牛饲养方案　　　　千克/(头·天)

日龄	喂奶量	犊牛料	粗料
1～3	6(初乳)		
4～10	4	5～8天开食	训练吃干草
11～20	3	0.2	0.2
21～30	2	0.5	0.5
31～40	3	0.8	1
41～50	2	1.5	1.5
51～60		1.8	1.8
61～180		2	2

犊牛料配方组成(%):玉米50,麸皮12,豆饼30,饲用酵母粉5,石粉1,食盐1,磷酸氢钙1。哺乳期为30天的犊牛,30～60日龄犊牛料中每千克应添加:维生素A 8 000国际单位、维生素D 600国际单位、维生素E 60国际单位、烟酸2.6毫克、泛酸13毫克、维生素B_2 6.5毫克、维生素B_6 6.5毫克、叶酸0.5毫克、生物素0.1毫克、维生素B_{12} 0.07毫克、维生素K 3毫克、胆碱2 600毫克。60日龄以上犊牛可不添加B族维生素,只加维生素A、维生素D、维生素E即可。

方案六:液体奶(全乳或代乳粉)+犊牛颗粒料饲喂方案(表6-7)。

表6-7　液体奶(全乳或代乳粉)+犊牛颗粒料饲喂方案

年龄	饲料	液体奶(全乳或代乳粉)		开食料	
		千克/(头·天)	小计/千克	千克/(头·天)	小计/千克
出生	初乳	6	6		
2～3日龄	初乳	5	10		
4～7日龄	常乳+代奶粉+开食料	5	20	稍许	0.48
2周龄	代奶粉+开食料	6	42	0.12	0.84
3周龄	代奶粉+开食料	6	42	0.24	1.68
4周龄	代奶粉+开食料	6	42	0.45	3.15

续表 6-7

年龄	饲料	液体奶(全乳或代乳粉)		开食料	
		千克/(头·天)	小计/千克	千克/(头·天)	小计/千克
5 周龄	代奶粉＋开食料	5.5	39	0.60	4.20
6 周龄	代奶粉＋开食料	5	35	0.75	5.25
7 周龄	代奶粉＋开食料	4.5	32	0.90	6.30
8 周龄	代奶粉＋开食料	3	21	1.05	7.35
9 周龄	开食料	0	0	1.25	8.75
10 周龄	开食料	0	0	2.00	14
合计			289		52

4. 经常用以哺乳犊牛的牛奶及其他液体饲料

(1)全奶　初乳期后可一直饲喂全奶,直至断奶。一定量的全奶配合优质的犊牛料是犊牛最佳的日粮。采用这一日粮所获得的犊牛增长情况常被作为标准来评估其他哺乳方案的优劣。全奶配合优质精饲料是饲喂犊牛的最好方式。目前,在部分奶牛场采用巴氏消毒奶饲喂犊牛,以次减少犊牛疾病的发生。

(2)发酵初乳　发酵初乳是很好的补给母牛初乳量不足的好办法。通常采用自然发酵法。把喂给犊牛剩余的新鲜初乳(可以把几头母牛的初乳混在一起)过滤后倒入塑料大桶内,盖上桶盖,放在没有阳光直射的室内,任其自然发酵。每日用木棒搅拌 1～2 次,并及时盖好。室温 10～15℃,经 5～7 天即可发酵好。温度越高,发酵时间越短:15～20℃,需 3～4 天;20～25℃,需 2 天;25～30℃,需 1 天;30℃以上,只需 12 小时。发酵好的初乳,呈微黄色,有芳香酸味,均匀稠密,上部为凝块,形同豆腐脑或呈絮状,下部有时有分离出的乳清,用石蕊试纸测定 pH 4～5 为佳。用发酵初乳喂犊牛时,应先搅拌均匀,取出所需数量的发酵初乳,用热开水按 1∶1 或 2∶1 的乳水比进行稀释,把温度调至 38℃左右即可饲喂。饲喂前还可以在发酵牛奶中加一些碳酸氢钠来中和牛奶中的酸并促进犊牛进食。发酵牛奶的卫生要求严格控制,只能让乳酸菌生长。如果卫生标准准达不到,造成其他杂菌生长有可能破坏牛奶中的营养成分。

（3）患乳房炎母牛所产的牛奶　只要饲喂后 30 分钟内不让小牛彼此接触，患乳房炎母牛或处于乳房炎治疗期间的母牛所产的牛奶可用于饲喂小牛。这一措施有助于防止腹泻病菌（大肠杆菌）或肺炎病菌（巴氏杆菌）以及其他传染病微生物在小牛之间的传播。不要给饲养在群体圈舍中的犊牛饲喂废弃牛奶。一些调查显示，那些群体饲养的犊牛喝完废弃牛奶后会互相吮吸，这样可能导致犊牛间互相传染病原体。经过巴氏杀菌法的处理能够减少废弃牛奶中微生物的含量，但是巴氏杀菌法处理并不能达到无菌，而对于大部分废弃牛奶存在的抗生素污染问题，巴氏杀菌法无能为力。不能将带 BVD（牛病毒性腹泻）病毒和副结核的奶牛的牛奶饲喂犊牛。不要将感染大肠埃希氏菌和巴氏杆菌的母牛的牛奶喂给犊牛。这些细菌会通过牛奶垂直传播给犊牛，感染犊牛的肠道，引发疾病。

处于乳房炎治疗期间母牛所产的牛奶可能含有大量可引起健康问题的致病细菌。此外，饲喂残留有抗生素的牛奶可导致产生耐药性细菌。从长远来讲，饲喂这类牛奶将降低以后的抗生素治疗效果。

（4）脱脂牛奶　新鲜的脱脂牛奶是 3 周龄以上犊牛的极好的液体食物。由于脱去奶中脂肪，脱脂奶与全奶相比，蛋白质含量相对升高，但能量（只是全奶的 50%）和脂溶性维生素（维生素 A 和维生素 D）含量低。只有当犊牛开始采食大量精饲料时才能给犊牛喂脱脂奶。由于脂脱牛奶中缺乏能量和脂溶性维生素；开食料中应当添加这两种营养成分。应当尽可能避免在严冬季节给犊牛喂脱脂奶，因为严冬季节犊牛需要更多的能量御寒。脱脂奶是高度稀释的奶，含水量很高；应当根据其特点适当调节饲喂量。脱脂奶粉加水溶解后也可以用来饲喂犊牛。可按 1 份脱脂奶粉（100 克）加 9 份水（900 克）的比例溶解。

（5）代乳粉　出生后 4～6 天即可用代乳粉哺乳犊牛。通常代乳粉的含脂量低于全奶（以干物质计）因而其所含能量较低（75%～80%）。饲喂代乳料的小牛通常比饲喂全奶的小牛日增重稍低。给犊牛饲喂代乳粉比饲喂全乳更能降低成本，同时也能减少疾病的传播。

代乳粉的营养成分应与全奶相近。乳清蛋白,浓缩的鱼蛋白,或大豆蛋白可作为代乳料中的蛋白成分。但某些产品如大豆粉,单细胞蛋白质以及可溶性蒸馏物(淀粉发酵蒸馏过程的副产品)不适宜作为代乳料的蛋白质成分,因为它们不易被小牛吸收。当使用代乳粉时,应严格按照产品的使用说明正确稀释。大多数干粉状代乳料可按 1∶7 稀释(一份代乳料加 7 份水)以达到与全奶相似的固体浓度。

表 6-8　NRC 建议的代乳粉营养成分

成分	NRC 标准	成分	NRC 标准
粗蛋白质/%	22	硫/%	0.29
消化能/兆焦	17.50	铁/(毫克/千克)	100
代谢能/兆焦	15.75	钴/(毫克/千克)	0.1
维持净能/兆焦	10.04	铜/(毫克/千克)	10
增重净能/兆焦	6.45	锰/(毫克/千克)	40
消化率/%	95	锌/(毫克/千克)	40
粗脂肪/%	10	碘/(毫克/千克)	0.25
粗纤维/%	0	钼/(毫克/千克)	
钙/%	0.7	氟/(毫克/千克)	
磷/%	0.5	硒/(毫克/千克)	0.1
镁/%	0.07	维生素 A/国际单位	3 784
钾/%	0.8	维生素 D/国际单位	594
食盐/%	0.25	维生素 E/国际单位	300
钠/%	0.1		

表 6-9　某犊牛代乳粉成分组成

粗蛋白质/%	22.0±1	维生素 A,(上限摄取量)/千克	25 000 国际单位
脂肪/%	20.0±1	维生素 D_3,(上限摄取量)/千克	10 000 国际单位
灰分/%	7.5±1	维生素 E/(毫克/千克)	35
乳糖/%	≤35.0	维生素 B_1/(毫克/千克)	2.60
粗纤维(碳水化合物)/%	≤1.0	维生素 K_3/(毫克/千克)	1.60
水分/%	≤4.5	维生素 C/(毫克/千克)	150
		铜/(毫克/千克)	5

（二）哺乳犊牛的采食训练和饮水

1. 开食料

一般在犊牛 10～15 日龄时，开始诱食、调教，初期在犊牛喂完奶后用少量精料涂抹在其鼻镜和嘴唇上，或撒少许于奶桶上任其舔食，使其犊牛形成采食精料的习惯，经 3～4 天的调教后，犊牛已有采食少量开食料的能力，这时就可将开食料投放在食槽内，让其自由舔食。1 月龄时日采食开食料 250～300 克，2 月龄时 500～600 克。

表 6-10　犊牛开食料配方　　　　　　　　　　　　　　　　％

时期	玉米	麸皮	豆饼	棉籽饼＋菜籽饼	饲用酵母粉	磷酸氢钙	食盐	预混料
7～19 日龄	55	16	21	0	5		1	1
120 日龄至断奶	50	15	15	13	3	2	1	1

现行饲养实践中，犊牛出生后第 4 天开始训练采食颗粒料，喂奶后人工向牛嘴填喂极少量颗粒料，或者在奶桶中放入少量颗粒料，奶桶高度 30～40 厘米，引导开食。也可以用专用的开食料饲喂瓶。可以单独设置饲喂槽。根据犊牛采食量增长情况逐渐增加供给量，基本每天保证 24 小时犊牛可以采食到颗粒料。每天饲喂前清理剩余开食料，称重，记录剩料量、给料量。争取在 30 日龄，开食料采食量达到 350～450 克/（头·天）。45 日龄后逐步降低液奶饲喂量，促进开食料采食。犊牛连续 3 天开食料采食量达到 0.7～1 千克后，即可断奶。

2. 饲喂干草

一般从 1 周龄开始，在牛栏的草架内添入优质干草（如豆科青干草等），训练犊牛自由采食，以促进瘤网胃发育，并防止舔食异物。

现行饲养实践中，部分奶牛场采取断奶前不喂干草。这是基于犊牛瘤胃尚未发育完全、犊牛瘤胃微生物族群尚未建立，干草体积大，消化率低，减少犊牛颗粒料的摄取会减缓瘤胃的发育，而优质犊牛开食料可促使瘤胃发育。断奶后选择适口性良好的优质干草饲喂犊牛。较长的优质干草（羊草）可以在犊牛栏内设草架、供犊牛自由采食。

3. 饲喂青绿多汁饲料

一般犊牛在 20 日龄时开始补喂青绿多汁饲料,如胡萝卜、甜菜等,以促进消化器官的发育。每天先喂 20 克,到 2 月龄时可增加到 1～1.5 千克,3 月龄为 2～3 千克。青贮料可在 2 月龄开始饲喂,每天100～150 克,3 月龄时 1.5～2.0 千克,4～6 月龄时 4～5 千克。应保证青贮料品质优良,防止用酸败、变质及冰冻青贮料喂犊牛,以免下痢。

现行饲养实践中,部分奶牛场采取 90 日龄前不饲喂青草或青贮饲料。

4. 饮水

保证犊牛充足的饮水。水是犊牛需要量最多的最基本的营养成分;犊牛体重的 70% 是水,限制水的供应就会限制干物质采食量;饮水量是干物质采食量的 4 倍;除了在喂奶后加必要的饮水外,还应设水槽供给清洁饮水;水和犊牛颗粒料容器分开;寒冷天气下,添加温水。水温不低于 15℃。另外,吃奶后不宜马上饮水,否则会引起腹泻和水中毒。牛奶中加水会延长奶在胃中的凝固时间和凝块大小及吸收时间,易引起腹泻。

5. 补喂抗生素

生后 30 天内每日喂给 1 万单位金霉素可减少犊牛下痢的发病率和提高犊牛增重。

不同饲喂模式对犊牛瘤胃发育的影响见图 6-8。

(三)犊牛的断奶

断奶应在犊牛生长良好并至少摄入相当于其体重 1% 的犊牛料时进行,较小或体弱的犊牛应继续饲喂牛奶。根据月龄、体重、精料采食量和气候条件确定断奶的时间。目前国外多在 8 周龄断奶,我国的奶牛场多在 2～3 月龄断奶。在断奶前的半个月,逐渐增加精饲料和粗饲料的饲喂量,每天喂奶的次数由 3 次变为 2 次,开始断奶时由 2 次逐渐改为 1 次,然后再隔 1 日或 2 日喂奶一次,视犊牛体况而定。直至犊牛连续 3 日可采食精料量达 1 千克后方可断奶。一般按出生重的 10%

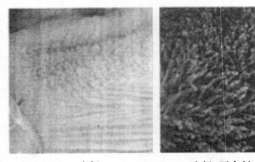

牛奶　　　　　　牛奶+开食料　　　　　　干草

图 6-8　不同饲喂模式对犊牛瘤胃发育的影响

饲喂量。断奶后,犊牛继续留在犊牛栏饲喂 1～2 周,减少环境变化应激。断奶后,继续饲喂同样犊牛料和优质干草,减少饲料变化应激。防疫注射应当在断奶前一周完成。断奶后,犊牛料采食量应在 1 周内加倍,最高不要超过 2 千克/(头·天)。断奶转群后,应当一小群饲养(7～10 头),给予换料过渡期。保证充足饮水。

六、断奶犊牛(断奶至 6 月龄)的饲养

断奶后,犊牛继续饲喂断奶前的精、粗饲料,逐渐增加精料喂量,3～4 月龄时增至每天 1.5～2 千克,粗料差时可提高至 2.5 千克左右。选择优质干草、苜蓿,少喂青贮和多汁料。4～6 月龄,改为育成牛精饲料。要兼顾营养和瘤胃发育的需要,调整精粗料比例。3～6 月龄犊牛的日粮粗饲料比例一般应为 40%～80%。并保持中性洗涤纤维不低于 30%。断奶犊牛精饲料参考配方:玉米 50%～55%,豆粕(饼)30%～35%,麸皮 5%～10%,饲用酵母 3%～5%,碳酸氢钙 1%～2%,食盐 1%。此阶段母犊生长速度以日增重 650 克以上、4 月龄体重 110 千克、6 月龄体重 170 千克以上比较理想。

七、犊牛的管理

(一)犊牛栏(岛)

哺乳犊牛最适宜温度为 12～15℃,最低 3～6℃,最高为 25～27℃。刚出生时对疾病没有任何抵抗力,应放在干燥、避风处,保持良好的卫生环境,不直接接触其他动物,采取单栏内饲养,以降低发病率。犊牛栏的通风要良好,忌贼风,栏内要干燥、忌潮湿,阳光充足。冬季注意保温,夏季要有降温设施。犊牛栏应要保证每天清洗、消毒,经常打扫。犊牛垫料要吸湿性良好,隔热保温能力强,厚度 10～15 厘米。并做到及时更换垫草,保持干燥。沙子保温性能较差,不适合小犊牛。一旦犊牛被转移到其他地方,牛栏必须清洁消毒。放入下一头犊牛之前,此牛栏应放空至少 3～4 周。

犊牛期要有一定的运动量,从 10～15 日龄起应该有一定面积的活动场地(2～3 米²)。在寒冷地区,可在相对封闭的牛舍内建造单栏进行培育。在气候较温和的地区和季节,可采用露天单笼培育。

犊牛栏的建议尺寸:宽 1～1.2 米,长 2.2～2.4 米,高 1.2～1.4米。位置坐北向南,要排水良好。舍外设置围栏,作为犊牛运动场,每头犊牛占用面积 5 米²。国外常用塑料或玻璃钢(玻璃纤维)一次压制成型的犊牛栏,在国内已有生产。

(二)饲养模式

犊牛的饲养模式有以下 3 种。一是犊牛出生直至断奶后 10 天,采取单栏饲养,并注意观察犊牛的精神状况和采食量。二是初乳期实行单栏饲养,之后采取群栏饲养的做法,比较节省劳力,但疾病传播的机会增加。三是出生到 1 月龄采取单栏饲养,1 月龄后群饲,并根据月龄和体重相近的原则分群,每群 10～15 头,避免个体差异太大造成采食不均。

(三)卫生及健康

哺乳用具在每次使用后必须用清水清洗干净、每天用消毒水(次氯酸钠)漂洗 1 次,倒置于通风口晾干。每头牛有一个固定奶嘴和毛巾,哺乳后应擦干嘴部的残留牛奶,防止犊牛舔食,形成恶癖。如用同一奶瓶饲喂几头小牛,应首先饲喂最年幼的犊牛然后再饲喂年长些的犊牛。

食欲缺乏是不健康的第一征兆。一旦发现小牛有患病征兆(如食欲缺乏、虚弱、精神委顿等)就应立即隔离并测量体温。

牛体要经常刷拭(严防冬春季节体虱、疥癣的传播),保持一定时间的日光浴。

(四)去掉副乳头

20%～40%的新生母犊乳房常伴有副乳头,比正常乳头小,多位于乳房后部,一般无腺体及乳头管,有的能分泌少量乳汁,副乳头不但妨碍乳房清洗,还容易引起乳房炎并且影响将来的挤奶。一般在 2～6 周龄时剪去已被确诊的副乳头。清洗消毒副乳头周围,轻拉副乳头,用锋利的弯剪或刀片从乳头和乳房接触的部位切下乳头,用 7%碘酒消毒。

(五)去角

大多数情况下应为犊牛做去角手术。带角的奶牛可对其他奶牛或工作人员造成伤害。去角应在断奶前施行以避免断奶期间的额外应激。一般当牛角刚刚长出并能触摸到时(15～20 日龄)即可做去角手术。常用的方法是电烙去角:将电烙去角器通电升温至 480～540℃,然后将去角器置于角茎处大约 10 秒即可。第一次施行去角手术的奶牛饲养员或技术员应寻求适当的程序指导或按使用说明操作。技术不熟练可引起应激并增加伤害犊牛以及技术人员的危险性。

(六)断奶犊牛的管理

犊牛断奶后,要分群饲养。合理分群方便管理,避免个体差异太大造成采食不均。月龄和体重相近的分为一群,每群 10～15 头。

(七)加强运动

天气晴朗时,可让出生后 7～10 天的犊牛到运动场上自由运动半小时;1 月龄时运动 1 小时左右(必要时适当进行驱赶运动);以后随年龄的增大,逐渐延长运动时间。酷热的天气,午间应避免太阳直接暴晒,并注意降温,以免中暑。

(八)称量体重和转群

做好文档管理工作记录犊牛编号(耳标)、填写系谱、个体拍照或绘图。按照规定进行体尺测量、线性评定等工作。

犊牛应每月称量一次体重并做好记录。根据体尺测定结果判断日粮的合理性,及时调整。研究认为,体高比体重对后备母牛初次产奶量的影响更大。荷斯坦母犊 3 月龄的理想体高为 92 厘米、体况评分 2.2 以上,6 月龄理想体高为 102～105 厘米,胸围 124 厘米,体况评分 2.3 以上,体重 170 千克左右。

6 月龄后转入育成牛群。做好选育方案,制定选留标准。

第三节　育成牛的饲养管理与初次配种

育成牛是指 7 月龄到配种前的母牛。育成期是母牛体尺和体重快速增加的时期,饲养管理不当会导致母牛体躯狭浅,四肢细高,达不到培育的预期要求,从而影响以后的泌乳和利用年限。育成期良好的饲养管理可以部分补偿犊牛期受到的生长抑制,因此,从体型、泌乳和适应性的培育来讲,应高度重视育成期母牛的饲养管理。

一、育成牛的生长发育特点

(一)瘤胃发育迅速

随着年龄的增长,瘤胃功能日趋完善,7～12月龄的育成牛瘤胃容量大增,利用青粗饲料能力明显提高,12月龄左右接近成年水平。正确的饲养方法有助于瘤胃功能的完善。

(二)生长发育快

此阶段是牛的骨骼、肌肉发育最快时期,7～8月龄以骨骼发育为中心,7～12月龄期间是增长强度最快阶段,生产实践中必须利用好这一特点。如前期生长受阻,在这一阶段加强饲养,可以得到部分补偿。

(三)体型变化大

6～24月龄如以鬐甲高度增长为100,则尻高增长为99％,体长为126％,胸宽和胸深为138％,腰宽为164％,坐骨宽为200％,这样的比例是发育正常的标志。科学的饲养管理有助于塑造乳用性能良好的体型。

(四)生殖机能变化大

一般情况下9～12月龄的育成牛,体重达到250千克、体长113厘米以上时可出现首次发情。10～12月龄性成熟。13～14月龄的育成牛正是进入体成熟的时期,生殖器官和卵巢的内分泌功能更趋健全,发育正常者体重可达成年牛的60％～70％。

二、育成牛培育目标

育成牛处在生长发育旺盛时,在骨骼和体型上,主要向宽、深方面发展,体重一直是上升的。此期主要任务是促进消化器官充分发育,增加其容量;促进乳腺和体躯充分发育,培育成消化力强、体型高大、肌肉适中、乳用型明显的理想体型;保证牛的正常发育和适时配种。通过调教和驯养,使其温顺无恶癖。达到按摩其任何部位都不害怕、不反感、不躲避,为成年后挤奶奠定良好基础。育成母牛14~18月龄,体重达350千克以上时初配。

表6-11 育成母牛的适宜生长速度

月龄	荷斯坦牛和瑞士褐牛			娟姗牛		
	胸围/厘米	体重/千克	体高/厘米	胸围/厘米	体重/千克	体高/厘米
出生	74	42	74	—	25	66
1	81	52	79	—	32	69
2	91	73	86	79	50	76
4	112	123	99	97	82	86
6	127	177	107	112	127	97
8	140	232	112	122	163	102
10	150	277	117	132	200	107
12	157	318	122	140	232	109
14	163	354	124	147	259	112
16	168	386	127	150	281	114

三、育成母牛饲养管理

(一)育成母牛的饲养

7月龄到初次配种的育成牛的日粮粗饲料比例一般应为50%~90%,具体比例视粗饲料质量而定。如果低质粗料用量过高,可能导致瘤网胃过度发育而营养不足,体格发育不好,"肚大、体矮",成年时多数为"短身牛"。若用低质粗饲料饲喂年龄稍大些的育成牛,日粮配方中应补充足够量的精饲料和矿物质。精饲料中所含粗蛋白比例取决于粗饲料的粗蛋白含量。一般来讲,用来饲喂育成牛的精料混合料的粗蛋白含量达 16％基本可以满足需要。控制饲料中能量饲料含量,能量过高,母牛过肥,乳腺脂肪堆积,乳腺细胞减少 20％以上,影响乳腺发育和日后泌乳。

为育成牛提供全天可自由采食的日粮,最少也要有自由采食的粗饲料。全天空槽时间最好不要超过 3 小时。育成牛采食大量粗饲料,必须供应充足的饮水。

1.7～12 月龄的日粮

日粮以优质青粗饲料为主,每天青粗饲料的采食量可按体重的 7％～9％。此阶段日粮总干物质应含 12.3 个 NND,粗蛋白 826 克,钙 43 克,磷 36 克。日粮中 75％的干物质应来源于青粗饲料或青干草,25％来源于精饲料,日增重应达到 700～800 克。中国荷斯坦牛 12 月龄理想体重为 300 千克,体高 115～120 厘米,胸围 158 厘米。

7～12 月龄育成牛的饲养方案如下:

7～8 月龄,精料 2 千克,玉米青贮 10.8 千克,羊草 0.5 千克。

9～10 月龄,精料 2.3 千克,玉米青贮 11 千克,羊草 1.4 千克。

11～12 月龄,精料 2.5 千克,玉米青贮 11.5 千克,羊草 2 千克,甜菜渣 0.6 千克。

精料配方组成(％):①玉米 50,豆饼 30,麸皮 10,饲用酵母粉 2,棉仁饼 5,碳酸钙 1,磷酸氢钙 1,食盐 1。②玉米 50,豆饼 10,葵籽饼 10,棉仁饼 10,麸皮 12,饲用酵母粉 5,石粉 1,磷酸氢钙 1,食盐 1。③玉米 46,麸皮 31,高粱 5,大麦 5,饲用酵母粉 4,叶粉 3,磷酸氢钙 4,食盐 2。

2.13～18 月龄的日粮

13 月龄以上育成牛的瘤胃已具有完善的功能,只喂给优质粗饲料基本可以满足正常生长的需要。如果此期的粗饲料能量含量较高(如全株玉米青贮)应限制粗饲料的喂量,否则可能会因采食过量而引起肥胖。玉米青贮和豆科植物或生长良好的牧草混合饲料可为奶牛提供足够的能量和蛋白。粗饲料质量较低时需要补充精饲料。实践表明,育成牛过于肥胖易造成不孕或难产,营养不足可使牛发育受阻、采食量少和延迟发情及配种。日增重高于 800 克,使母牛在 14～15 月龄达到成年体重的 70%左右(350～380 千克)。

12～18 月龄育成牛饲养方案如下:

13～14 月龄,精料 2.5 千克,玉米青贮 13 千克,羊草 2.5 千克,糟渣类 2.5 千克。

15～16 月龄,精料 2.5 千克,玉米青贮 13.2 千克,羊草 3 千克,糟渣类 3.3 千克。

17～18 月龄,精料 2.5 千克,玉米青贮 13.5 千克,羊草 3.5 千克,糟渣类 4 千克。

精料配方组成(%):①玉米 47,豆饼 13,葵籽饼 8,棉仁饼 7,麸皮 22,碳酸钙 1,磷酸氢钙 1,食盐 1。②玉米 33.7,葵籽饼 25.3,麸皮 26,高粱 7.5,碳酸钙 3,磷酸氢钙 2.5,食盐 2。③玉米 40,豆饼 26,麸皮 28,尿素 2,食盐 1,预混料 3。

(二)育成母牛的管理

(1)分群　定期整理牛群,防止大小牛混群,造成强者欺负弱者,出现僵牛。母牛分群饲养,7～12 月龄牛为一个群,14～15 月龄初配的为另一群。

(2)运动　育成牛正处于生长发育的旺盛阶段,要特别注意充分运动,以锻炼和增强牛的体质,保证健康。现有拴系方法影响发育。采用散养方式,运动时间比较充足,户外运动使其体壮胸阔,心肺发达,食欲旺盛。如果精料过多而运动不足,容易发胖,体短肉厚个子小,早熟早衰,利用年限短,产奶量低。

在舍饲条件下,每天应至少有 2 小时以上的运动。冬季和雨季晴天时要尽量外出自由运动,不仅可增强体质,还可使牛接受日光照射,使皮下脱氢胆固醇转化为维生素 D_3,进而促进钙、磷的有效吸收和沉积,以利于母牛的骨骼生长。

(3)刷拭与修蹄　对犊牛全身进行刷拭,一是可促进皮肤血液循环,有益犊牛健康和皮肤发育;二是可保持体表干净,减少体内外寄生虫病；三是可以培养母牛温驯的性格。刷拭时可用软毛刷，必要时辅以硬质刷子，但用劲宜轻，以免损伤皮肤。每天刷拭 1～2 次，每次不少于 5 分钟。育成牛生长速度快，蹄质较软，易磨损。从 10 月龄开始，每年春、秋季节应各修蹄一次。

（4）乳房按摩　热敷乳房，可促进育成母牛乳腺的发育和产后泌乳量的提高。12 月龄以后的育成牛每天即可按摩一次乳房，用热毛巾轻轻揉擦，避免用力过猛。

（5）称重、测量体尺　每月称重，并测量 12 月龄、15 月龄、16 月龄体尺。生长发育评估若发现异常，应立即查明原因，采取措施。

四、育成母牛的发情与初次配种

（一）育成牛的性发育

奶牛出生后，随着身体的生长发育，生殖器官和生殖机能也在不断发育，到一定阶段开始出现性活动，进而达到性成熟和体成熟。

（1）初情期　随着年龄的增长，母犊生殖道和卵巢逐渐增大，当达到一定年龄和体重时，出现第一次发情和排卵，即达到初情期。奶牛初情期的早晚受奶牛品种、自然因素（地理、气候等）、营养水平、管理方式等许多因素的影响，通常 6～8 月龄时达到初情期，生殖器官生长速度明显加快，结构与功能日渐完善，性腺能分泌生殖激素，6～12 月龄开始出现发情症状。

（2）性成熟　此时奶牛生殖器官及生殖机能达到成熟阶段，表现完全的发情征兆、排出能受精的卵母细胞以及有规律的发情周期，具备了正常的繁殖能力。性成熟期一般为 12～14 月龄，这时的母牛虽然已经具有了繁殖后代的能力，性腺已经发育成熟，但母牛的机体发育并未成熟，全身各器官系统尚处于幼稚状态，此时尚不能参加配种，承担繁殖后代的任务。

（3）体成熟　指母牛的骨骼、肌肉和内脏器官已基本发育完成，而且具备了成年牛固有的形态和结构,此时才能参加配种。育成母牛的初次配种适龄为 13~15 月龄。

(二)发情周期

指母牛从一个发情期开始至另一个发情期开始的间隔期,它受品种、光照、温度、饲养管理、等因素影响变动较大,青年母牛平均为 20 天(18~24 天),成年牛平均为 21 天(20~24 天)。根据奶牛生理变化特点,一般将发情周期分为发情前期、发情期、发情后期和休情期。

(1)发情前期 即发情准备期,此时卵巢内黄体逐渐萎缩,新卵泡开始生长,子宫颈和阴道分泌物增加,并较稀薄,生殖道开始充血肿胀,但此时母牛尚无性欲表现,不接受公牛爬跨。持续时间 4~7 天。

(2)发情期 是母牛性欲旺盛的时期。表现食欲减退;精神亢奋;时常哞叫;爬跨其他牛或接受其他牛爬跨;阴道和子宫颈黏膜潮红而有光泽,外阴部红肿,流出大量黏液等。在家畜中母牛的发情持续时间最短,平均为 18 小时,个别长达 48 小时。母牛排卵时间在发情期结束后12~15 小时,且夜间居多。

(3)发情后期 是发情逐渐消失的时期,表现为卵巢内卵泡破裂排卵并开始形成黄体。母牛性欲消失。子宫颈和阴道分泌物减少,子宫颈收缩,阴道黏膜充血肿胀状态逐渐消退。此期持续时间 5~7 天。

(4)休情期 又称间情期。母牛性欲完全停止,精神状态恢复正常。黄体逐渐萎缩,卵泡逐渐发育,从上一个性周期过渡到下一个性周期。此期持续时间 6~14 天。

奶牛在发情期中配种,如已受胎,则不再出现发情,成为妊娠发情。如未受胎,则间情期持续一定时间后,又进入发情前期。

(三)发情鉴定

发情鉴定即根据奶牛在发情时的生理、生殖器官及行为方面的变化来准确地判断牛的发情状态。从而及时发现发情母牛,正确掌握配种或人工授精时间,避免误配或因牛的发情持续时间短及安静发情较其他家畜多而造成的漏配。因此，准确地掌握发情鉴定技术，是提高奶牛受胎率的关键。奶牛发情鉴定的方法主要有外部观察法、阴道检查法和直肠检查法。

1. 外部观察法

母牛发情时一般有明显的外部表现，根据奶牛的精神状态、外阴部变化及流出的黏液性状、对公牛的反应等情况来判断。

母牛发情时兴奋不安，时常哞叫，两眼充血，眼光锐利；常弓腰举尾，拉开后腿，频繁排尿；食欲减退，反刍时间减少或停止，产奶量下降。这些表现随发情期的进展，由弱到强，发情快结束时又减弱。

在牛舍内，发情奶牛常站立不卧，当有人走过时，常回顾。在运动场或放牧时最容易观察到奶牛的发情表现，如发情奶牛四处游荡，嗅其他奶牛，后有公牛跟随、欲爬，但母牛不接受，这是刚开始发情。发情盛期，经常有公牛爬，被爬奶牛安静不动，后肢叉开并举尾，发情牛爬跨其他牛时，阴门抽动并滴尿，具有公牛交配的动作。但有的牛只爬跨其他牛而不接受其他牛的爬跨，这不是发情母牛。其他牛常嗅发情牛的阴唇，发情母牛的背部和尻部有被爬跨所留下的泥土、唾液。到发情末期，虽仍有公牛想爬，但母牛以稍感厌倦，不大愿意接受，往往走开一二步。以后母牛恢复常态，如公牛跟随，母牛拒绝接受爬跨，表示发情停止。在母牛群中若有结扎了输精管的成年试情公牛，则有助于更准确地鉴定出发情母牛。

2. 阴道检查法

是用阴道开张器打开阴道，根据阴道黏膜充血、黏液分泌情况及子宫颈口开张等情况来判断奶牛是否发情。发情奶牛外阴部红肿，阴道黏膜充血潮红，表面光滑湿润；子宫颈充血肿胀，外口松弛柔软并开张，排出大量透明黏液。发情早期黏液透明如蛋清样，不呈牵丝状，发情盛期或被公牛交配过的母牛，黏液呈半透明、乳白色或夹有白色碎片、呈牵丝状，量也由少变多。到发情后期，黏液量少且混而黏稠，还有些母牛从阴道流出血液或混血黏液，是发情完了（漏情失配）的表现，但少数母牛此时配种还能怀孕。大多母牛在夜间发情，因此在接近天黑时和天刚亮时观察母牛阴户流出的黏液情况,判断母牛发情的准确率很高。

不发情的母牛阴道黏膜苍白、干燥、子宫颈口紧闭。怀孕母牛阴道黏膜干燥呈桃红色,子宫颈外口呈苍白色并收缩突出,排出的黏液呈透明的乳胶状,挂于阴门或黏附在母牛臀部和尾根上,并有较强的韧性。

阴道检查前,将奶牛保定,用 0.1% 的高锰酸钾溶液或 1%~2% 的来苏尔溶液消毒外阴部,后用温开水冲洗,擦干。开膣器预先消毒(2%~5%的来苏尔)并用温开水冲洗,横位慢慢插入阴道至适当深度,然后向下旋转,是把柄朝下,按压把柄扩张阴道,借助光源(手电、额镜、额灯等)观察奶牛阴道和子宫颈的变化。开膣器从阴道取出后再关闭,以免夹坏阴道。每检查一头奶牛,对开膣器都要进行冲洗和重新消毒处理。

3. 直肠检查法

是用手伸入母牛直肠内,通过直肠壁触摸卵巢及卵泡的大小、形状、变化状态等,来判断奶牛的发情情况。

检查时,将母牛保定,检查者将指甲剪短、磨光,手臂用 2% 的来苏尔溶液消毒后冲洗干净,并涂以肥皂水做润滑剂。手指并拢呈锥形,缓慢伸入肛门,掏出粪便。然后,掌心向下,手掌伸平,手指稍向下弯,在骨盆腔底部下按,左右前后抚摸,可找到一长形质地较硬的棒状物,即子宫颈,再向前上方,可摸到比子宫颈软而向下弯曲的子宫角及两角间的角间沟,沿着子宫角的大弯向下,并向两侧摸,可摸到卵圆形、柔软而有弹性的左右卵巢。用手指检查其形状、大小及卵巢上卵泡发育情况。

一般牛的卵泡发育分四期。第一期为卵泡出现期,此期卵巢稍增大,卵泡直径为 0.5~0.7 厘米,卵泡在卵巢表面突出不明显,卵泡的波动也不明显。此期奶牛刚开始发情,持续 6~12 小时。第二期为卵泡发育期,发育初期卵泡直径 1.2~1.5 厘米,多呈小球状,明显突出于卵巢表面,触摸有弹性,波动明显。此其母牛发情表现明显,持续时间 10~12 小时。第三期为卵泡成熟期,卵泡不再增大,最大直径 2.0~2.5 厘米,卵泡壁变薄,卵泡紧张度增加,有一压即破之感。此期 6~8 小时。第四期为排卵期:卵泡破裂排卵,卵泡壁有不光滑的小凹陷。排卵后 6～8 小时开始形成黄体。卵泡与黄体间有明显的区别为,卵泡呈半球状突出于卵巢表面,有光滑和硬的感觉。而未退化的黄体在卵巢上一般呈半圆形条状突起。另外,卵泡发育是进行性的,由小到大,由硬到软,由无波动到有波动,由无弹性到有弹性。没有怀孕时,黄体则发生退行性变化,发育时较大而软,退化实则愈来愈小、愈硬。

4. 计步器法

每头牛的前腿上绑上一个计步感应器,并由电脑将每头牛昼夜行走的步数存储起来,制成曲线图,由于发情母牛的行走步数大于非发情母牛,故可根据曲线图来确定是否发情,为适时输精提供依据。

5. 发情检测器

发情鉴定器一般贴在奶牛的尾根处,它能向观察人员显示该母牛是否已经接受了爬跨。发情检测器最底层是供粘贴的一层帆布,帆布上有一封闭的塑料外套,内有一塑料管,直径开口约 2 毫米,当母牛接受爬跨时持续一定的压力,红色颜料被挤出,浸渗周围的海绵状物,鉴定器即变为鲜红色。鲜红色过一段时间会变成暗红色,观察人员可根据鉴定器的颜色来判断母牛是否已接受爬跨以及接受爬跨的大致时间。

在生产中,要注意观察,建立母牛发情预报制度,据前次发情日期预报下次发情日期。另外,有些母牛常表现安静发情或假发情,有些因营养不良、生殖器官机能退化,卵泡发育缓慢,排卵时间延迟或提前,可通过直肠检查来判断。

(四)育成牛的初次配种

育成牛配种不要看月龄,主要以身高、胸围、体重为标准。

13～15 月龄时,生殖器官和卵巢的内分泌功能更趋健全,当身高达到 127 厘米、胸围达到 165 厘米、体重达到 350 千克以上时即可进行第一次配种。但达不到这个标准的牛,不要过早配种,否则对育成牛本身和胎儿发育均会带来不良影响。

第四节 初孕牛的饲养管理

头胎牛初产体重与第一泌乳期产奶量在一定范围内呈正相关。有试验表明,产后体重 560 千克左右较 400 千克的产奶量增加近 800 千克。但是,体重再增加奶量增加幅度不大,体重大于 650 千克,奶量反而减少。避免初产分娩时体重过小,否则难产的频率增加、胎衣不下的频率增加和产奶量低下。因此,初孕牛的饲养目标是:头胎牛的最佳产犊年龄为 23～24 月龄,产后体重 544～567 千克,体高 132～140 厘米,体斜长不低于 145 厘米,胸围不低于 180 厘米。初产月龄每延迟 1 个月,育成费用增加约 550 元、产奶量损失 1 800 千克。

一、初孕牛的特点

一般情况下,15～16 月龄出生发育正常的母牛,已配种怀孕,到 18～19 月龄时已进入妊娠中期,但此时母牛和胎儿所需养分增加不多,可按一般水平饲喂,而到产犊前 2～3 个月(22～25 月龄),胎儿发育较快,子宫体和妊娠产物(羊水、尿水等)增加,乳腺细胞也开始迅速发育,在此期间每日每头牛增重 700～800 克,高的可达 1 000 克。

二、初孕牛的饲养

初产母牛由于自身还处于生长发育阶段,除考虑胎儿生长需要外,还应考虑其自身生长发育的所需的营养。但是,初孕牛体况不得过肥,视其原来膘情确定日增重,肋骨较明显的为中等膘,日增重可按 1 000 克饲喂。一般认为,以看不到肋骨较为理想,分娩前理想的体况评分为 3.5。保证优质干草的供应,喂量占达到体重的 1%～1.5%。严禁饲喂冰冻、霉烂变质饲料和酸性过大的饲料。

怀孕前 2 个月是胚胎发育的关键时期,如果营养不良或某些养分缺乏,会造成子宫乳分泌不足,影响胎儿着床和发育,导致胚胎死亡或先天性发育畸形,因此,要保证饲料质量高,营养成分均衡,尤其是要保证能量、蛋白质、矿物元素和维生素 A、维生素 D、维生素 E 的供给。遵循优质青粗饲料为主,精饲料为辅的原则,确保日粮营养全面。

妊娠期最后两个月胎儿的增重占到胎儿总重量的 75% 以上,需要母体供给大量的营养,精饲料供给量应逐渐加大。母体也需要贮存一定的营养物质,使母牛有一定的妊娠期增重,以保证产后正常泌乳和发情。除优质青粗饲料以外,混合精料每天不应少于 2~3 千克。从预分娩前 10~14 天,开始增加精料(应饲喂分娩后要采用的基础精饲料),精料的饲喂量每日递增 0.5 千克,逐渐增加至分娩前日饲喂量为 4~6 千克,精料的粗蛋白质水平配制为 15%~16%。但要特别注意,从预分娩前 20 天,采用低钙日粮,即日粮钙含量调节到低于饲养标准的 20%,传送动用骨骼钙的信号,有利于防止产后瘫痪。

具体饲养方案见表 6-12。

表 6-12　初孕母牛的饲养方案　　　千克/(头·天)

月龄	精料量	干草	玉米青贮
19	2.5	3	14
20	2.5	3	16
21	3.5	3.5	12
22	4.5	4.5	8
23	4.5	5.5	6
24	4.5	5.5	6

精料配方组成(%):①玉米 46,豆饼 16.5,麸皮 33,石粉 2.5,食盐 2。②玉米 48,豆饼 23,麸皮 26,碳酸钙 0.5,磷酸氢钙 1.7,食盐 0.5,添加剂 0.3。③玉米 51,麸皮 25,花生粕 10,棉籽粕 5,豆粕 5,磷酸氢钙 2,小苏打 1,预混料 1。

三、初孕牛的管理

荷斯坦牛的平均妊娠期为 280 天,初产牛平均为 276 天。预产期＝(配种月－3)＋(配种日＋6),从预定分娩日前 10 天开始应加强监视。

初孕牛单独分群,分娩前 2 个月的初孕母牛应转入干奶牛群进行饲养。初次怀胎的母牛,未必像经产母牛那样温顺,因此管理上必须非常耐心,并经常通过刷拭、按摩等与牛接触,使牛养成温顺的习性,并习惯于人的操作,适应产后管理。如需修蹄,应在妊娠 5～6 个月前进行。保持牛舍、运动场卫生、供给充足饮水。从开始配种起,每天上槽后按摩乳房 1～2 分钟,促进乳房的生长发育;妊娠后期初孕母牛的乳腺组织处于快速发育阶段,应增加每日乳房按摩的次数,一般每天 2 次,每次 5 分钟,至产前半个月停止。按摩乳房时要注意不要擦拭乳头。乳头的周围有蜡状保护物,如果擦掉有可能导致乳头龟裂,严重的可能擦掉"乳头塞",这会使病原菌侵入乳头,造成乳房炎或产后乳头坏死。同时,还要防止机械性流产或早产,在牛群通过较窄的通道时,不要驱赶过快,防止互相挤撞,冬季要防止在冰冻的地面或冰上滑倒,也不要喂给母牛冰冻的饲料或饮冰水。严禁打牛、踢牛,做到人牛亲和,人牛协调。运动可持续到分娩以前,运动量要加大,每日 1～2 小时,可防止难产,保持牛的体质健康。分娩前 1 周放入产房进行单独饲养。初产母牛难产率较高,要提前准备齐全助产器械,洗净消毒,做好助产和接产准备。

第五节　干奶牛的饲养管理

进入妊娠后期,停止挤奶到产犊前 15 天,称为干奶期。干奶期是奶牛饲养的一个重要环节。干乳方法的好坏,干乳期的长短以及干乳期规范化的饲养管理对于胎儿的发育,母牛的健康以及下一个泌乳期的产奶量有着直接的关系。

一、干奶期的作用

(一)有利于胚胎的发育

在妊娠后期,胎儿增重加大,需要较多营养供胎儿发育,实行干乳期停乳,有利于胚胎的发育,为生产出健壮的牛犊做准备。

(二)使乳腺组织得到更新

泌乳母牛由于长期泌乳,乳腺上皮细胞数减少,进入干奶期时,旧的腺细胞萎缩,临近产犊时新的乳腺细胞重新形成,且数量增加,从而使乳腺得以修复、增殖、更新。为下一个泌乳周期的泌乳活动打下基础,可以提高下一泌乳期的产奶量。

(三)有利于母牛体质的恢复

可补偿母牛长期泌乳而造成的体内养分的损失(特别是有些母牛如在泌乳期营养为负平衡),恢复牛体健康,使母牛怀孕后期得以充分休息。但不能把干乳期母牛喂得过肥。

二、干乳期的时间

干乳期的时间根据母牛的年龄、体况、泌乳性能而定。一般是45~75天,平均为50~60天,凡初胎或早配母牛、体弱及老龄母牛、高产母牛(年产乳6 000~7 000千克以上)以及饲养条件较差的母牛,需要较长的干乳期(60~75天)。而体质强壮、产乳量较低、营养状况较好的壮龄母牛,则干乳期缩短为45天。生产实践证明,干乳期少于35天,会影响下一个泌乳期的产奶量,过短的干乳期不利于乳腺上皮细胞的更新或再生。在早产、死胎的情况下,缺少或缩短干乳期,同样会降低下一期的泌乳量,例如在早产时泌乳量仅是正常乳量的 8 成。

　　奶牛的干奶期可分为三个阶段:第一阶段(干奶的最初 10 天),奶牛乳腺开始从泌乳状态转入停乳状态。在营养上,通常对饲料中的能量和蛋白质限饲几天,以帮助高产牛停止泌乳。第二阶段(持续约 1 个月),此时是胎犊牛快速生长、发育,母牛身体组织再生、复壮的时期。在此期间提供含饲草量高的平衡饲料是重要的。第三阶段(产前的 3 周),代谢上母牛正为分娩、泌乳做准备,临产时开始生产初乳。

三、干奶的方法

　　干乳时不能患乳房炎,如有乳房炎需治愈后再干乳。干奶的方法一般可分为逐渐干奶法、快速干奶法和骤然干奶法 3 种。

(一)逐渐干奶法

　　逐渐干法一般需要 10～15 天时间。从干奶的第 1 天开始,逐渐减少精料喂量,停喂多汁料和糟渣料,多喂干草,同时改变饲喂时间,控制饮水量,加强运动;打乱奶牛生活泌乳规律,变更挤奶时间,逐渐减少挤奶次数,停止运动和乳房按摩,改日 3 次为 2 次,2 次为 1 次乃至隔日挤奶,此时,每次挤奶应完全挤净,到最后一次挤 2～3 千克奶时挤净,然后用 2 瓶普通青霉素＋2 瓶链霉素＋40 毫升蒸馏水,溶解后注射分别注入四个乳区,向四个乳头注入红霉素(或金霉素)眼膏封闭乳头管,最后用火棉胶涂抹于乳头孔处封闭乳头孔,以减少感染机会。以后随时注意乳房情况。

(二)快速干奶法

　　快速干奶是在 4～7 天内停奶。一般多用于中低产奶牛。快速干奶法的具体做法是从干奶的第 1 天开始,适当减少精料,停喂青绿多汁饲料,控制饮水量,减少挤奶的次数和打乱挤奶时间。开始干奶的第 1

天由日挤奶 3 次改为日挤奶 1 次,第 2 天挤 1 次,以后隔日挤 1 次。由于上述操作会使奶牛的生活规律发生突然变化,使产奶量显著下降,一般经 5～7 天后,日产奶量下降到 8～10 千克以下时,就可以停止挤奶。最后 1 次挤奶应将奶完全挤净,然后用杀菌液蘸洗乳头,封闭乳头方法同"逐渐干奶法"。乳头经封口后即不再动乳房,即使洗刷时也防止触摸它,但应经常注意乳房的变化。

(三)骤然干奶法

在奶牛干奶日突然停止挤奶,乳房内存留的乳汁经 4～10 天可以吸收完全。对于产奶量过高的奶牛,待突然停奶后 7 天再挤奶 1 次,但挤奶前不按摩,同时注入抑菌的药物(干奶膏),将乳头封闭,方法同"逐渐干奶法"。

三种方法比较:逐渐干奶法一般用于高产奶牛以及有乳房炎病史的牛。快速干奶法和骤然干奶法现在应用较多,因为这两种方法干奶所需要时间较短,省工省时,并且对牛体健康和胎儿发育影响较小,乳房承受的压力大,有乳腺炎病史的牛不宜采用;因此,需要工作人员大胆细心,责任心强,才能保证奶牛的健康。在停止挤奶后 3～4 天,要随时注意乳房变化。乳房最初可能会继续肿胀,只要乳房不出现红肿、疼痛、发热和发亮等不良现象就不必管它。经 3～5 天后,乳房内积存的奶即会逐渐被吸收,约 10 天后乳房收缩变软,处于停止活动状态,干奶工作即完全结束。如停奶后出现乳房继续肿胀、红肿或滴奶等现象,母牛会兴奋不安,此时可再将乳汁挤净后再用青霉素药膏封闭为好。

四、干奶期奶牛的饲养

干奶期是母牛身体蓄积营养物质时期,适当地营养可使干奶母牛在此期间取得良好的体况。如果在此期饲喂得合理,就可以在下个泌乳期达到较高的产乳量和较大的采食量。由于乳牛代谢疾病的增加,干奶牛体况应维持中等水平。严格限制奶牛干乳期的能量摄入量,绝不应把母牛喂得过肥,否则易导致难产,影响以后的产奶量,过肥的母牛大多数在产后会食欲下降,以至于造成奶牛大量利用体内脂肪,从而易引发酮血症。此外,过肥的干奶牛还会造成脂肪肝的发生。视母牛体况、食欲而定,其原则为使母牛日增重在 500～600 克之间,全干奶期增重 30～36 千克,体况评分 3.25。

干奶期奶牛的饲养应根据具体体况而定。在实施干乳过程中,在满足干乳牛营养的前提下,使其尽早停止泌乳活动,不喂或少喂多汁料及副料,适当搭配精料。增加粗饲料(干草)的采食量;短时间限制饮水;缓解瘤胃负担,恢复前胃机能。对于营养状况较差(体况评分低于低于 3.5 分)的高产母牛应提高营养水平,除充足供应优质粗饲料外,还应饲喂一定量的精料,使其在干奶前期的体重比泌乳盛期时增加10％左右,从而达到中上等膘情;对于营养状况良好的干奶母牛,整个干奶前期一般只给予优质牧草,补充少量精料即可。精料的喂量视粗饲料的质量和奶牛膘情而定。一般可以按日产 10～15 千克牛奶的标准饲养,供应 8～10 千克的优质干草、15～20 千克的玉米青贮饲料(全株玉米青贮每头每天的喂量不宜超过 13 千克或粗饲料干物质的一半)和 2～4 千克配合精料。干奶牛的配合精料中应补充充足的矿物质微量元素和维生素预混料。精料喂量最大不宜超过体重的 0.6％～0.8％,以防奶牛产犊时过肥,造成难产和代谢紊乱。

干奶期应以青粗饲料为主,糟渣类和多汁类饲料不宜饲喂过多。干物质进食量为母牛体重的 1.5％(粗饲料的含量应达到日粮干物质的 60％以上),日粮粗蛋白含量为 11％～12％,精粗比为 25：75,产奶净能含量 1.75NND/千克,NDF45％～50％,NFC30％～35％,干奶前期日粮钙含量 0.4％～0.6％,磷含量 0.3％～0.4％,食盐含量 0.3％,同时注意胡萝卜素的补充。为防止母牛皱胃变位和消化机能失调,每日每头牛至少应喂给 2.5～4.5 千克长干草。

参考日粮配方:

配方 1:适用 305 天产奶量 5 500～6 000 千克的干奶牛日粮为玉米青贮 22 千克,羊草 3.10 千克,混合料 2.60 千克(其中玉米 60％,豆饼 10%,麸皮 16%,大麦 6%,高粱 6%,食盐 2%)。

配方 2:适用于体重 600～650 千克的奶牛的干奶前期日粮为玉米青贮 18 千克,中等羊草 3～3.5 千克,精料 3 千克(其中玉米 50%,豆饼 34%,麸皮 13%,磷酸钙 1.6%,碳酸钙 0.4%,食盐 1%)。

配方 3:适用于体重 500～550 千克的奶牛的干奶前期日粮为玉米青贮 17 千克,中等羊草 2.5～3 千克,精料 3 千克(其中玉米 44%,豆饼 16%,麸皮 37%,磷酸钙 0.5%,碳酸钙 1.5%,食盐 1%)。

五、干奶期奶牛的管理

(一)做好保胎工作

加强饲养管理是保胎工作的关键,为此应保持饲料的新鲜和质量,绝对不能供给冰冻、腐败变质的饲草饲料,冬季不应饮过冷的水,及时防治一些生殖系统的疾病,防止拥挤、摔倒等事件的发生。

(二)适当的运动

运动不仅可促进血液循环,有利于奶牛健康,而且可减少(或防止)肢蹄病及难产。同时还应增加日照时间,以便维生素 D 的形成,防止产后瘫痪。有条件的奶牛场应设有具有一定遮阳设施的大运动场或小块牧地,任其自由运动。在运动时必须和其他牛群分开,以免互相拥挤而造成流产,产前停止运动。

(三)保持皮肤的卫生

母牛在妊娠期内,皮肤代谢旺盛,容易产生皮垢,因此每天应加强刷拭,以促进血液循环,使牛变得更加温顺易管。

(四)乳房按摩

为了促进乳腺发育,经产母牛在干奶 10 天后开始按摩,每天一次,但产前出现水肿的牛应停止按摩。

(五)干奶期乳房炎的预防

停奶后 15 天内应对乳房密切监视,如有炎症发生,除兽医处置外,应继续挤奶至炎症消失重新停奶。易发乳房炎的牛多是乳量偏低或自动干奶的牛,务必注意。干奶前确保乳房健康,要进行至少 2 次监测,连续 2 次监测结果完全阴性者方可停奶。干奶后的牛应置于卫生良好的环境里。在干奶后的头 2 周和预产前 2 周每天药浴乳头一次,是一种有效的办法。

(六)干奶期饲养管理中存在的问题及对策

1. 应激

通常母牛在产前会减少采食,有时在分娩前 2～3 周就开始减食,但最严重的食欲减退一般发生在分娩后的第 1 天。除这种分娩刺激造成的应激外,由于干奶牛被重视程度低,通常被置放在粗放的饲养管理环境中,突发的或急剧的饲料、牛舍及管理方式的改变,常对干奶牛造成刺激,加重了干奶牛的应激反应,导致干奶牛的采食量进一步减少,发生酮病的危险加剧。因此,应提供通风良好、清洁干燥和有良好垫草的牛舍,减少环境的应激。通过改进饲养管理可最大限度地减少母牛在怀孕后期采食量下降,以补偿母牛在分娩期间较正常采食量下降造成的影响。同时可提高其日粮的营养浓度,并饲喂优质青干草以补充营养。

2. 干奶牛饲料质量低劣

往往只重视产奶牛的饲草质量,而干奶牛则饲喂因不良气候和堆放条件差而造成腐败、发霉,甚至被真菌毒素污染的饲草。保证母牛在分娩前后几周有良好的饲养管理是极为重要的,低质量或发霉饲料会影响牛的采食,导致低产奶量、繁殖障碍及代谢异常,发生酮病、脂肪肝甚至蹄叶炎等。据美国科涅尔大学近期的研究表明,奶牛干奶期饲料的蛋白含量可影响母牛对酮病的敏感性。许多干奶牛的饲料中蛋白质极为短缺,因为这期间其饲养一般以干草为主,或配合青贮料饲喂,这些饲料仅提供9％～10％的蛋白质,这不仅影响牛的食欲,还可导致泌乳期奶牛蛋白浓度低。另据美国的研究表明,提高过瘤胃蛋白的比例是有益的,在奶牛临产前3周通过添加过瘤胃蛋白使粗蛋白质从10％提高到15％可降低酮病的发生率。

第六节　围产期奶牛的饲养管理

奶牛产前15天称为围产前期,产后15天称为围产后期。奶牛的围产期是奶牛对前一泌乳期的休整阶段,也是下一泌乳期的准备和开始阶段。这一时期的饲养管理直接关系到奶牛的体质、分娩情况,产后泌乳情况和健康状况。因此,长期以来,围产期被认为是奶牛生产中的一个关键时期。

一、围产期奶牛的代谢特征

在奶牛由妊娠末期逐渐进入泌乳早期的过程中,内分泌状态发生明显改变,从而为分娩和泌乳做准备。血浆胰岛素下降,生长激素增加。分娩时血浆甲状腺素下降50％,然后又开始增加。雌激素在妊娠后期浓度升高,产犊时迅速下降。普遍认为在围产期雌激素水平提高是造成采食量降低的主要原因,产前最后一周干物质采食量可以降低30％～40％,或采食量从体重的2％降低到1.5％。孕酮含量在产犊前两天迅速下降,糖皮质激素和催乳素在产犊当天增加,分娩后的第二天回到分娩前水平。内分泌状态的改变和干物质采食量的减少,会影响奶牛的代谢,导致脂肪从脂肪组织及糖原从肝脏的动员。血液中非酯化脂肪酸浓度迅速提高,直到分娩结束为止,极易造成 NEFA 以甘油三酯的形式在肝脏中蓄积,肝脏功能损害。在围产前期,血浆葡萄糖浓度保持恒定或略微增加,产犊时迅速上升,随后立即下降。产前 9 天到产后 21 天内脏器官葡萄糖的总输出量升高 267%,这几乎全部来源于肝脏的糖异生。围产期从丙酸盐、乳酸盐和甘油异生的葡萄糖占肝脏葡萄糖净释放量的 50%～60%、15%～20% 和 2%～4%。而由氨基酸异生的葡萄糖最低可占 20%～30%。血钙在产犊前最后几天有所下降,分娩时达到最低。在围产期,奶牛的免疫机能下降。嗜中性白细胞和淋巴细胞的功能受到抑制,其他免疫系统成员的血浆浓度也下降。

二、围产前期奶牛的饲养管理

主要目标是使奶牛逐渐由以粗料为主的饲喂模式向高精料日粮模式过渡,激发免疫系统,减少疾病,减少产后代谢疾患。一方面,要给予较高的营养水平,保证胎儿的正常发育;另一方面,营养水平又不能过高,以免胎儿和母牛过肥(体况评分 3.5 分为宜)。否则可能使牛发生难产、代谢病和某些传染病。使母牛能在新的泌乳期内充分发挥泌乳潜力,促进产奶高峰期的早日到来,母牛能在产后很快地大量进食饲料干物质。

(一)围产前期的饲养

营养水平:干物质采食量占母牛体重的 2.5%～3%;每千克日粮干物质含 2～2.3 个 NND;可消化粗蛋白质占日粮干物质 9%～11%;钙为 40～50 克,磷为 30～40 克。中性洗涤纤维 33%、酸性洗涤纤维 23% 和非纤维性碳水化合物 42%。

瘤胃微生物从高纤维日粮转变到对高淀粉日粮的完全适应需要 3～4 周的时间,所以,一般于分娩前 15～21 天开始逐渐增加精料,可每次增加 0.3～0.5 千克,直至临产前精料饲喂量达到 5.5～6.5 千克,但最大喂量不超过体重的 1%～1.2%,以促进瘤胃细菌与乳头状突起的生长,减少体脂的动用及与脂肪代谢有关的代谢紊乱的发生。掌握在比干乳期稍高的相对低水平。此外,应该将此阶段日粮种类与围产后期种类尽量调整一致,特别是可能出现适口性问题的饲料应逐渐增加喂量,以减少产后日粮结构改变对奶牛产生的应激。

粗蛋白水平调整为 12%～14%,并增加瘤胃非降解蛋白(RUP)的含量,达到粗蛋白的 26%左右,一般发酵工业蛋白饲料、高温处理的大豆等含较高的 RUP。有助于降低酮病、胎衣不下等疾病的发生率。

保证足量的有效纤维是十分重要的,一般建议中性洗涤纤维(NDF)含量 40%。日饲喂 4 千克优质禾本科干草,青贮饲料 15 千克,以促进瘤胃及其微生物区系功能发挥,防止真胃移位。

对分娩前半个月内的奶牛要实行低钙日粮饲养,使日粮中的钙质含量减至平时喂量的 1/3～1/2,这种喂法可使奶牛骨骼中的钙质向血液中转移,这样可有效地防止奶牛产后麻痹症的发生。以及减少由此引发的一系列代谢紊乱,如干物质采食量降低、胎衣不下、产后瘫痪、真胃移位、酮病等,需要调整围产前期奶牛日粮的阴阳离子平衡(DCAB),使 DCAB 值在 －150～－50 毫克当量/千克干物质范围内,奶牛尿液 pH 降低到 6.0～6.5 范围内,即能达到最佳效果。

产前食盐的喂量可由原来的每天 75～100 克降至 30～50 克,即由原来的 1.5%降至 0.5%以下。可以避免母牛产前催奶过急,有效地减少奶牛产后乳房水肿的发生,有利于母牛产后食欲恢复。

日粮中适当补充维生素 A、维生素 D、维生素 E 和微量元素(硒),对产后子宫的恢复,提高产后配种受胎率,降低乳房炎发病率,提高产奶量具有良好作用。如每日补充维生素 E 3 000～4 000 国际单位。为了降低母牛产后胎衣滞留病的发生率,在围产期注射硒和维生素 E 可获得满意效果。

严禁饲喂缓冲剂,因为钠与钾是强致碱性阳离子,一方面会提高粗粮阴阳离子平衡值,容易引起低血钙;另一方面也会大大增加产后乳房水肿的发病率。

母牛临产前 2～3 天内,还要注意增加一些易消化、具有轻泻作用的麸皮,以防母牛发生便秘。其具体方法可在每 100 千克精料中加入 30～50 千克麸皮饲喂母牛。

(二)围产前期的管理

母牛一般在分娩前两周转入产房,以使其习惯产房环境。在产房内每牛占一产栏,不系绳,任母牛在圈内自由活动;产房派有经验的饲养员管理。产栏应事先清洗消毒,并铺以短草,产房地面不应光滑,以免母牛滑倒。天气晴朗时应让母牛到运动场适当活动,但应防止挤撞摔倒,保证顺利分娩。严禁饲喂发霉变质的饲料和饮用污水,冬季不能饲喂冰冻饲料和饮冰水。预防乳房炎和乳热症的工作应从此时开始。虽然乳房炎并非全由饲喂高水平精料造成,但饲喂高水平精料确有促进隐性乳房炎发病的作用。因此,干奶后期必须对母牛的乳房进行仔细检查、严密监视,如发现有乳房炎征兆时必须抓紧治疗,以免留下后患。

三、奶牛分娩期的饲养管理

分娩期一般指母牛分娩至产后 7 天。因为这段时间奶牛经历妊娠至产犊至泌乳的生理变化过程,在饲养管理上有特殊性,在生产中应加以重视。主要目标是尽量克服干物质采食量(DMI)降低和能量负平衡,及时调整日粮并观察奶牛,尽早恢复体质,减少代谢病的发生,确保在转入高产牛群时奶牛处于良好的健康状态。

(一)临产牛的观察与护理

随着胎儿的逐步发育成熟和产期的临近,母牛在临产前发生一系列变化。为保证安全接产,必须安排有经验的饲养人员昼夜值班,注意观察母牛的临产症状,主要有四观察:①观察乳房变化。产前约半个月乳房开始膨大,一般在产前几天可以从乳头挤出黏稠、淡黄色液体,当能挤出乳白色初乳时,分娩可在 1～2 天内发生。②观察阴门分泌物。妊娠后期阴唇肿胀,封闭子宫颈口的黏液塞溶化,如发现透明索状物从阴门流出,则 1～2 天内将分娩。③观察是否"塌沿"。妊娠末期,骨盆部韧带软化,臀部有塌陷现象。在分娩前一两天,骨盆韧带充分软化,尾部两侧肌肉明显塌陷,俗称"塌沿",这是临产的主要症状。④观察宫缩。临产前,子宫肌肉开始扩张,继而出现宫缩,母牛卧立不安,频频排出粪尿,不时回头,说明产期将近。观察到以上情况后,应立即将母牛拉到产间,并铺垫清洁、干燥、柔软的褥草,做好接产准备。

(二)分娩后的护理

母牛分娩过程体力消耗很大,产后体质虚弱,处于亚健康状态,饲养原则是全力促进其体质的恢复。刚分娩母牛大量失水,要立即喂以温热、足量的麸皮盐水(麸皮 1～2 千克,盐 100～150 克,碳酸钙 50～100 克,温水 15～20 千克),可起到暖腹、充饥、增腹压的作用。同时喂给母牛优质、嫩软的干草 1～2 千克。为促进子宫恢复和恶露排出,还可补给益母草温热红糖水(益母草 250 克,水 1 500 克,煎成水剂后,再加红糖 1 000 克,水 3 000 克),每日 1 次,连服 2～3 天。

母牛产后经 30 分钟即可挤奶,挤奶前先用温水清洗牛体两侧、后躯、尾部,并把污染的垫草清除干净,最后用 0.1%～0.2%的高锰酸钾溶液消毒乳房。开始挤奶时,每个乳头的第 1、2 把奶要弃掉,挤出 2～2.5 千克初乳。

产后 4～8 小时胎衣自行脱落。脱落后要将外阴部清除干净并用来苏尔水消毒,以免感染生殖道。胎衣排出后应马上移出产房,以防被母牛吃掉妨碍消化。如 12 小时还不脱落,就要采取兽医措施。母牛在产后应天天或隔天用 1%～2%的来苏尔水洗刷后躯,特别是臀部、尾根、外阴部,要将恶露彻底洗净。加强监护,随时观察恶露排出情况,如有恶露闭塞现象,即产后几天内仅见稠密透明分泌物而不见暗红色液态恶露,应及时处理,以防发生产后败血症或子宫炎等生殖道感染疾病。观察阴门、乳房、乳头等部位是否有损伤;有无瘫痪发生征兆。每日测 1～2 次体温,若有升高及时查明原因进行处理。

母牛在分娩前 1～3 天,食欲低下,消化机能较弱,此时要精心调配饲料,精料最好调制成粥状,特别要保证充足的饮水。由于经过产犊,气血亏损,牛体抵抗力减弱,消化机能及产道均未复原,而乳腺机能却在逐渐恢复,泌乳量逐日上升,形成了体质与产乳的矛盾。此时在饲养上要以恢复母牛体质为目的。在饲料的调配上要加强其适口性,刺激牛的食欲。粗饲料则以优质干草为主。精料不可太多,但要全价,优质,适口性好,最好能调制成粥状,并可适当添加一定的增味饲料,如糖类等。4 天后逐步增加精料、块根块茎料、多汁料及青贮。要保持充足、清洁、适温的饮水。一般产后 1～5 天应饮给温水,水温 37～40℃,以后逐渐降至常温。

产犊的最初几天,母牛乳房内血液循环及乳腺胞活动的控制与调节均未正常,所以不能将乳汁全部挤净,否则由于乳房内压显著降低,微血管渗出现象加剧,会引起高产奶牛的产后瘫痪。每次挤奶时应热敷按摩 5～10 分钟,一般产后第 1 天每次只挤 2 千克左右,第 2 天每次挤奶 1/3,第 3 天挤 1/2,第 4 天才可将奶挤尽。分娩后乳房水肿严重,要加强乳房的热敷和按摩,每次挤奶热敷按摩 5～10 分钟,促进乳房消肿。

产前 1 周和产后隔日检测酮体。

四、围产后期奶牛的饲养管理

围产后期指产后第 7～15 天。此阶段奶牛产奶量迅速增加,采食量增加缓慢,为满足能量需要奶牛动员自身体脂肪。

(一)围产后期的饲养管理

干物质占母体体重的 3％～3.8％;每千克干物质含 2.3～2.5 个 NND;CP:17％～19％(非降解蛋白含量达粗蛋白 40％);分娩后立即改为高钙日粮,钙占日粮干物质的 0.7％～1％(130～150 克/天),磷占日粮干物质的 0.5％～0.7％(80～100 克/天)。粗纤维含量不少于 17％。NDF28％～45％。NFC50％。

提高新产牛日粮营养浓度和精料喂量,以满足低采食量情况下的奶牛实际营养需要,减少体况损失。但精料增加不宜过快,否则会引起瘤胃酸中毒、真胃移位、乳脂率下降等一系列问题,一般前2周精料添加速度为0.5千克/天左右;由于新产牛DMI不高,且动员体内蛋白质的能力有限,因此提高日粮蛋白质浓度很重要,一般日粮粗蛋白含量推荐为17%~19%,其中应包括足够的瘤胃降解与非降解蛋白,非降解蛋白含量达到粗蛋白40%左右。饲喂质量最好的粗料,NDF含量为28%~33%,并保证有充足的有效长纤维(大于2.6厘米)。可饲喂2~4千克/天优质长干草(最好是苜蓿),确保瘤胃充盈状态和健康功能。一般小苏打与氧化镁一起使用,比例为2~3份小苏打加1份氧化镁,小苏打添加量为0.75%。

为弥补营养不足,应在围产后期提高饲料的营养浓度,根据牛的食欲及乳房消肿情况,逐渐增加各种饲料给量,从产后第7天开始,以牛最大限度采食为原则,每天增加0.5~1千克精饲料,一直增加到产奶高峰。日采食干物质量中精料比例逐步达60%,精料中饼类饲料应占到30%,同时,每头牛可补加1~1.5千克全脂膨化大豆,以补充过瘤胃蛋白和能量的不足。增喂精饲料是为了满足产后日益增多的泌乳需要,同时尽早给妊娠,分娩期间出现的负平衡以补偿。一般日喂混合料10~15千克(其中谷实类头日喂给7~10千克,饼类饲料2~3千克)。

粗饲料饲喂由开始时的以优质干草为主,逐步增喂玉米青贮、高粱青贮,至产后15天,青贮喂量宜达20千克以上,干草3~4千克,其中为增进干草采食量可喂一些苜蓿草粉或谷草草粉,占干草量的1/3左右,产后7天后还可以喂些块根类、糟渣类饲料,以增强日粮的适口性,提高日粮营养浓度。块根类头日喂量5~10千克,糟渣类15千克。

产后奶牛体内的钙、磷也处于负平衡状态。如日粮中缺乏钙、磷,有可能患软骨症、肢蹄症等,使产奶量降低。为保证牛体健康和产奶,每牛产后需喂给充足的钙、磷和维生素D。豆科饲料富含钙,谷实类饲料含磷较多,饲料中钙、磷不足应喂给矿物质饲料,分娩10天后,头日喂量钙不低于150克,磷不低于100克。

（二）围产后期的管理

日粮能量不足会造成能量收支的极不平衡，过度动用体脂肪势必影响牛体健康，影响泌乳性能的发挥。母牛分娩后的 15 天内，每天平均失重 1.5～2.0 千克。给临产牛喂特定日粮来提免疫系统和维持采食量。

避免任何可能的应激，如场地、饲槽空间、热应激、疾病风险等。尽量少转群。

五、奶牛围产期营养代谢病的控制

（一）产后瘫痪

产后瘫的发生是由于产前的高钙日粮（钙占日粮干物质的 0.6%，钙：磷＝1.5：1），使母牛在生理上形成了对饲料中钙、磷来源的依赖性，表现为甲状旁腺分泌机能降低。奶牛分娩后骤然泌乳，随着大量钙流失，使血钙低下，不能引起甲状旁腺的充分分泌，使骨钙动员迟缓。这时虽然饲料中有充足的钙、磷来源，但此时乳牛肠道对钙的吸收减少，利用率低，从而导致低血钙症，造成产后瘫痪，甚至可能引发乳房炎。因此，围产前期必须给予低钙日粮。对于老龄牛、高产牛更要注意产后瘫发生。母牛分娩后应很快恢复高钙日粮，以免造成长期的钙、磷负平衡而影响乳牛健康。典型的低钙日粮一般是钙占日粮干物质的 0.4% 以下，一般为 40 克，钙：磷＝1：1。

随着研究的不断深入，研究人员提出了日粮阴阳离子平衡理论，即围产前期日粮中添加阴离子盐 [NH_4Cl、$(NH_4)_2SO_4$、$MgCl_2$、$MgSO_4$、$CaCl_2$、$CaSO_4$] 和镁，一方面，阴离子盐能降低血液 pH，从而促进产后奶牛骨钙的重吸收，增加血液钙离子浓度；另一方面，镁的采食量增加，提高血镁的含量，防止因低血镁、低血钙造成的产乳热或其他一些产后疾病。

(二)胎衣不下

在奶牛围产前期,一些饲养管理因素能引起胎衣不下的发生,如产前过高营养水平,造成母牛过肥,而使母畜子宫收缩无力,易引起难产和胎衣不下;过高的营养水平,使母体内胎儿过于肥大引起难产和胎衣不下;日粮中钙、镁、磷比例不当,使母牛身体虚弱,也易引发胎衣不下;某些维生素如维生素 A,特别是维生素 E 的缺乏,直接引发产生胎衣不下。

因此,在奶牛围产前期的饲养中,一定要给予科学日粮,不能形成过肥母牛和肥大胎儿,各种矿物质比例恰当,坚持低钙日粮;在围产前期应特别注意维生素的缺乏问题,应该在此时期补充一些富含维生素的胡萝卜和鲜苜蓿等。在实践中,为了更有效地防止胎衣不下,特别是对习惯性胎衣不下的母牛,可以进行硒制剂和(或)维生素 E 的预防注射。母牛产犊后 1 小时内,一次注射维生素 A、维生素 D 30 毫升,维生素 E 1 000 微克,可预防胎衣不下。

(三)酮病

产后 2～4 周发病(发病高峰大约在产后 3 周),泌乳早期多数高产奶牛呈亚临床酮病(8%～34%)。患牛无食欲,特别是谷物饲料,伴随产奶量下降。瘤胃蠕动减少,粪便干燥。体重下降,表现憔悴、迟钝。典型酮病牛可通过呼吸闻到丙酮味。每百毫升血液血糖含量由 50 毫克下降到<25～30 毫克,β-羟丁酸升高(>14.4 毫克/分升)。

围产后期干物质摄入减少是酮病和脂肪肝的起始病因。干乳期奶牛过于肥胖,产后干物质摄入明显减少,可能与能量代谢的调控机制有关。产后 1 周肝脂肪量和血浆非酯化脂肪酸偏高,肌蛋白动用较多,影响免疫系统。分娩体重与产后脂肪动员呈正相关,体重增加超过 40 千克可明显抑制摄食。

不同能量摄入对围产期健康奶牛生产性能的影响研究表明:干乳期低能量饲喂,产后干物质摄入增加,明显高于高能量饲喂牛;产奶量增加,明显高于高能饲喂牛;产前体重增加不明显,产后失重少,能量负平衡程度轻,且持续时间明显缩短。干乳期高能饲喂,产前体重增加明显,产后失重也明显,能量负平衡严重。

预防:通过营养调控,提高瘤胃丙酸浓度(生糖前体),提高小肠葡萄糖浓度(过瘤胃淀粉等),提高围产后期奶牛干物质采食量。确保产后奶牛血糖含量 500 毫克/升。避免产犊时过于肥胖(适宜 BCS:3.5)。产前 2 周至产后 8 周补充烟酸 6～12 克/天。产犊前 10 天至产后 10 天补充丙二醇,喂量 300 克/(牛·天),可减少脂肪肝的发生,增加血糖水平,降低酮病的发生率。

(四)脂肪肝

母牛产犊时采食量低意味着增加脂肪动员,血液中非酯化脂肪酸(NEFA)浓度升高,过度脂肪动员导致肝功能障碍。脂肪肝的发生主要与 ME 用于妊娠的效率低(14%)和产犊前 DMI 下降(±30%)有关。

预防:避免 BCS>4.25,理想 BCS 为 3.5。提高干物质采食量,产犊前 10 天至产犊后 10 天为奶牛补充生糖前体物,如 200～300 毫升丙二醇/(头·天)。

(五)乳房炎

围产期的饲养与乳房炎的发生有密切关系。在围产前期,由于乳房乳腺开始活动,此时很容易受外界环境中细菌的感染而产生乳房炎;由于胎衣不下而继发;由于产后过量饲喂精料,使乳腺分乳机能过强而造成损害,形成乳房炎;由于不正确挤奶法等机械因素造成乳房炎。

针对以上情况,奶牛围产期饲养管理应该坚持产房的每日严格消毒和运动场地的按时消毒。产前 7 天要坚持药浴乳头,产后坚持药浴。挤奶时要注意牛体、乳房卫生和个人卫生。产房工人要有熟练的挤奶技术,丰富的管理经验和强烈的责任心,要减少由于机械因素和其他人为意外因素而引起的乳房炎。母牛产后要合理搭配日粮,精料的比例不能过高,一般精粗比例为 60∶40。严禁饲喂发霉变质的饲料和饮用污水,冬季不能饲喂冰冻饲料和饮冰水。

(六)乳房水肿

乳房水肿是一种围产期代谢紊乱疾病,其特征是乳腺细胞间的组织空隙出现液体的过量积累。严重时,乳房和脐部水肿、充血,并且在外阴部和前胸可能更为明显。通常情况下,妊娠青年母牛乳房水肿的发病率和严重程度均超过经产奶牛。乳房水肿最主要是因为细胞内外渗透压力变化所致,与阴阳离子平衡有关。围产前期不能饲喂苜蓿,小苏打,糟粕类,食盐等阳离子多的产品。

乳房水肿与干奶期饲养管理有关。日粮含盐量过大(>230克/天或2.5%DM)加剧水肿;产前日粮能量、Na、K过高;头胎牛产犊时BCS过高,增加乳房水肿的发病率。

预防:避免干奶期盐食入量过高(0.25%DM或28克/天);维生素A,维生素E(1 000国际单位/天)和β-胡萝卜素,因其抗氧化作用可以缓解水肿。

第七节　泌乳母牛的饲养管理

一、成年母牛生理及生产特点

奶牛生产周期通常是指从这次产犊开始到下次产犊为止的整个过程,在时间上与产犊间隔等同。根据成年母牛的生理生产特点和规律,将生产周期分为干奶期(停止挤奶至分娩前15天),围产期(母牛分娩前、后各15天以内的时间)、泌乳盛期(产后16～100天)、泌乳中期(产后101～200天)和泌乳后期(产后201天至干奶)五个阶段,对成年牛按照不同的生理和泌乳阶段给予规范化饲养,这样既可保证奶牛体质健康,同时可充分发挥其生产潜力(图 6-9)。

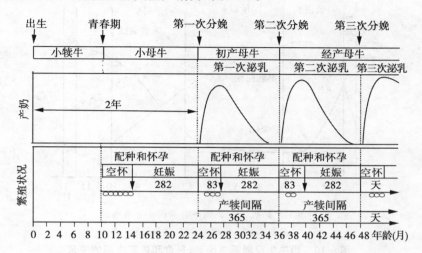

图 6-9　奶牛泌乳周期示意图

奶牛泌乳受内分泌激素的影响,产犊后泌乳量急剧上升,多数母牛在产后 4～6 周达到泌乳高峰,而此时的消化系统正处于恢复期,食欲差,采食量增加缓慢,12～14 周才达到高峰,这种泌乳性能和采食消化生理机能的不协调,致使高产乳牛营养食入量和泌乳营养产出量呈负平衡,营养赤字长达 1.5～2.0 个月,母牛不得不动用体贮支持泌乳,体重下降。奶牛在一个生产周期中泌乳、采食和体重之间的变化如图 6-10 所示。

二、泌乳早期母牛的饲养管理技术

(一)泌乳早期的代谢及营养需要特点

产后 16～100 天为泌乳早期(泌乳盛期)。高峰奶出现在产后40～

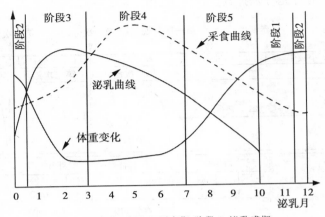

阶段1:干奶期 阶段2:围产期 阶段3:泌乳盛期

阶段4:泌乳中期 阶段5:泌乳后期

图6-10 奶牛生产周期中泌乳、采食和体重之间的关系

60天,此阶段乳牛能量代谢呈负平衡,体况评分可以从3.5下降到2.5,体重损失55千克,没有达到最大的干物质进食量,不得不动用体贮支持泌乳,体重下降。母牛泌乳初期动用的体贮的主要成分是脂肪(能量),母牛减重1千克所含能量约可合成6.56千克乳,而所含的蛋白质只能合成4.8千克乳。一般体内可以动用的体脂可供产奶1 000千克,而可动用的体蛋白仅可合成127千克乳,相比之下,营养赤字中尤以蛋白质为严重。泌乳盛期的泌乳量,约占整个泌乳期产乳量的50%左右,高峰时损失1千克等于整个泌乳期损失220千克,因此,乳牛生产中非常重视这个时期的饲养管理。

这一阶段泌乳能力的发挥对饲养管理水平的高低反应最敏感,增加营养也最容易提高和保持产奶量。因此,应及时根据产奶量及体重的变化调整精料给量,只要奶量不断上升,就可以不断增加精料给量,直至产奶量不再上升时为止。如果精饲料采食量增加过快或过高,会导致奶牛采食抑制、瘤胃酸中毒(通常4～7周后出现蹄病)、真胃移位或酮病。

要求日粮适口性好、体积小、饲料种类多。饲养上要适当增加饲喂次数,保证饲养方法的相对稳定。蛋白质类型和水平对达到产奶量泌乳高峰至关重要,蛋白质饲料包括高过瘤胃率的优质蛋白质饲料,满足奶牛对蛋氨酸和赖氨酸的需要。在不影响粗饲料消化的情况下,也可以在日粮中加入不超过 7% 的脂肪。

饲养目标:使能量负平衡的程度最小、时间最短。改善泌乳的持续性,提高繁殖力。

(二)泌乳早期乳牛的饲养

1. 日粮营养水平

日粮干物质要求占体重 3.5% 以上,每千克干物质含 2.4 个 NND,粗蛋白 16%～18%,钙 0.7%,磷 0.45%,精粗比 60:40,粗纤维不少于 15%,中性洗涤纤维 28%～30%、酸性洗涤纤维 19%～20%,非纤维性碳水化合物 35%～38%。

2. 泌乳早期乳牛的饲料选择

(1)能量饲料　用作能量补充料的饲料有玉米、高粱、大麦、整棉籽、大豆类和脂肪酸钙(过瘤胃脂肪)等,高能量混合谷物精料喂牛时,应逐日增加(每日以 0.5～1 千克为限),此类饲料最高日喂量不应超过 15 千克。

全棉籽是一种非常有价值的奶牛饲料,因为它是良好的能量(油)、蛋白和纤维来源,它含有约 20% 的粗蛋白和 23% 的粗纤维。全棉籽的喂量应限制在每头牛每天 1～2 千克。当饲喂更多的全棉籽时可能会出现棉酚中毒症状。

近年来为了提高饲料的能量水平,弥补泌乳盛期奶牛能量不足,日粮中添加保护性脂肪,以防动用体内贮备,分解体脂肪。而未保护脂肪添加量过多会抑制瘤胃微生物的活动和乳蛋白率降低,降低纤维素消化率。由于长链脂肪酸易形成不溶性物质而不能被充分利用,而添加保护脂肪——脂肪酸钙,则能取得良好的效果。由于脂肪酸钙在瘤胃中不分解,只有在真胃及小肠才被分解,一方面减少了对瘤胃微生物的影响,另一方面提高了对脂肪酸的利用率。瘤胃消化功能的正常,使奶牛对干物质的采食量不减少;大量脂肪酸在小肠被直接吸收,保证了肌体能量供应的充足。所以添加脂肪酸钙可有效地改善奶牛的能量负平衡状态,在泌乳期由于能量供应充足而使产奶量增加。一般在奶牛常规饲料中添加脂肪酸钙300克/(头·天),使产奶量提高19.29%。

(2)蛋白质饲料　泌乳高峰期奶牛对蛋白质的需要量很高,瘤胃产生的微生物蛋白不能满足需要,日粮中应补充优质低降解蛋白饲料(如全脂膨化大豆、豆饼、DDGS等),有助于提高产奶量。此外还可添加保持性蛋氨酸和赖氨酸添加剂。

(3)粗饲料　粗饲料应选择当地最好的饲料,其喂量(以干物质计)至少为母牛体重的1%,以便维持瘤胃的正常功能。干物质中粗纤维低于10%,容易引起消化障碍;低于13%会引起卵巢囊肿、子宫内膜炎等繁殖障碍多发病。对于高产乳牛,即使其饲料干物质中含粗纤维18%也有可能发生消化机能障碍和食欲不振。因此,要保证粗纤维在15%以上,如有可能达到17%以上就最理想。建议高产奶牛每天保证苜蓿干草喂量3千克,羊草2千克,甜菜颗粒粕0.5千克,玉米全株青贮15～20千克。

当日粮中粗饲料来源的中洗纤维降低时,日粮中精饲料的中洗纤维推荐值升高。如果日粮中粗饲料不足或粗饲料NDF消化率低时,可用高纤维副产品来代替部分粗饲料纤维,如甜菜渣、大豆皮、玉米皮、干酒糟、湿酒糟、棉籽皮、全棉籽等。

(4)糟渣类饲料　新鲜的啤酒糟、粉渣和豆腐渣等副料都是乳牛的好饲料,可明显地提高产奶量。但喂量要适度,日喂量以7～8千克为宜,在产奶量明显提高的同时,对牛的健康无不良影响。另外一定要新鲜,糟渣含水量大,保鲜时间短,高温时更易酸败产生有毒物质,喂牛可导致中毒甚或死亡。

(5)添加剂　当谷物饲料喂量过高时,每天可补饲120克小苏打和60克氧化镁,以防酸中毒。高产奶牛子宫复原不足,发情不明显,受胎率低等繁殖机能障碍是比较普遍的,这主要是营养不足,特别是与维生素

\、维生素 D、维生素 E 等缺乏有关,日粮中添加这些维生素可以有效地改善繁殖机能。每日每头维生素 A、维生素 D_3、维生素 E 和 β-胡萝卜素的投喂量分别为 50 000 国际单位、6 000 国际单位、1 000 国际单位和 300 毫克。微量元素添加剂是奶牛日粮必不可少的。每头牛每日可添加 6～12 克的烟酸,既可提高产奶量,又可预防酮病的发生。在奶牛日粮中添加瘤胃保护氨基酸、氨基酸类似物和过瘤胃脂肪和过瘤胃蛋白质都有提高产奶量的效果。

3. 奶牛的日粮配方

应根据饲料资源和奶牛产奶量随时调整,可参考如下。

体重 600 千克,日产奶 25 千克的中国荷斯坦牛日粮:玉米青贮 18 千克,羊草 4 千克,胡萝卜 3 千克,混合料 10.4 千克(其中玉米 48%、豆饼 25%、麸皮 21.6%、小苏打 1.5%,磷酸氢钙 1%,碳酸钙 1.9%,食盐 1.0%)。维生素、微量元素预混料另加。

体重 600 千克,日产奶 20 千克泌乳牛日粮:玉米青贮 18.0 千克,干草 4.0 千克,胡萝卜 3.0 千克,混合料 8.5 千克(其中玉米 47.8%、豆饼 28.3%、麸皮 18.4%,小苏打 1.5%,磷酸氢钙 1%,碳酸钙 2%,食盐 1%)。维生素、微量元素预混料另加。

体重 600 千克,日产奶 15 千克泌乳牛日粮:玉米青贮 16.0 千克,羊草 5.0 千克,胡萝卜 3.0 千克,混合料 8.4 千克(其中玉米 52.5%、豆饼 24%、麸皮 18%,小苏打 1.5%,磷酸氢钙 1%,碳酸钙 2%,食盐 1.0%)。维生素、微量元素预混料另加。

"玉米秸秆青贮＋干草"类型日粮在生产中可参考如下配方:

产奶低于 20 千克 TMR 配方(%):玉米 15.00、麸皮 3.60、豆粕 2.30、棉粕 3.30、菜粕 2.00、花生粕 2.00、磷酸氢钙 0.30、石粉 0.70、小苏打 0.50、食盐 0.30、预混料 0.30、苜蓿干草 7.60、谷草 7.60、玉米青贮 54.50。

产奶高于 20 千克 TMR 配方(%):玉米 20.00、麸皮 4.00、豆粕 3.50、棉粕 3.10、菜粕 2.10、花生粕 2.00、磷酸氢钙 0.35、石粉 0.70、小苏打 0.55、食盐 0.35、预混料 0.35、苜蓿干草 8.50、谷草 8.50、玉米青贮 46.00。

"全株玉米青贮＋干草"类型日粮在生产中可参考如下配方：

产奶低于 20 千克 TMR 配方（％）：玉米 12.00、麸皮 5.10、豆粕 2.30、棉粕 3.30、菜粕 2.00、花生粕 2.00、磷酸氢钙 0.30、石粉 0.70、小苏打 0.50、食盐 0.30、预混料 0.30、苜蓿干草 7.60、谷草 7.60、全株玉米青贮 56。

产奶高于 20 千克 TMR 配方（％）：玉米 15.00、麸皮 6.00、豆粕 3.50、棉粕 3.10、菜粕 2.10、花生粕 2.00、磷酸氢钙 0.35、石粉 0.70、小苏打 0.55、食盐 0.35、预混料 0.35、苜蓿干草 8.50、谷草 8.50、全株玉米青贮 49.00。

4. 饲喂方法

采用引导饲养法（俗称奶跟着料走），从母牛干乳期的最后两周开始，直到产犊后泌乳达到最高峰时，喂给高水平的能量，以减少酮血症的发病率，有助于维持体重和提高产奶量。母牛产犊后，仍继续按每天 0.45 千克增加精料，直到产乳高峰或精料不超过日粮总干物质的 65％ 为止。这时，母牛的采食量已增加到一定水平而自动停止。其泌乳量就停滞在高的水平上。而这个高峰会根据母牛个体情况，有的持续几周，也有不足 1 周就下降。泌乳盛期过后，奶量逐渐缓慢下降，根据产乳量、乳脂率、体重等情况及时调整精料喂量。在整个"引导"饲养阶段必须保证提供优质饲草，任其自由采食，并给予充足饮水，以减少消化道的疾病，引导饲养法对高产牛与低产牛应区别对待。一般牛平均精料 6～7 千克/（头·天），而高产牛平均 9～15 千克/（头·天）。目前，生产中大多数采用 TMR 饲喂方法，奶牛全天候自由采食，对于高产奶牛可采用补料站补料。

（三）泌乳早期的管理

泌乳盛期的奶牛每天的采食量大，应适当延长采食时间，少给勤添，提高采食量的方法之一是每天食槽的空置时间不应超过 2～3 小时，剩料的重量不应大于 3％～5％。饲料应凉爽且有甜香味，增加饲喂次数，避免饲料在饲槽中堆积、发热、变酸；饲料种类应保持相对稳定,更换饲料时,必须逐渐进行,过渡时间应在 10 天以上。每头奶牛应有 45～70 厘米的食槽空间,食槽表面应光滑;经常推料,刺激食欲;拴系式的牛舍颈链有足够的长度,散放式牛舍头架不要卡得太紧。

高产奶牛容易感染乳腺炎,因此必须严加预防。挤奶前、后两次药浴乳头。

注意泌乳早期牛的发情,以产后 70～80 天配孕最佳。高产奶牛在泌乳早期的发情表现往往不明显,必须注意观察,以免错过情期。对于产后 45～60 天尚未出现发情症状的奶牛,应及时进行健康及生殖系统检查,发现问题及早解决。

保证充足清洁的饮水,实践证明,奶牛饮水不足产奶量会下降,而有足够的饮水可使产奶量增加;运动有助于消化,可增强体质,促进泌乳。奶牛挤奶后要立即饮水。

运动不足会降低产奶性能和繁殖力,也易发生肢蹄病,故应有适当的运动量;保持牛体清洁卫生,每头必须坚持刷拭牛体 2～3 次;奶牛除饲喂、挤奶时留在室内外,其余时间可让它到运动场上自由活动。

做好奶牛防疫灭病和牛舍内外清洁卫生工作。

做好泌乳早期奶牛的夏季防暑降温和冬季的防寒保暖。

三、泌乳中期母牛的饲养管理技术

(一)泌乳中期奶牛的特点

产后 100～200 天称泌乳中期。产奶量开始缓慢下降,每月下降 5%～7%,母牛体质逐渐恢复,自 20 周起体重开始增加,日增重约为 500 克。饲养得当可延缓泌乳量下降速度。

(二)泌乳中期奶牛的饲养

1. 日粮营养水平

日粮中干物质为体重的 3%左右,每千克干物质含 2.13 个 NND,

粗蛋白质 13%，钙 0.45%，磷 0.4%。中性洗涤纤维 33%、酸性洗涤纤维 25%，非纤维性碳水化合物 33%。精粗比例 40∶60。

2. 饲料的选择与优化

根据产奶量变化调整精料饲喂量，减少谷物饲料供给，此期母牛采食力强，饲料转化率高，大量供给粗饲料、副料。增大日粮中粗饲料的比列。减少精料在成本较高的高过瘤胃率的蛋白质饲料和脂肪。

粗料每日每头牛 20 千克玉米青贮、4 千克干草。精料按每产 2.7 千克奶给 1 千克供给；每产 2.5～3 千克奶给 1 千克鲜啤酒糟（或饴糖糟、甜菜渣、豆腐渣）。精料组成：玉米 50%、熟豆饼（粕）20%、麸皮 12%、玉米蛋白 7.5%、酵母饲料 5%、小苏打 1.5%、磷酸钙 1%、碳酸钙 2%、食盐 1%、微量元素与维生素添加剂另加。

体重 600 千克，每日每头产奶 20 千克奶牛日粮：玉米青贮 18 千克、羊草 4 千克、胡萝卜 3 千克，混合料 8.84 千克（其中玉米 47.3%，豆饼 28.3%、麸皮 18.9%、小苏打 1.5%、磷酸钙 1%、碳酸钙 2%、食盐 1%、微量元素与维生素添加剂另加）。

（三）泌乳中期的管理技术要点

此阶段可按维持加产奶的需要进行全价日粮饲养，可不考虑体重变化问题。

对于日产奶量高于 35 千克的高产奶牛，一年四季均应添加缓冲剂（小苏打、氧化镁）。夏季还应加氯化钾，有利于缓解热应激对高产奶牛造成的不利影响。

高产奶牛在此阶段食欲很旺盛，干物质进食量可高达每 100 千克体重 3.5～4.5 千克，根据产奶情况合理调整日粮才能保持稳产高产。

加强日常管理如梳刮牛体，按摩乳房，加强运动，饮水充足，保证母牛高产稳产。

如果 BSC 大于 4.0 分，可以考虑控制 DMI。理想的 BCS 为 3.5～3.75。

检查是否怀孕，防止空怀。

四、泌乳后期母牛的饲养管理技术

(一)泌乳后期奶牛的特点

产后 200 天至干奶前称泌乳后期。此阶段产奶量急剧下降,每月下降幅度达 10％以上,此时母牛处于怀孕后期,胎儿生长发育很快,母牛要消耗大量营养物质,以供胎儿生长发育的需要。各器官处于较强活动状态,应做好牛体况恢复工作,泌乳后期是恢复奶牛体况和增重的最好时期,但又不能使母牛过肥,并为干乳做好准备。一般母牛每日增重 500～750 克,相当于日产 3～5 千克标准乳的养分需要。

(二)泌乳后期奶牛的饲养

1. 日粮的营养水平

日粮干物质应占体重的 3.0％～3.2％,每千克干物质含 2 个 NND,粗蛋白 12％,钙 0.45％,磷 0.35％,中性洗涤纤维 33％、酸性洗涤纤维 25％、非纤维性碳水化合物 33％。精粗比为 30：70,粗纤维含量不少于 20％。

2. 泌乳后期日粮配方

饲养上以优质青粗料为主,适当补充精料。在满足胎儿发育需要时,防止喂得过肥,保持中等偏上体况即可。日粮配方可参考如下。

全期产奶水平为 8 000～8 500 千克的高产奶牛日粮:精料 10～12 千克,干草 4～4.5 千克,玉米青贮 20 千克。精料组成为玉米 48.5％、熟豆饼(粕)10％、棉仁饼(或棉粕)5％、胡麻饼 5％、花生饼 3％、葵花籽饼 4％、麸皮 20％、小苏打 1.5％、磷酸钙 1.5％、碳酸钙 0.5％、食盐 1％、微量元素和维生素添加剂另加。

全期产奶量为 7 000 千克的母牛日粮:精料 9～10 千克,干草 4 千克,玉米青贮 20 千克。精料组成为玉米 48.5％、熟豆饼(粕)10％、葵花籽饼 5％、棉仁饼 5％、胡麻饼 5％、麸皮 22％、小苏打 1.5％、磷酸钙

1.5％、碳酸钙0.5％、食盐1％、微量元素和维生素添加剂另加。

全期产奶水平为6 000千克以下的奶牛日粮：精料8～9千克，干草4千克，玉米青贮20千克。精料组成为玉米48.5％、熟豆饼（粕）10％、麸皮24％、棉仁饼5％、葵子饼5％、芝麻粕3％、小苏打1.5％、磷酸钙1.5％、碳酸钙0.5％、食盐1％，微量元素和维生素添加剂另加。

体重600千克，日产奶15千克母牛的日粮：玉米青贮16千克，羊草5千克，胡萝卜3千克，混合料8.35千克（其中玉米52.5％、豆饼24％、麸皮19％、小苏打1.5％、磷酸钙1.5％、碳酸钙0.5％、食盐1％，微量元素和维生素添加剂另加）。

（三）泌乳后期奶牛的管理

对泌乳后期的奶牛，在日粮供给上要根据母牛的产奶水平和实际膘情合理安排，精料可根据产奶量随时调整，一般产3～4千克奶给1千克精料。只要母牛为中等膘（即肋骨外露明显），则按前述日粮组成饲喂。若已达中等以上膘情（即肋骨可见，但不明显），则可减少1～1.5千克精料，并严格控制青贮玉米的给量，精粗料的搭配需营养丰富、全面，结构合理，以保证牛的食欲与健康，使产奶量平稳下降，防止母牛过肥。

在预计停奶以前必须进行一次直肠检查，确定一下是否妊娠，如个别牛可能怀双胎，则应按双胎确定该牛干奶期的饲养方案，要合理地提高饲养水平，增加1～1.5千克精料。

禁止喂冰冻或发霉变质的饲料，注意母牛保胎，防止机械流产（如防止母牛群通过较窄道时互相拥挤，防止滑倒）。

第八节　无公害食品奶牛饲养管理准则

中华人民共和国农业行业标准——无公害食品奶牛饲养管理准则

NY/T 5049—2001 全文如下：

1. 范围

本标准规定了无公害牛奶生产过程中引种、环境、饲养、消毒、用药、防疫、牛奶收集和废弃物处理各环节应遵循的准则。

本标准适用于所有奶牛养殖场无公害牛奶生产的饲养与管理。

2. 规范性引用文件

下列文件中的条款通过本标准的引用而成为本标准的条款。凡是注日期的引用文件，其随后所有的修改单（不包括勘误的内容）或修订版均不适用于本标准，然而，鼓励根据本标准达成协议的各方研究是否可使用这些文件的最新版本。凡是不注日期的引用文件，其最新版本适用于本标准。

GB 16548 畜禽病害肉尸及其产品无害化处理规程

GB 16567 种畜禽调运检疫技术规范

NY/T 388 畜禽场环境质量标准

NY 5027 无公害食品　畜禽饮用水水质

NY 5045 无公害食品　生鲜牛乳

NY 5046 无公害食品　奶牛饲养兽药使用准则

NY 5047 无公害食品　奶牛饲养兽医防疫准则

NY 5048 无公害食品　奶牛饲养饲料使用准则

奶牛营养需要和饲养标准（第二版）

3. 术语和定义

下列术语和定义适用于本标准。

3.1　净道 non-pollution road

牛群周转、饲养员行走、场内运送饲料、奶车出入的专用道路。

3.2　污道 pollution road

粪便等废弃物、淘汰牛出场的道路。

3.3　牛场废弃物 cattle farm waste

主要包括牛粪、尿、死牛、褥草、过期兽药、残余疫苗、疫苗瓶和污水。

4.引种

4.1 引进种牛,应按照 GB 16567 进行检疫。

4.2 引进的种牛,隔离观察至少 30～45 天,经兽医检疫部门检查确定为健康合格后,方可供繁殖使用。

4.3 不应从疫区引进种牛。

5.牛场环境与工艺

5.1 奶牛场应建在地势平坦干燥、背风向阳,排水良好,场地水源充足、未被污染和没有发生过任何传染病的地方。

5.2 牛舍应具备良好的清粪排尿系统。

5.3 牛舍内的温度、湿度、气流(风速)和光照应满足奶牛不同饲养阶段的需求,以降低牛群发生疾病的机会。

5.4 牛舍内空气质量应符合 NY/T 388 的规定。

5.5 牛舍地面和墙壁应选用适宜材料,以便于进行彻底清洗消毒。

5.6 牛场内应分设管理区、生产区及粪污处理区,管理区和生产区应处上风向,粪污处理区应处下风向。

5.7 牛场净道和污道应分开,污道在下风向,雨水和污水应分开。

5.8 牛场周围应设绿化隔离带。

5.9 牛场排污应遵循减量化、无害化和资源化的原则。

6.饲养条件

6.1 饲料和饲料添加剂

6.1.1 饲料及添加剂的使用应符合 NY 5048 的规定。

6.1.2 奶牛的不同生长时期和生理阶段至少应达到《奶牛营养需要和饲养标准》(第二版)要求,可参考使用地方奶牛饲养规范(规程)。

6.1.3 不应在饲料中额外添加未经国家有关部门批准使用的各种化学、生物制剂及保护剂(如抗氧化剂、防霉剂)等添加剂。

6.1.4 应清除饲料中的金属异物和泥沙。

6.2 兽药使用

6.2.1 对于治疗患疾病奶牛及必须使用药物处理时,应按照 NY

5046 执行。

6.2.2　泌乳牛在正常情况下禁止使用任何药物,必须用药时,在药物残留期间的牛乳不应作为商品牛乳出售,牛乳在上市前应按规定停药,应准确计算停药时间和弃乳期。

6.2.3　不应使用未经有关部门批准使用的激素类药物(如促卵泡发育、排卵和催产等药剂)及抗生素。

6.3　防疫

牛群的免疫应符合 NY 5047 的规定。

6.4　饮水

6.4.1　场区应有足够的生产和饮用水,饮水质量应达到 NY 5027 的规定。

6.4.2　经常清洗和消毒饮水设备,避免细菌滋生。

6.4.3　若有水塔或其他贮水设施,则应有防止污染的措施,并予以定期清洗和消毒。

7. 卫生消毒

7.1　消毒剂

消毒剂应选择对人、奶牛和环境比较安全、没有残留毒性,对设备没有破坏和在牛体内不应产生有害积累的消毒剂。可选用的消毒剂有:石炭酸(酚)、煤酚、双酚类、次氯酸盐、有机碘混合物、过氧乙酸、生石灰、氢氧化钠(火碱)、高锰酸钾、硫酸铜、新洁尔灭、松油、酒精和来苏尔等。

7.2　消毒方法

7.2.1　喷雾消毒

用一定浓度的次氯酸盐、有机碘混合物、过氧乙酸、新洁尔灭、煤酚等,用喷雾装置进行喷雾消毒,主要用于牛舍清洗完毕后的喷洒消毒、带牛环境消毒、牛场道路和道路周围以及进入场区的车辆。

7.2.2　浸液消毒

用一定浓度的新洁尔灭、有机碘混合物或煤酚的水溶液,进行洗手、洗工作服或胶靴。

7.2.3　紫外线消毒

对人员入口处常设紫外线灯照射,以起到杀菌效果。

7.2.4　喷洒消毒

在牛舍周围、入口、产床和牛床下面撒生石灰或火碱杀死细菌或病毒。

7.2.5　热水消毒

用 $35\sim46℃$ 温水及 $70\sim75℃$ 的热碱水清洗挤奶机器管道,以除去管道内的残留矿物质。

7.3　消毒制度

7.3.1　环境消毒

牛舍周围环境(包括运动场)每周用 2% 火碱消毒或撒生石灰 1 次;场周围及场内污水池、排粪坑和下水道出口,每月用漂白粉消毒 1 次。在大门口和牛舍入口设消毒池,使用 2% 火碱或煤酚溶液。

7.3.2　人员消毒

7.3.2.1　工作人员进入生产区应更衣和紫外线消毒,工作服不应穿出场外。

7.3.2.2　外来参观者进入场区参观应彻底消毒,更换场区工作服和工作鞋,并遵守场内防疫制度。

7.3.3　牛舍消毒

牛舍在每班牛只下槽后应彻底清扫干净,定期用高压水枪冲洗,并进行喷雾消毒或熏蒸消毒。

7.3.4　用具消毒

定期对饲喂用具、料槽和饲料车等进行消毒,可用 0.1% 新洁尔灭或 $0.2\%\sim0.5\%$ 过氧乙酸消毒;日常用具(如兽医用具、助产用具、配种用具、挤奶设备和奶罐车等)在使用前后应进行彻底消毒和清洗。

7.3.5　带牛环境消毒

定期进行带牛环境消毒,有利于减少环境中的病原微生物。可用于带牛环境消毒的消毒药有: 0.1% 新洁尔灭, 0.3% 过氧乙酸, 0.1% 次氯酸钠,以减少传染病和蹄病等发生。带牛环境消毒应避免消毒剂污染到牛奶中。

7.3.6　牛体消毒

挤奶、助产、配种、注射治疗及任何对奶牛进行接触操作前,应先将牛有关部位如乳房、乳头、阴道口和后躯等进行消毒擦拭,以降低牛乳的细菌数,保证牛体健康。

8.管理

8.1　总的管理

8.1.1　奶牛场不应饲养任何其他家畜家禽,并应防止周围其他畜禽进入场区。

8.1.2　保持各生产环节的环境及用具的清洁,保证牛奶卫生,坚持刷拭牛体,防止污染乳汁。

8.1.3　成乳牛坚持定期护蹄、修蹄和浴蹄。

8.2　人员管理

牛场工作人员应定期进行健康检查,发现有传染病患者应及时调出。

8.3　饲喂管理

8.3.1　按饲养规范饲喂,不堆槽,不空槽,不喂发霉变质和冰冻的饲料。应捡出饲料中的异物,保持饲槽清洁卫生。

8.3.2　保证足够的新鲜、清洁饮水,运动场设食盐、矿物质(如矿物质舔砖等)补饲槽和饮水槽,定期清洗消毒饮水设备。

8.4　挤奶管理

8.4.1　贮奶罐、挤奶机使用前后都应清洗干净,按操作规程要求放置。

8.4.2　乳房炎病牛不应上机挤奶,上机时临时发现的乳房炎病牛不应套杯挤奶,应转入病牛群手工挤净后治疗。

8.4.3　牛奶出场前先自检,不合格者不应出场。

8.4.4　机械设备应定期检查、维修和保养。

8.5　灭蚊蝇、灭鼠

8.5.1　搞好牛舍内外环境卫生,消灭杂草和水坑等蚊蝇滋生地,定期喷洒消毒药物,或在牛场外围设诱杀点,消灭蚊蝇。

8.5.2 定期投放灭鼠药,控制啮齿类动物。投放灭鼠药应定时、定点,及时收集死鼠和残余鼠药,做无害化处理。

9.病死牛及产品处理

9.1 对于非传染病及机械创伤引起的病牛只,应及时进行治疗,死牛应及时定点进行无害化处理,应符合 GB 16548 的规定。

9.2 使用药物的病牛生产的牛奶(抗生素奶)不应作为商品牛奶出售。

9.3 牛场内发生传染病后,应及时隔离病牛,病牛所产乳及死牛应作无害化处理,应符合 GB 16548 的规定。

10.牛奶盛装、贮藏和运输应符合 NY 5045 的规定。

11.废弃物处理

11.1 场区内应于生产区的下风处设贮粪场,粪便及其他污物应有序管理。每天应及时除去牛舍内及运动场褥草、污物和粪便,并将粪便及污物运送到贮粪场。

11.2 场内应设牛粪尿、褥草和污物等处理设施,废弃物应遵循减量化、无害化和资源化的原则。

12.资料记录

12.1 繁殖记录:包括发情、配种、妊检、流产、产犊和产后监护记录。

12.2 兽医记录:包括疾病档案和防疫记录。

12.3 育种记录:包括牛只标记和谱系及有关报表记录。

12.4 生产记录:包括产奶量、乳脂率、生长发育和饲料消耗等记录。

12.5 病死牛应做好淘汰记录,出售牛只应将抄写复本随牛带走,保存好原始记录。

12.6 牛只个体记录应长期保存,以利于育种工作的进行。

第九节　有机牛奶生产技术要点

有机牛奶生产按照中华人民共和国国家标准——有机产品第Ⅰ部分——生产(GB/T 19630.1—2011),规定了农作物、畜禽、等及其未加工产品的有机生产通用规范和要求执行。

一、基本概念

(1)有机农业　遵照一定的有机农业生产标准,在生产中不采用基因工程获得的生物及其产物,不使用化学合成的农药、化肥、生长调节剂、饲料添加剂等物质,遵循自然规律和生态学原理,协调种植业和养殖业的平衡,采用一系列可持续发展的农业技术以维持持续稳定的农业生产体系的一种农业生产方式。

(2)有机产品　生产、加工、销售过程符合本部分的供人类消费、动物食用的产品。

(3)常规　生产体系及其产品未获得有机认证或未开始有机转换认证。

(4)转换期　从按照有机生产标准开始管理至生产单元和产品获得有机认证之间的时段。

(5)平行生产　在同一农场中,同时生产相同或难以区分的有机、有机转换或常规产品的情况,称之为平行生产。

(6)缓冲带　在有机和常规地块之间有目的设置的、可明确界定的用来限制或阻挡邻近田块的禁用物质漂移的过渡区域。

(7)投入品　在有机生产过程中采用的所有物质或材料。

(8)养殖期　从动物出生到作为有机产品销售的时间段。

(9)顺势治疗　一种疾病治疗体系,通过将某种物质系列稀释后使用来治疗疾病,而这种物质若未经稀释在健康动物上大量使用时能引起类似于所欲治疗疾病的症状。

(10)基因工程技术(转基因技术) 指通过自然发生的交配与自然重组以外的方式对遗传材料进行改变的技术,包括但不限于重组脱氧核糖核酸、细胞融合、微注射与宏注射、封装、基因删除和基因加倍。

二、有机奶牛养殖

1.转换期

奶牛养殖场的饲料生产基地必须符合有机农场的要求,饲料生产基地的转换期为 24 个月。如有充分证据证明 36 个月以上未使用禁用物质,则转换期可缩短到 12 个月。

饲养的奶牛经过其转换期后,其产牛奶方可作为有机牛奶出售。奶牛的转换期为 6 个月。

2.平行生产

如果一个养殖场同时以有机及非有机方式养殖同一品种奶牛,则应满足下列条件,其有机养殖的奶牛或其产品才可以作为有机产品销售:①有机奶牛和非有机奶牛的圈栏、运动场地和牧场完全分开,或者有机奶牛和非有机奶牛是易于区分的品种;②贮存饲料的仓库或区域应分开并设置了明显的标记;③有机奶牛不能接触非有机饲料和禁用物质的贮藏区域。

3.奶牛的引入

应引入有机奶牛。当不能得到有机奶牛时,可引入常规奶牛,不超过 4 周龄,接受过初乳喂养且主要是以全乳喂养的犊牛。

每年引入的常规奶牛不能超过已认证的同种成年奶牛数量的10%。在以下情况下,经认证机构可以许可比例可放宽到 40%。①不可预见的严重自然灾害或人为事故;②奶牛场规模大幅度扩大;③养殖场发展新的畜禽品种。

所有引入的常规奶牛都应经过相应的转换期。可引入常规种公牛,引入后应立即按照有机方式饲养。

4.饲料

①奶牛应以有机饲料饲养。饲料中至少应有50%来自本养殖场饲料种植基地或本地区有合作关系的有机农场。饲料生产和使用应符合有机植物生产的要求。

②在养殖场实行有机管理的前12个月内,本养殖场饲料种植基地按照本标准要求生产的饲料可以作为有机饲料饲喂本养殖场的奶牛,但不得作为有机饲料销售。饲料生产基地、牧场及草场与周围常规生产区域应设置有效的缓冲带或物理屏障,避免受到污染。

③当有机饲料短缺时,可饲喂常规饲料。但奶牛的常规饲料消费量在全年消费量中所占比例不得超过10%;出现不可预见的严重自然灾害或人为事故时,可在一定时间期限内饲喂超过以上比例的常规饲料。饲喂常规饲料应事先获得认证机构的许可。

④应保证奶牛每天都能得到满足其基础营养需要的粗饲料。在其日粮中,粗饲料、鲜草、青干草、或者青贮饲料所占的比例不能低于60%(以干物质计),对于泌乳期前3个月的乳用牛,此比例可降低为50%(以干物质计)。

⑤初乳期犊牛应由母畜带养,并能吃到足量的初乳。可用同种类的有机奶喂养哺乳期犊牛。在无法获得有机奶的情况下,可以使用同种类的非有机奶。

不应早期断乳,或用代乳品喂养犊牛。在紧急情况下可使用代乳品补饲,但其中不得含有抗生素、化学合成的添加剂或动物屠宰产品。哺乳期至少需要3个月。

⑥在生产饲料、饲料配料、饲料添加剂时均不应使用转基因(基因工程)生物或其产品。

⑦不应使用以下方法和物质:a.以动物及其制品饲喂奶牛;b.未经加工或经过加工的任何形式的动物粪便;c.经化学溶剂提取的或添加了化学合成物质的饲料,但使用水、乙醇、动植物油、醋、二氧化碳、氮或羧酸提取的除外。

⑧使用的饲料添加剂应在农业行政主管部门发布的饲料添加剂品种目录中,并批准销售的产品,同时应符合本部分的相关要求。

⑨可使用氧化镁、绿砂等天然矿物质;不能满足奶牛营养需求时,可使用人工合成的矿物质和微量元素添加剂。

⑩添加的维生素应来自发芽的粮食、鱼肝油、酿酒用酵母或其他天然物质;不能满足奶牛营养需求时,可使用人工合成的维生素。

⑪不应使用以下物质:a.化学合成的生长促进剂(包括用于促进生长的抗生素、抗寄生虫药和激素);b.化学合成的调味剂和香料;c.防腐剂(作为加工助剂时例外);d.化学合成的着色剂;e.非蛋白氮(如尿素);f.化学提纯氨基酸;g.抗氧化剂;h.黏合剂。

5.饲养条件

①奶牛的饲养环境(圈舍、围栏等)应满足下列条件,以适应奶牛的生理和行为需要:a.奶牛活动空间内面积 6 米^2、室外面积 4.5 米^2 和充足的睡眠时间;奶牛运动场地可以有部分遮蔽;b.空气流通,自然光照充足,但应避免过度的太阳照射;c.保持适当的温度和湿度,避免受风、雨、雪等侵袭;d.如垫料可能被奶牛啃食,则垫料应符合对饲料的要求;e.足够的饮水和饲料,饮用水水质应达到 GB 5749 要求;f.不使用对人或奶牛健康明显有害的建筑材料和设备;g.避免奶牛遭到野兽的侵害。

②应使所有奶牛在适当的季节能够到户外自由运动。但以下情况可例外:a.特殊的奶牛舍结构使得奶牛暂时无法在户外运动,但应限期改进;b.圈养比放牧更有利于土地资源的持续利用。

③不应采取使奶牛无法接触土地的笼养和完全圈养、舍饲、拴养等限制奶牛自然行为的饲养方式。

④奶牛不应单栏饲养,但患病的奶牛、成年公牛及妊娠后期的母牛例外。

⑤不应强迫喂食。

6.疾病防治

①疾病预防应依据以下原则进行:a.根据地区特点选择适应性强、

抗性强的品种；b. 提供优质饲料、适当的营养及合适的运动等饲养管理方法，增强奶牛的非特异性免疫力；c. 加强设施和环境卫生管理，并保持适宜的奶牛饲养密度。

②可在奶牛饲养场所使用次氯酸钠、氢氧化钠、过氧化氢、过乙酸、酒精、高锰酸钾、碘酒的消毒剂。消毒处理时，应将奶牛迁出处理区。应定期清理奶牛粪便。

③可采用植物源制剂、微量元素和中兽医、针灸、顺势治疗等疗法医治奶牛疾病。

④可使用疫苗预防接种，不应使用基因工程疫苗（国家强制免疫的疫苗除外）。当养殖场有发生某种疾病的危险而又不能用其他方法控制时，可紧急预防接种（包括为了促使母源体抗体物质的产生而采取的接种）。

⑤不应使用抗生素或化学合成的兽药对奶牛进行预防性治疗。

⑥当采用多种预防措施仍无法控制奶牛疾病或伤痛时，可在兽医的指导下对患病奶牛使用常规兽药，但应经过该药物的休药期的 2 倍时间（如果 2 倍休药期不足 48 小时，则应达到 48 小时）之后，这些奶牛及其产品才能作为有机产品出售。

⑦不应为了刺激奶牛生长而使用抗生素、化学合成的抗寄生虫药或其他生长促进剂。不应使用激素控制奶牛的生殖行为（例如诱导发情、同期发情、超数排卵等），但激素可在兽医监督下用于对个别奶牛进行疾病治疗。

⑧除法定的疫苗接种、驱除寄生虫治疗外，养殖期不足 12 个月的奶牛只可接受一个疗程的抗生素或化学合成的兽药治疗；养殖期超过 12 个月的，每 12 个月最多可接受三个疗程的抗生素或化学合成的兽药治疗。超过允许疗程的，应再经过规定的转换期。

⑨对于接受过抗生素或化学合成的兽药治疗的奶牛应逐个标记。

7. 非治疗性手术

有机养殖强调尊重奶牛的个性特征。应尽量养殖不需要采取非治疗性手术的品种。在尽量减少奶牛痛苦的前提下，可对奶牛采用以下非治疗性手术,必要时可使用麻醉剂:a. 物理阉割;b. 断角。

8. 繁殖

①宜采取自然繁殖方式。

②可采用人工授精等不会对奶牛遗传多样性产生严重影响的各种繁殖方法。

③不应使用胚胎移植、克隆等对奶牛的遗传多样性会产生严重影响的人工或辅助性繁殖技术。

④除非为了治疗目的,不应使用生殖激素促进奶牛排卵和分娩。

⑤如母畜在妊娠期的后 1/3 时段内接受了禁用物质处理,其后代应经过相应的转换期。

9. 运输和屠宰

①奶牛在装卸、运输、待宰和屠宰期间都应有清楚的标记,易于识别;奶牛产品在装卸、运输、出入库时也应有清楚的标记,易于识别。

②奶牛在装卸、运输和待宰期间应有专人负责管理。

③应提供适当的运输条件,例如:a. 避免奶牛通过视觉、听觉和嗅觉接触到正在屠宰或已死亡的动物;b. 避免混合不同群体的奶牛;有机牛奶产品应避免与常规产品混杂,并有明显的标识;c. 提供缓解应激的休息时间;d. 确保运输方式和操作设备的质量和适合性;运输工具应清洁并适合所运输的奶牛,并且没有尖突的部位,以免伤害奶牛;e. 运输途中应避免奶牛饥渴,如有需要,应给奶牛喂食、喂水;f. 考虑并尽量满足奶牛的个体需要;g. 提供合适的温度和相对湿度;h. 装载和卸载时对奶牛的应激应最小。

④运输和宰杀奶牛的操作应力求平和,并合乎动物福利原则。不应使用电棍及类似设备驱赶奶牛。不应在运输前和运输过程中对奶牛使用化学合成的镇静剂。

⑤应在政府批准的或具有资质的屠宰场进行屠宰,且应确保良好的卫生条件。

⑥应就近屠宰。除非从养殖场到屠宰场的距离太远,一般情况下运输奶牛的时间不超过 8 小时。

⑦不应在奶牛失去知觉之前就进行捆绑、悬吊和屠宰。用于使奶牛在屠宰前失去知觉的工具应随时处于良好的工作状态。如因宗教或文化原因不允许在屠宰前先使奶牛失去知觉,而必须直接屠宰,则应在平和的环境下以尽可能短的时间进行。

⑧有机奶牛和常规奶牛应分开屠宰,屠宰后的产品应分开贮藏并清楚标记。用于畜体标记的颜料应符合国家的食品卫生规定。

10. 有害生物防治

有害生物防治应按照优先次序采用以下方法:a. 预防措施;b. 机械、物理和生物控制方法;c. 可在奶牛饲养场所,以对奶牛安全的方式使用国家批准使用的杀鼠剂。

11. 环境影响

①应充分考虑饲料生产能力、奶牛健康和对环境的影响,保证饲养的奶牛数量不超过其养殖范围的最大载畜量。应采取措施,避免过度放牧对环境产生不利影响。

②应保证奶牛粪便的贮存设施有足够的容量,并得到及时处理和合理利用,所有粪便储存、处理设施在设计、施工、操作时都应避免引起地下及地表水的污染。养殖场污染物的排放应符合 GB 18596 的规定。

思考题

1. 阐述犊牛饲养技术。为何应给新生犊牛尽早哺喂初乳?
2. 简述泌乳盛期奶牛饲养关键技术。
3. 简述干奶的意义及方法。
4. 简述围产期奶牛饲养关键技术。
5. 简述无公害食品奶牛饲养管理准则和有机牛奶生产技术要点。

第七章

奶牛的行为特性及生态养殖
的福利管理

导　　读　本章阐述了奶牛的行为特性及依据奶牛行为的福利管理技术,包括采食管理、饮水管理、休息管理、应激管理等。介绍了集约化奶牛生产模式的奶牛福利管理、奶牛的行为学观察与判断、瘤胃评分、粪便评分、行走移动指数的评定和体况评分等。重点掌握奶牛行为特性和奶牛福利管理技术。

在奶牛饲养中,了解奶牛在人工饲养条件下的行为特性,制定出相应的饲养措施和管理对策,使奶牛得到应有的福利待遇,对于建立人与奶牛的良好关系、搞好饲养管理工作和提高奶牛生产效率具有极其重要的意义。

第一节　奶牛行为学与福利的关系

一、奶牛行为学

奶牛行为是奶牛对环境条件或体内刺激产生反应行为的方式。而奶牛对刺激的感知是通过视、听、嗅、味、触觉以及体内神经感觉而实现的。奶牛的大脑对各种感觉器官收集来的信息进行分析，按照遗传基因所决定的本能以及奶牛通过后天学习获得的记忆、经验等做出不同的反应和行为应答。

奶牛行为学是研究奶牛和周围环境条件的关系以及牛群内个体之间相互关系的科学。包括奶牛采食、饮水、反刍、排泄、运动、探究、寻求庇护、群居、效仿、竞争、护犊—恋母、性行为；奶牛的社会关系：群居等级关系、头牛—随从关系、人—牛关系；牛之间的交流：声音、嗅闻、回家行为。

二、奶牛的福利

奶牛福利是一种维持奶牛康乐的思想。奶牛康乐也就是身体健康和"心理愉快"，是指奶牛的生理及心理与环境维持协调的状态，如无疾病、无损伤、无异常行为、无痛苦、无压抑等。

英国家畜福利委员会对家畜的生产条件提出了明确要求，指出所有生产者必须保证家畜的"五大自由"权利：①避免饥渴的自由。②避免环境不适感的自由。③免受疼痛、损伤和疾病的自由。④免受惊吓和恐惧的自由。⑤能够表现绝大多数正常行为的自由。

奶牛福利的目的就是在极端的福利与生产利益之间寻找到平衡点。奶牛福利强调了三个方面：①奶牛福利的改善有利于奶牛生产水平的提高,当满足奶牛康乐时,可最大限度地提高生产水平。②改进生产中那些不利于奶牛生存的生产方式,使动物尽可能免受不必要的痛苦。③改善奶牛的饲养管理方式,提高奶牛的健康水平和保证产品安全。

奶牛福利的主要内容:①为奶牛提供方便的、适温的、清洁饮水和保持生活健康、生产所需要的食物,使奶牛不受饥渴之苦。②为奶牛提供适当的房舍或栖息场所,能够安全舒适地采食、反刍、休息和睡眠,使奶牛不受困顿不适之苦。③为奶牛做好防疫,预防疾病和给患病奶牛及时诊治,使奶牛不受疼痛、伤病之苦。④为奶牛提供足够的空间、适当的设施以及与同类奶牛伙伴在一起,使奶牛能够自由表达社交行为、性行为、泌乳行为、分娩行为等正常的习性。⑤保证奶牛拥有良好的栖息条件和处置条件(包括淘汰屠宰过程),保障奶牛免受应激,如惊吓、噪声、驱打、潮湿、酷热、寒风、雨淋、空气污浊、随意换料、饲料腐败等刺激,使奶牛不受恐惧、应激和精神上的痛苦。

三、奶牛行为学与福利的关系

奶牛福利可以作为观察奶牛行为时的对照。通过观察奶牛的行为,了解和掌握奶牛在一定的环境条件下的活动方式和生活规律、奶牛的情绪和欲望等心理活动,以及奶牛可能做出的进一步行为反应,创造出适合于其行为习性的饲养管理条件,制定出相应的饲养措施和管理对策,使奶牛得到应有的福利待遇。提高奶牛的生产效率和经济效益。

第二节　奶牛行为学在福利管理中的应用

一、采食行为与奶牛福利

奶牛习惯于自由采食,每天采食 10 余次之多,每次 20～30 分钟,累计每天 6～7 小时。因此，采用 TMR 技术饲喂奶牛时，要使奶牛一天有 20 小时可接触饲料，以增加采食量。

牛的唇不灵活，不利于采食草料。牛没有上门齿，采食时依靠灵活有力的舌将草料卷入口腔，依靠舌和头的摆动扯断牧草，匆匆咀嚼后便吞入瘤胃中。牛的舌长、坚强、灵活，舌面粗糙，适宜卷食草料，很易被下颚门齿和上颚齿垫切断而进入口腔。由于奶牛采食要靠舌卷，放牧时草矮难以吃饱，所以早春不宜过早放牧，应在草高达 5 厘米以上时开始放牧。奶牛采食饲料也要靠舌卷舔，若饲料粉碎得过细，拌得过湿或黏成团块，则舔食困难。因此，调制牛料宜适度加水，保持松散，以利于奶牛舔食。

奶牛味觉和嗅觉敏感，喜欢食用青绿、多汁饲料和精料，其次是优质青干草、低水分青贮料，最不爱吃秸秆类粗饲料。虽然牛通过训练可消耗大量的含有酸性成分的饲料，但仍喜食甜、咸味的饲料。牛喜食新鲜的饲料，不爱吃长时间拱食而沾有鼻唇镜黏液的饲料。因此，饲喂时应做到少添、勤添，下槽后，及时清扫饲槽，把剩下的草料晾干后再喂。变更饲料种类时，要有一段适应时间。采食不同的饲料其采食速度和喜爱程度差异甚大，其顺序为：精料、块根料、青贮料、氨化稻草、干草。

牛的舌上面长有许多尖端朝后的角质刺状凸出物，食物一旦被舌卷入口中就难以吐出。如果饲草饲料中混入铁钉、铁丝异物时，就会进到胃内，当牛反刍时胃壁会强烈收缩，挤压停留在网胃前部的尖锐异物而刺破胃壁，造成创伤性胃炎；有时还会刺伤心包，引起心包炎，甚至造成死亡。因此，给牛备料时应避免铁器及尖锐物混入草料中。

放牧牛比舍饲牛采食时间长。饲喂粗糙饲料，如长草或秸秆类，采食时间延长；而喂软嫩的饲料（如短草、鲜草），则采食时间短。在舍饲条件下，奶牛的采食过程是在受约束的条件下进行的，行为比较单一，且奶牛采食到的饲料是有限的，也不利于奶牛的自由活动；而放牧奶牛的采食行为包括了对食物的搜寻、定位和采食等各项活动，便于奶牛自由采食，能提高奶牛的福利。因此，在饲养条件允许的情况下，可以经常放牧，或者给奶牛足够的活动空间，提供充足的饲料，让奶牛享受到自己应有的待遇。

牛的采食还受气候变化的影响,气温低于 20℃时,自由采食时间约 2/3 分布在白天;气温为 27℃时,约 1/3 的采食时间分布在白天。天气晴朗时,白天采食时间比阴雨天多,阴雨天到来前夕,采食时间延长。天气过冷时,采食时间延长。放牧牛,在日出时和近黄昏有两个采食高峰。因此,夏季应以夜饲(牧)为主,延长上槽时间;冬季则宜舍饲。日粮质量较差时,应增加饲喂时间。放牧时应早出晚归,使牛多进食;清明节前后,先喂牛干草,吃半饱再放牧,以防止拉稀和臌胀病,经 10~15 天适应期后,就可直接出牧了。秋季,牧草逐渐变老,适口性差,牛不喜欢采食;早晨放露水草,草质变软,水分增多,可以提高适口性,有利于抓膘。到了霜期,待草上的霜化后才能放牧。

在饲养奶牛的过程中,建议采用"通栏式平面饲槽"。这种饲槽符合奶牛的生活习惯,奶牛采食如同在牧场啃食牧草一样,能够产生更多的唾液。唾液具有缓冲作用,可调节奶牛瘤胃达到合适酸度,促进食物消化和吸收,因而可提高奶牛采食量。饲槽底与饲料道在同一平面,并高出奶牛站立的地面 15 厘米,有的可在饲槽底与饲料道间加一个小的凸起沿,作为饲槽的另一个隔沿,以防止奶牛将草料拱入饲料通道,造成浪费。提供充足的饲槽空间(1.2 米/头)。

二、饮水行为与奶牛福利

奶牛每日可饮水数次,饮水量多少通常与喂料或泌乳有关。每日只饲喂 1 次的奶牛比每日饲喂 8 次的奶牛干物质采食量和饮水量都少。日饮水量与日干物质采食量及日采食饲料的次数呈正相关。奶牛大部分饮水是在白天进行的。奶牛的饮水速率为 4~15 千克/分钟。

水温对饮水行为和奶牛的生产性能有轻微的影响。在夏季,将水温冷却到 10℃可提高产奶量和干物质采食量。在大多数情况下,冷却水的效果不一定能够弥补冷却水的额外费用。假如让奶牛自由选择不同水温的饮水,奶牛宁愿选择中等温度的饮水(17~28℃),而不是冷水或热水。奶牛饮水的适宜水温为 15.5～26.5℃。饮冷水会消耗身体热能,并可引起一些疾病,影响饲料消化。冬、春季将奶牛饮水温度维持在 9～15℃,可比饮 0～2℃ 水的奶牛每天多产奶 0.57 千克。

奶牛一天的饮水量大约是它采食饲料干物质量的 4～5 倍,是产奶量的 3～4 倍。一头体重 600 千克、日产奶 20 千克的奶牛,饲料干物质摄入量约为 16 千克,饮水量应在 60 千克以上,夏季更多。

在生产中,应保证给奶牛供应充足的、清洁卫生的饮水,冬季要饮温水。冬季犊牛宜饮用 20℃ 的温水。奶牛应占有的水槽长度应为 5 厘米/头,最佳高度为 90 厘米。推荐每 10 头奶牛配备一个水槽。满足奶牛对水的需求可提高饲料利用率,增加产奶量。为了保证奶牛在冬季的饮水温度适宜,有必要关注奶牛的饮水设施。采用地下式饮水池,充分利用地温保持饮水温度,可以避免水管冻坏和水面结冰;有条件的奶牛场可以采用加热式饮水设施。

三、反刍行为与奶牛福利

反刍行为也是奶牛行为中的重要部分,能直接影响奶牛的消化、吸收、健康和生产性能。反刍是奶牛健康的标志之一,反刍停止,说明奶牛患病。在饲养奶牛时,饲养者通过观察奶牛的反刍行为,便于科学饲喂奶牛,合理安排饲喂时间,可以提高奶牛的福利。

奶牛的反刍包括逆呕、再咀嚼、再混入唾液、再吞咽四个步骤。奶牛在 9～11 周龄时出现反刍。采食草料后,通常经过 0.5～1 小时就开始反刍,每次反刍的持续时间平均为 30～50 分钟,1 昼夜进行 13 次左右,牛每天花在反刍上的时间总计 7～8 小时。反刍时表现安静,因连续反刍在其嘴角挂满白色唾液,若遇采食、排粪尿,便停止反刍。据试验表明,1 头乳牛当饲喂由青贮、干草和谷物混合精料组成的全价日粮时,每天下颌运动需 42 000 次左右。高产牛和中产牛,反刍时间分别占昼夜 24 小时的 18.18% 和 14.15%,每分钟反刍分别为 1.1 和 1.0 次,反刍每分钟咀嚼各 60 次和 58 次。荷斯坦奶牛的反刍咀嚼速度与其产奶量的相关达极显著水平,对反刍出的食团咀嚼快的奶牛,产奶量也较高。日反刍时间、反刍周期间隔时间、日采食青贮饲料时间与产奶量的相关也达到了显著水平。

奶牛在夜间反刍的时候比较多,60%～80%的反刍时间是在伏卧休息的时候进行,当湿度高的时候伏卧休息的时间短,立位的时候反刍比率就会增高。饲喂后及挤奶前1～2小时,休息的奶牛中约50%在反刍。因此,奶牛采食后应有充分的时间休息,并保持环境安静。

草料最初被牛咀嚼,作用是很轻微的,只是使草料与唾液充分混合,形成食团,便于咽吞,当牛于采食后休息时,才把瘤胃内容物反刍到口腔,进行充分地咀嚼。反刍咀嚼非常重要,草料咀嚼愈细,愈可增加瘤胃微生物和皱胃及小肠中消化酶与食糜接触面积,喂牛常以青粗饲料为主,咀嚼就更为重要。

由于牛采食快,不经细嚼即将饲料咽下,采食完以后,再行反刍。因此,给成年牛喂给整粒谷物时,大部分未经嚼碎而被咽下沉入胃底,未能进行反刍便进入瓣胃和真胃,造成过料,即整粒的饲料未被消化,随粪便排出。未经切碎或搅碎的块根、块茎类饲料喂牛,常发生大块的根茎饲料卡在食道部,引起食道梗阻,可危及牛的生命。因此,喂牛的饲料应适当加工,如粗料切短,精料破碎,块根、块茎类切碎等。另外,要注意清除饲料中的异物。

奶牛的反刍频率和时间受年龄、牧草质量和日粮类型影响。当采食粗劣牧草时,会增加反刍次数和时间,若日粮精料比例高,则减少反刍次数和时间。青草期的优质牧草可延长反刍周期持续时间,减少反刍周期次数;缩短了每个食团的咀嚼时间,减少了每个食团的咀嚼次数;枯草期的粗劣牧草则缩短了反刍周期持续时间,增加了反刍周期次数;延长了每个食团的咀嚼时间,增加了每个食团的咀嚼次数。反刍有利于奶牛把饲料嚼碎,增加唾液的分泌量,维持瘤胃的正常功能,同时还可提高瘤胃氮循环的效率。任何引起疼痛的因素、饥饿、母性忧虑或疾病都能影响反刍活动。在奶牛休息反刍时,尽量不要受到打扰,否则会立刻停止反刍。在饲养奶牛时,饲养员要时刻关注奶牛的反刍行为的异常变化,以便改进奶牛的福利。

四、休息行为与奶牛福利

正常情况下,奶牛每天要躺卧12～14小时,其中30％的时间用于睡眠。在休息时间中,伏卧休息的比率冬天为83％,夏天为67％。一般情况下,奶牛伏卧起立到立位时,或者立位到移动时,可以见到排粪行为。天冷、风速强的时候休息的时间短,奶牛在刮风、下雨等恶劣天气的时候有逃避行为,多数是伏卧率为零,大部分是立位休息。当温度高的时候奶牛伏卧率低,温度低的时候伏卧率就会相当的高。

奶牛休息易受环境气候的影响。夏季奶牛的卧息时间、饮水次数显著高于秋季。奶牛为了避免因运动而产生过多的体热,在行为上采取了原地卧息的方式来减少热应激的危害,同时,为了及时补充经皮肤表面流失的水分,奶牛增加了饮水次数,从而导致了夏季观察期间奶牛的排粪和排尿次数显著高于秋季;而秋季观察期间奶牛的站立时间显著高于夏季。为了提高奶牛的福利,在刮风下雨等恶劣天气时,让奶牛呆在舍内休息;当夏季外界温度高时,给奶牛提供一些通风好的、有遮阴的地方,便于奶牛休息。给奶牛提供一个安静舒适的环境,可以给奶牛播放一些轻音乐,尽量排除可以伤害奶牛的因素,提高奶牛福利,从而促进奶牛健康和提高生产性能。

牛喜欢在松软处卧息反刍,不喜欢硬质的运动场地(如水泥、砖块铺成的运动场地)。在生产中,应为奶牛创造最舒适的休息条件,提供良好的躺卧环境,能明显提高奶牛舒适度。奶牛喜欢在柔软舒适的牛床上休息,短/狭窄的卧栏很难让奶牛顺利地躺卧或起立,并且容易对奶牛身体造成伤害。牛床要有足够的空间供奶牛起立和躺卧,卧栏必须有足够的空间供奶牛在起立或躺卧时前冲。奶牛每天的休息时间应分成10～15段,每次休息不超过90分钟,休息的间隙奶牛会起来活动和饮水,然后再继续休息,这点与人有很大不同,因此牛床要十分干净和舒适,如果牛床不合适,则奶牛卧栏次数和时间就会减少。

研究发现,奶牛在躺卧过程中最后 20 厘米是没有任何支撑的,是自由落体的过程,而奶牛每天要起卧十几次,如果牛床不舒服,奶牛的膝盖要承受很大的损伤。因此,混凝土是最差的牛床,但在我国却是最普遍被使用的;在国内广泛使用的卧栏垫料还有橡胶板;沙子是很好的牛床材料,但价格较高,同时落在沙子上的牛粪不易处理,需要经常补沙;有的奶牛场对牛粪进行固液分离,分离出的固体部分经过干燥处理后作为卧栏垫料。因此各种材料各有利弊。除了为牛提供舒适的牛床外,采食道要防滑、有足够的摩擦力,没有锋利的边角(包括牛床),而且要尽可能比较柔软。

据报道,一头牛,当躺下时,血液通过乳腺的流量比站立时增加50%。舒适的卧床可减少乳房感染,牛关节的损伤较少,降低体细胞数,提高产奶量。

五、应激行为与奶牛福利

在日常的奶牛生产过程中,产生应激的种类主要有:热应激、冷应激、运输应激、群体应激、拥挤应激、营养应激、兽医服务应激和其他应激。这些应激作用可使奶牛产生抑郁、焦躁不安、惊恐、神经质、情绪低落和痛苦等表现。在生产中,这些由于应激所造成的奶牛异常行为,会导致采食量下降,产奶量也受到影响。

(一)热应激行为对奶牛福利的影响

在夏季,热应激对奶牛生产会造成很大的负面影响,包括出汗增加、唾液分泌增加、直肠温度升高、饮水量增加、粪尿中的水分排出减少;采食量和产奶量下降、呼吸频率和心率增加;如果持续受到热应激影响,心率会降低。泌乳牛在持续热应激下(超过 25℃)采食量开始下降,32℃下降 20%。

同时,高温环境下,常造成公牛的精液浓度、精子活力下降,畸形率增加。因为在热应激环境下,直接导致公牛的体温升高,引起阴囊皮温和睾丸温度升高。造成睾丸变性,使精子的成熟和储存受到影响。热应激母牛主要表现为受胎率降低,胚胎死亡增加,容易引起流产等。当气温高于 28℃,奶牛将会产生热应激,产奶量将下降,公牛的精液品质降低,母牛的受胎率会下降。当日平均气温由 33℃升高到 41.7℃,牛的受胎率由 61.5%下降到 31.0%。

奶牛的最适温度为 5～15℃,在－25～－10℃范围内,奶牛产奶量不会有影响,高温与低温相比,奶牛对高温更为敏感。气温在 24℃以下,空气湿度对奶牛的产奶量、乳成分以及饲料利用率都没有明显影响,但当气温超过 24℃时,相对湿度升高,奶牛产奶量和采食量都下降,高温高湿条件下,奶牛产奶量下降,乳脂率减少。

夏季中午炎热时,奶牛会寻找阴凉或有水的地方休息,而在清晨或傍晚天气凉爽时采食。

在实际生产中,奶牛场要制定一些防暑降温措施来改善奶牛的福利。例如,用隔热性能好的材料修建牛舍,安装排风扇、喷淋设备,加强通风,在牛舍周围种植树木,用来遮阴,减少太阳辐射,也可以让牛在树荫下休息;舍饲奶牛运动场应设凉棚,供遮阳。在运动场水槽处搭建遮阳棚。调整日粮结构、增加营养浓度、添加抗应激物质等提高奶牛营养物质摄入量为主的营养措施;在高温时期经常用冷水刷拭牛体,对降低体温、提高奶牛的采食量和产奶量有良好的效果,让奶牛得到应有的福利。

(二)惊吓与奶牛的福利

突然的意外刺激(如异物、噪声等),也会引起奶牛恐惧,奶牛产奶量减少,公牛抑制其性活动。在生产中,奶牛会因害怕饲养员在对其进行不良接触和常规检查时的躲避行为而可能造成损伤。据报道,44%的经过不良接触的奶牛出现瘸腿现象,而良性接触处理的牛瘸腿现象仅 11%。对人高度害怕及由此出现的躲避行为,可能是遭受不良接触的奶牛瘸病发生率升高的原因。

许多研究结果表明,奶牛对人的害怕程度与其生产力之间存在负相关,奶牛对人的高度害怕可降低其生长和繁殖性能,同时也表明了急性和慢性应激反应在害怕和生产力之间的负相关中的作用。

奶牛的性情温顺,易于管理。但若经常粗暴对待,就可能产生顶人、踢人等恶癖。因此,在奶牛饲养中,饲养员要通过长期和奶牛的亲密接触,精心照料,做到善待奶牛,使奶牛产生了信任感和依赖感,建立人和牛之间的亲和、依赖关系,有利于充分发挥奶牛的生产潜力。应尽可能减少对牛的"伤害",避免对奶牛恐吓和踢打,挤奶时尽量不要绑牛腿等。必要的"伤害"如去角、修蹄、采血、打针等,也要尽量降低"伤害"程度,或争取将几种"伤害"一次完成,使奶牛的痛苦减少到最低程度,以利于提高生产效率。不至于让奶牛受到过大的应激,影响牛奶品质的和产量。

(三)兽医治疗应激对奶牛福利的影响

在兽医对奶牛进行疾病的治疗,需要驱赶、绑定、采血、免疫、注射和灌服药物等行为会对奶牛造成兽医治疗应激,特别是犊牛比成年牛更易造成兽医治疗应激。因此,在对奶牛进行疾病治疗时,需要采取一些比较人性化的处理,例如,开发一些低毒的口服药物,免疫的时候采取饮水免疫,尽量少绑定奶牛,兽医和饲养员对待奶牛要温和些,不要踢打奶牛,要把奶牛作为自己的朋友对待,从而减少奶牛兽医治疗的应激行为。

六、集约化奶牛生产模式的奶牛福利

在集约化生产中,舍饲奶牛饲养密度比较大,很多奶牛的自由受到约束,同时疾病传播的几率增大;生产中应避免拥挤(存栏率80%~90%);水泥地板、漏缝地板等排水方式已广泛应用,极大地提高了劳动生产率,但是这些地板会造成奶牛蹄病的发生。如果加上水泥地面设计及做工不好,奶牛经常走动会磨损蹄匣或受到直接伤害,都将增加奶牛腐蹄病的发病率或导致其他疾病的感染;不良机械化挤奶操作增加了乳房炎发病率。

拴系式饲养,采用颈枷拴住奶牛,饲喂,挤乳,限制了奶牛活动,奶牛不能保持本身的清洁行为,也不能通过舐舔、抖动、搔抓来清理背毛和皮肤,保持体表清洁卫生,奶牛所必需的生理行为被剥夺,久而久之奶牛的健康和福利将会受到影响。新生犊牛得不到足够的初乳而表现出免疫力下降,加上牛舍潮湿阴冷、拥挤、通风不良等环境,极易造成犊牛大肠杆菌病的发生。

牛喜欢清洁干燥的环境,因此牛舍地面应在饲喂结束后及时清扫,冲洗干净;运动场内的粪便应及时清除,保持干燥、清洁、平整,防止积水,夏季要注意排水。

奶牛场应该按照动物福利的要求改进集约化奶牛饲养的生产工艺,如适当降低饲养规模、按照奶牛正常采食行为设计牛舍、改变饲养方式(采取散栏饲养)、改善饲养环境、经常给奶牛修蹄等,给奶牛提供足够的生存和活动空间,以满足奶牛正常行为的自由表达。这样,一方面可以增强奶牛机体的抗病能力,提高奶牛生产性能,另一方面还可以提高牛奶品质和价格。

最好是让奶牛自己来适应挤奶厅,至少需要逗留 2～4 次之后才会判定这个新地方是否安全。在泌乳开始前,如果让这些育成牛自主地试探挤奶厅这个新环境,那么它适应进入奶厅的时间就会大大缩短。在挤奶厅挤奶时,挤奶工可以通过轻轻拍打和抚摩奶牛,使它们能够很轻松自然地进入奶厅,而且出去时也没有什么压力,这样就能够减少抑制泌乳的物质产生。声音交流也可以影响奶产量。有观察表明,牧场人员越经常跟奶牛讲话,其产量也就越高,而讲得越少,产量也就越低。可以这样理解,我们不是单方面的对牛弹琴,而是和牛一起互动交流,这样才能造就奶牛的高产。牛体应保持清洁卫生,乳房周围的毛应经常剪短;挤奶环境应保持安静;挤奶用具应清洗干净;乳杯内衬应及时更换;避免过度挤奶;坚持挤奶前后乳头两次药浴和纸巾擦干制度。

奶牛产奶量易受到挤奶顺序的影响。在牛群随意走动的情况下,早进入挤奶厅的母牛产奶量比后进入的母牛产奶量高。因而,产奶量高的母牛应较早地进入挤奶厅,而产奶量低的母牛后进入挤奶厅。另外,高产奶牛乳房内压较高,促使奶牛尽早进入挤奶厅挤奶,以减轻乳房的负担;而低产奶牛乳房内压较低,负担相对较轻,不急于进入挤奶厅挤奶。

七、竞争行为与奶牛福利

奶牛一般性格较温顺,不爱打斗,高产奶牛表现尤为明显。而公牛好斗,两者相遇打斗时先用前肢刨地,大声吼叫,然后就会用头角相互顶撞,如不加制止,往往造成伤残事故。公牛还有与其他公牛竞争配种的特性,采精时如遇公牛延迟爬跨,可将另一头公牛牵来,会刺激延迟爬跨的公牛立即爬跨、射精。少数母牛也会争强好胜,常撞伤其他母牛,或用角挑伤其他母牛的乳房。在生产中,犊牛期去角是防止此类事件发生的有效措施之一。对特别好斗的母牛,应转群或淘汰;对挤奶时踢人的奶牛应耐心驯服,尽量不要捆打,以免养成恶癖。

群饲奶牛常有竞争采食行为,舍饲时可增加对劣质饲料的采食量;几头犊牛一起饲喂,比每头犊牛单独饲喂时消耗更多的饲料,因此生长发育更快。但在散栏饲养的条件下,竞争采食往往会造成强者多食、弱者少食,因此应为奶牛提供足够的采食位置,成母牛为65～75厘米/头,犊牛为30～45厘米/头。放牧牛会因争食而造成行进过快,应"拦牛缓进",使之充分采食,并提高草场的利用率。

八、群居行为与奶牛福利

牛群个体之间存在着等级关系。通常是体型大而强壮的牛统治体型小而瘦弱的牛,年长牛统治年轻牛,具有攻击性的牛统治温顺的牛,先入群的牛统治后入群的牛。牛群中再引进新牛,又会打乱已形成的社会关系,引发新一轮争斗,直至再形成新的社会等级次序。牛群经过争斗建立起优势序列,优势者在各方面得以优先。放牧牛群在饲草丰富、饮水充足的情况下,等级次序显不出重要作用;但舍饲牛群在建立等级关系的过程中经常会发生冲突,导致惊吓、减食,产奶量下降,严重者造成外伤、流产。

群居性放牧时,牛喜欢3～5头结帮活动。舍饲时仅有2％单独散卧,40％以上3～5头结帮合卧。放牧时,牛群不宜过大,否则影响牛的辨识能力,争斗次数增加,一般放牧牛群以70头以下为宜。在山高坡陡、地势复杂、产草量低的地方放牧,牛群可小一些,相反则可大一些。分群应考虑牛的年龄、健康状况和生理等因素,6～8月龄牛、老牛、病弱牛、妊娠最后4个月牛以及哺乳幼犊的母牛,可组成一群,不要把公牛和爱抵架的牛混入这些牛群中,以免发生事故。

牛群之间的群体关系一旦建立后不要轻易打乱,不宜经常调群,必须调群时,应将新调入牛或长期离群归来牛(如病愈牛、从产房转回的牛)在运动场外栏杆上或牛床上拴系3～5天,待和其他牛相互熟悉后再放进牛群;据报道,在泌乳盛期调换15％的奶牛与调换前相比,采食时间减少8％,躺卧时间减少40％,产奶量下降4％～5％;泌乳中期调换奶牛前后采食量减少7.18％,躺卧时间减少24.23％产奶量无明显变化。奶牛调换6天后趋于正常。不拴系的头胎牛应单独群组饲养,如将它们混养在经产奶牛群中,产奶量会大幅度下降。改变饲养或挤奶的地方,10天内产奶量下降7％～10％,15～20天产奶量才恢复正常。

饲槽和水槽应设置在适当位置并保证有足够的空间,使所有牛都有进食的机会,以免等级较低的奶牛因不能充分采食而影响牛奶产量。

九、护身行为与奶牛福利

护身行为是动物为了保护自身肉体和维持生理的恒定性而对应外界侵袭所产生的直接行为表现,并伴有全身性反应。如捕食回避、聚集、甩头、踢腿、摆尾、扇耳、颤动皮肤等都是为了躲避昆虫的叮咬而做出的社会性、防御性护身行为。

当奶牛体表周围活动的昆虫增多时,其休息和反刍行为被打断,尤其出现厩螫蝇后,奶牛护身行为明显增多且幅度较大。有时为了摆脱昆虫的侵袭,有的牛不得不在运动场里不停走动。这些都影响了奶牛的休息和反刍,降低了饲料的消化吸收,增大了奶牛的体能消耗,造成产奶量下降,生长缓慢。更重要的是增加了奶牛的心理负担,长期处于精神紧张状态。

因此,在夏季要经常消毒,定期用高压水枪冲洗,并进行喷雾消毒或熏蒸消毒。尽量做到舍内和运动场不存粪尿,消灭蚊蝇的滋生地,加强灭除蚊蝇和鼠害的措施。可以建造专门的粪便堆积区进行发酵,通过自身发酵产热杀死病原微生物和寄生虫卵,或建大型沼气池进行再利用。奶牛场通过进行一些消毒等措施,可以减少奶牛受厩螫蝇侵袭、叮咬和吸血的几率,让奶牛更好地休息和反刍,提高奶牛的福利。

十、运动行为与奶牛福利

运动是奶牛各种行为的基础,也是奶牛行为的重要组成部分。适当运动对于增强奶牛抵抗力、保证奶牛健康、减少繁殖障碍、提高产奶量均具有重要作用。放牧奶牛每天有足够的时间在草场采食和运动,一般不存在缺乏运动的问题;春、秋季节还要避免奶牛"跑青"或"秋跑",防止体力消耗过大,降低产奶量。舍饲奶牛往往运动不足,容易引起肥胖、不孕、难产、肢蹄病,而且会降低抵抗力、引发疾病等。在一定的强度范围内,奶牛的日产奶量和运动量呈正相关。与自由活动的牛群相比,每天运动 2～3 千米的牛群,牛奶乳脂率和干物质率得到提高。因此,奶牛每天除饲喂、挤奶外,应在运动场自由活动 8 小时以上。对于种公牛,运动更显重要。适当运动可使公牛身体强健,性欲旺盛,并可提高射精量,改善精液质量,防止肥胖和肢蹄变形。因此,种公牛应在每天上下午各运动 1.5～2.0 小时,也可在旋转式运动架上进行驱赶运动。

十一、感觉行为与奶牛福利

奶牛的视觉、听觉、嗅觉灵敏。奶牛的鼻镜感觉最灵敏,套鼻环处更为敏感,以手指或鼻钳子挟住鼻中隔时,就能驯服它。

奶牛的眼眶距宽,可看到广大的全景视野,稍稍转动头部,就能看到身体周围的任何事物,只有体躯正后方(臀后)一小块地方的景物在视野之外,称为"盲区"。奶牛不能分辨颜色,只能看见不同深浅的灰色和黑色影像。根据奶牛的视觉特点,牛场工作人员服装颜色深浅应保持一致,在奶牛身边走动时应缓慢、平静,尽量减少奶牛惊恐不安。

奶牛可以听到人耳听不到的高音和低音。嘈杂的环境,特别是火车、汽车、飞机、重型机械发出的轰隆声以及燃放爆竹声,均会造成奶牛食欲减退、产奶量下降。长期处于噪声环境中的奶牛甚至会出现繁殖障碍、泌乳期和利用年限缩短。研究表明,安静的环境、柔和的音乐(如轻音乐)可提高牛奶产量,而嘈杂的环境、激烈的音乐(如摇滚乐)会使奶牛产奶量下降。因此,牛场应远离居民区、工矿企业及交通要道;管理人员对待奶牛的态度应和蔼,不要轻易大声斥责。

当风速为5千米/小时、相对湿度为75%时,奶牛能嗅到(上风)3千米以外的气味;而当风速达8千米/小时时,奶牛能嗅到(上风)10千米以外的气味。奶牛的择食、交配、护犊、合群等行为都与嗅觉有密切的关系。母牛发情时能分泌特有的信息激素,公牛可凭借嗅觉进行"定位",并寻找到远距离的发情母牛。屠宰场的血腥气味或濒死奶牛的呼叫声会激怒牛只。因此,处理病死牛或屠宰奶牛一定要在远离牛群的地方进行。

记忆力强公牛的性行为主要由视觉、听觉和嗅觉等所引起,并且视觉比嗅觉更为重要。公牛看到母牛时,就会产生性行为;公牛闻嗅母牛外阴部,是人所周知的。公牛的记忆力强,对它接触过的人和事,印象深刻,例如兽医或打过它的人接近它时常有反感的表现。

第三节　奶牛的行为学观察与判断

在奶牛饲养过程中,可根据观察到的奶牛的异常行为表现,来判断奶牛的健康状况。对异常奶牛随即做出相应的处理,从而减少不必要的损失。

一、奶牛的正常生理指标

(一)血液指标

血液组成与动物机体的新陈代谢密切相关,初生犊牛机体内部氧化还原反应比成年牛强,随着年龄的增长,血液中的白细胞、红细胞以及血红素含量降低,这主要是与机体的代谢速度减慢有关。

表 7-1　中国荷斯坦牛的主要血液指标

指标	初生	6 月龄	12 月龄	24 月龄	成母牛	产前	产后
血重/千克	3.50	13.20	24.60	35.40	47.60		
红细胞/(亿/毫升)	9.24	7.63	7.43	7.37	7.72		
白细胞/(10 万/毫升)	7.51	7.61	7.92	7.35	6.42		
钙/(毫克/毫升)						0.08~0.12	
酮体/(毫克/升)						6~60	
血糖/(毫克/升)						500	
非酯化脂肪酸 (毫克当量/升)						<0.30	<0.60~0.70

(二)脉搏、呼吸和体温

牛正常体温范围为 37.5~39.1℃,初生犊牛脉搏 70~80 次/分钟,成年牛 40～60 次/分钟,泌乳牛和怀孕后期的母牛比空怀母牛高些,牛的正常呼吸次数为 20～28 次/分钟。增加呼吸次数可能是由于热应激,奶牛发热或者疼痛。

二、奶牛的正常行为与异常行为

(一)精神状态与外观表现

健康的奶牛精神自然,表现为站立时常低头,对周围的事物反应灵敏。

病牛则精神不振,表现为低头垂耳,眼半闭,行动迟缓;有时站立时鼻镜抵到其他物体,或以鼻触地,对事物的反应非常迟钝。

眼:健康奶牛双眼明亮,不流泪,眼皮不肿胀,眼角无分泌物,眼结膜呈淡红色。病牛则多为目光无神,反应迟钝。眼结膜潮红流泪,眼睛有炎症;眼结膜呈紫红色,则肺部有炎病;眼结膜糜烂潮红,多见于传染病;眼结膜逐渐苍白,是营养不良的表现,尤其是矿物元素缺乏;眼结膜发黄,可能是肝病或是胆道堵塞。

耳:健康奶牛两耳扇动灵活,时时摇动,手触温暖。病牛表现为头低耳垂,耳不摇动、耳根不冷即热。

口:健康奶牛口腔黏膜淡红,无臭味。病牛的口腔黏膜则淡白流涎或潮红干涩,有恶臭味。

鼻:健康奶牛不管天气冷热和昼夜,鼻镜不断出现汗珠,且分布均匀,保持湿润。病牛鼻镜无汗,干燥,严重时起壳还有裂纹状。这多是奶牛感冒或是呼吸系统有炎症的表现。患急性发热性疾病时,奶牛鼻镜、鼻盘干燥甚至龟裂,如牛梨形虫病、牛出败等;看鼻腔包括鼻黏膜和鼻漏的检查,一般呈浆性、黏性或脓性且具有恶臭味的鼻漏,多见于牛肺疫。

舌:健康奶牛的舌尖红润,伸缩有力。而病牛的舌不灵活,且舌苔厚而粗糙无光,多为黄、白、褐色。一般若唾液分泌量增大,则可能舌或咽有创伤性炎症;如果既有大量唾液持续地流出,又有不断的咀嚼吞咽动作,并伴有哼哼叫声,则多为食道受阻。

被毛:健康奶牛通过舐舔、抖动、搔抓来清理被毛和皮肤,保持体表清洁卫生。体弱奶牛清洁能力差,导致被毛逆立、粗乱无光,体表后肢污染严重。健康奶牛的毛色黑白分明,背毛光泽柔顺。病牛的被毛则粗乱无光,毛色发红。此时应多考虑奶牛缺乏矿物质和维生素,尤其是铜和维生素 A 的缺乏。哺乳期犊牛脱毛往往与腹泻和营养不良有关。

四肢:健康奶牛采食后四肢收于腹下而卧,起立时先收起后肢;若产后母牛卧地不起,行走时腿发颤,步态不稳,往往是产后瘫痪的预兆。

(二)体况标准

当用手按紧触压奶牛腰部脊突,可感知脊突存在;在尾根部两侧,可容易地触觉到有脂肪沉积。这是健康奶牛的标准体况。

如果干奶前或泌乳后期奶牛偏瘦,则必须对奶牛加强饲喂,增加饲料量,使其达到标准,增加生产能力。

表 7-2 五部位体况综合评分法

分值	脊椎部	肋骨	臀部两侧	尾根两侧	髂骨、坐骨结节
1	非常突出	根根可见	严重下陷	陷窝很深	非常突出
2	明显突出	多数可见	明显下陷	陷窝明显	明显突出
3	稍显突出	少数可见	稍显下陷	陷窝稍显	稍显突出
4	平直	完全不见	平直	陷窝不显	不显示突出
5	丰满	丰满	丰满	丰满	丰满

注:王运亨,2003。

体况评分应在奶牛不同的生理或泌乳阶段进行,一般为干奶期、分娩期、泌乳前期、泌乳中期、泌乳后期,具体评分时间最好安排在某一阶段的中期。高产奶牛则应该更多次的进行评分,可在干奶前期、围产前期、分娩期、围产后期以及泌乳前、中、后期进行。

奶牛在不同的生理或泌乳阶段,只有保持理想或适合的体况才能充分发挥其优良的生产性能,具体要求如下。

干奶期:理想的体况是 3.5 分。干奶期过肥,可能导致分娩时难产,泌乳早期采食量下降,产奶量低,并有可能加大肥胖综合征发生的风险,导致胎衣不下、真胃移位、酮病、产乳热等一系列疾病;过瘦,则会造成分娩乏力、瘫痪、产奶量和乳脂率低、不能适时受孕。

分娩期:理想的体况是 3.0～3.5 分。小于 3 分的牛,产奶持续性差,乳脂率、乳蛋白率也会受到影响;大于 3.5 分的牛,采食差,泌乳性能不能充分发挥,容易伴发产科病和代谢病,产乳热发病率高。

泌乳前期:包括围产后期(指分娩后 15～21 天以内)和泌乳盛期(分娩后第 16～100 天)。理想的体况是 2.5～3.0 分。奶牛分娩后食欲和消化机能均较差,能量进食不足,须动用体内储存的能量以满足产奶的需要,因此泌乳早期为剧烈减重阶段。奶牛的泌乳高峰出现在分娩后 60 天左右,采食高峰出现在分娩后 100 天左右,所以在整个泌乳前期均处于营养的负平衡状态,体重和膘情逐日下降。在正常情况下,奶牛分娩后 60 天内体况评分下降 0.5～1.0 分(1 分相当于 55～61 千克成年奶牛的体重),至分娩后 80 天左右降至最低点,但不应低于 2.0 分。泌乳前期体况差的奶牛,体内能量储备不足,高峰期产奶量偏低并直接影响泌乳期总产奶量,乳蛋白率低,分娩后发情和受孕期延迟,抵抗力下降,容易生病;体况大于 3.5 分的奶牛,繁殖率低,易发生酮病、脂肪肝等疾病。泌乳前期的奶牛如果在最初的 2 个月内体况下降超过 1 分或不到 0.5 分,都说明未能保持最适宜的体况,需要根据具体情况,修改饲养方案。

泌乳中期:理想体况为 2.5～3.5 分。此时采食量已达最高峰,有多余的能量可供储存,体重开始回升。泌乳中期应该是怀孕牛,低于 2.5 分且产奶正常者,可能日粮能量较低,特别是泌乳早期供能不足;高于 3.5 分则进入泌乳后期可能过肥。

泌乳后期:理想的体况是 3.0～3.5 分。在泌乳后期开始时,如体况低于 2.5 分,说明长期营养不良或患病,需查明原因采取相应措施;如高于 3.5 分,易导致干奶期及分娩时过肥,难产率高,分娩后食欲差,掉膘快,酮病、脂肪肝等发病率高,受孕率低。

(三)饮水

保证奶牛有充足干净的饮水是奶牛产奶的保障。尤其当夏季缺水时,会直接影响到牛体健康和产奶量。一般产 1 千克奶,需要 3 千克水。保证奶牛有充足干净的饮水是奶牛产奶的保障。尤其当夏季缺水时,会直接影响到牛体健康和产奶量。

当奶牛饮水时,突然头抬高,左右甩动,颈伸直,口内流出大量唾液,可能是发生食道阻塞,应及时治疗。

(四)产奶量

健康产奶牛的产奶量是大体恒定的,日平均产奶量在 20 千克左右,高峰期出现在产后 5～10 周,头胎牛高峰期比日平均产奶量高 3.2～6.4 千克,成年奶牛高峰期比日平均产奶量高 6.5～13.5 千克。

生产中奶量突然减少很多,则一定是已经患病。高峰期产奶量降低时,就要考察全群奶牛的隐性乳房炎的发病率,以及日粮中蛋白质过低、微量元素和维生素缺乏。高峰期持续时间过短时,则要首先考虑奶牛自身内源性寄生虫,尤其是头胎和二胎,产后日粮中钙和蛋白质缺乏。产奶量下降过快时,要考虑日粮中是否添加了过高的非蛋白氮,如尿素等。考虑是否缺乏 B 族维生素。

产奶牛患各种疾病均可导致产奶量降低,但尤以酮血病和乳房炎最为严重。临床型酮血病轻症者产奶量持续下降,重症者突然骤减,高产牛无乳,乳具酮味。临床型乳房炎肉眼可见乳房、乳汁发生异常,轻症者乳汁稀薄、呈灰白色,最初几把奶常有絮状物(俗称豆腐奶),乳房肿胀,乳汁变化不大;重症者患区乳房肿胀、发红、质硬、疼痛明显,乳呈淡黄色,产乳量仅为正常量的 1/3～1/2,健区乳房的产奶量也显著下降;恶性乳房炎发病急,患畜无乳,患区和整个乳房肿胀,十分坚硬,皮肤发紫、龟裂,疼痛极明显,患区仅能挤出 1～2 把黄水或血水。

(五)消化及排泄

（1）异食 当日粮搭配不当,缺乏钙、磷、微量元素和维生素时,奶牛常发生异食行为,如食粪尿、胶皮、木块、砖瓦、石块等。

（2）反刍 奶牛反刍停止说明奶牛已经患病。若奶牛反刍在 30 次以下而且无力,则为前胃弛缓;如反刍停止,则多为瘤胃积食、瘤胃臌气、创伤性网胃炎。若奶牛反刍在 30 次以下而且无力,则为前胃弛缓;如反刍停止,则多为瘤胃积食、瘤胃臌气、创伤性网胃炎。当奶牛患腹膜和肝脏的疾病、传染病和生殖器官系统疾病、代谢病和脑、脊髓疾病时都有反刍障碍。

（3）瘤胃 健康奶牛左侧肷窝及皮肤随瘤胃的蠕动会出现起伏现象,用拳头压在瘤胃上,能感觉到在 5 分钟内瘤胃蠕动 10～12 次;如果左侧肷窝长时间处于平稳状态或起伏很小,说明前胃有问题。瘤胃应该装满饲料,从后面看,瘤胃在左边鼓出来。

瘤胃评分是检查食物摄入和在个体奶牛体内的通过速度的方法。站在奶牛后方看奶牛左嵌窝来评估瘤胃充实程度,充实程度反映饲料摄入量、发酵速度和通过奶牛消化系统的比率。发酵和通过速度取决于饲料的种类和性质。后者表示饲料发酵速度的快慢,颗粒大小和瘤胃中不同饲料成分间的平衡。

1 分——左侧嵌窝深陷。脊椎横突下的皮肤向内凹陷,荐骨上的皮肤垂直向下折叠。最后一根肋骨后面的陷窝比手掌宽、深。从侧面看,这部分嵌窝已呈现为矩形。表明这头牛吃得很少或什么也没吃,可能是突然生病了,饲料不够或适口性差。

2 分——脊椎横突下的皮肤向内凹陷。荐骨下的皮肤皱褶和最后一根肋骨成对角线,最后一根肋骨后面的陷窝有手掌宽、深。从侧面看,这部分嵌窝呈三角形。这个评分常见于产后 1 周内和泌乳后期的奶牛,这表示采食量不足或通过率太高。

3 分——脊椎横突下的皮肤垂直向下有一掌宽然后向外突起,看不到荐骨处的皮肤皱褶。这是泌乳奶牛的合适评分,表明采食量好而且在瘤胃内的食物存留时间恰当。

4 分——脊椎横突下的皮肤向外突起,最后一根肋骨后面看不到陷窝,对于泌乳末期牛和干奶牛而言是合适的评分。

5 分——瘤胃充满时看不到脊椎横突,整个腹部的皮肤紧绷。在嵌窝和最后一根肋骨之间没有过渡。干奶牛有这样的评分是合适的。

(4)粪便　奶牛是一种随意排泄的动物,通常是站立排便或者边走边排粪,排尿则往往站着。奶牛是家畜中排粪尿量最多的动物。成母一昼夜排粪量多达 30 千克,占日采食量的 70% 左右。一昼夜排尿量约为 22 千克,占饮水量的 30% 左右。

正常奶牛的粪便具有一定的形状和硬度,软而不稀(高产奶牛较稀),硬而不坚,呈螺旋饼状,颜色发黄或为棕色,无异臭,排粪有规律。

粪便的颜色可随饲料的品种、胆汁浓度和饲料的消化率而变化。奶牛采食含较多谷物的典型全混合日粮时,粪便通常为黄褐色;如果奶牛腹泻,粪便的颜色将变成灰色;正接受疾病治疗的奶牛,其粪便可能会因所用药物的作用而呈异常。部分疾病也能导致奶牛粪便颜色发生变化,如痢疾和球虫病引起的肠道出血,奶牛粪便呈黑色和带血样;由沙门氏菌等引起的细菌感染,奶牛则产生浅黄色或浅绿色腹泻样粪。

理想的粪便应表现为奶牛对绝大部分饲料和营养均匀一致地消化和利用。如果粪便中含有大量未消化的谷物和长粗饲料(大于 1.27 厘米),那就说明奶牛瘤胃发酵功能有问题,或存在较多的后肠发酵和大肠发酵。相对于瘤胃发酵,后肠发酵效果和价值较低,这是因为后肠对营养物质的吸收率较低。其原因可能是有效纤维采食不够,没能有效刺激奶牛瘤胃反刍和保持正常的瘤胃 pH 所致。干粪便的表面如有白色呈现,说明有未消化的淀粉存在,淀粉越多,白色越明显。如果粪便中可看到较多黏液,表明奶牛有慢性炎症或肠道受损;有时也能看到粘蛋白管型物在其中,这些都说明奶牛大肠有损伤,是由过度的后肠发酵和过低的 pH 引起的。粪便中如有气泡,表明奶牛可能乳酸中毒或由后肠过度发酵产生气体所致。

粪便稀薄恶臭或坚硬,甚至停止大便,此时应考虑精粗饲料比例和饲料蛋白含量的高低。排粪次数增多、粪便稀薄如水称为腹泻,多见于奶牛肠炎、结核和副结核病;排粪减少、粪便变硬,或表面附有黏液多为便秘,多见于运动不足、前胃疾病、瘤胃积食、肠阻塞、肠变位、热性病及某些神经系统疾病;排粪失禁见于严重下痢、腰荐部脊椎损伤或炎症、脑炎等;排粪时奶牛呈现痛苦、不安、弓背甚至呻吟、鸣叫,但不能大量排除粪便的见于牛的创伤性网胃炎、肠炎、瘤胃积食、肠便秘、肠变位和某些神经系统疾病。奶牛尿液正常呈淡黄色、透明。如颜色变黄、变红、变浑浊则就是有病的表现。如果粪便表面有红色血液或黑褐色,应考虑胃肠后端出血。

粪便评分是用来帮助评估奶牛对日粮消化程度高低的工具,日粮的营养成分(蛋白、纤维和碳水化合物)是否平衡及饮水量是否合适。

1分——粪便像豌豆汤一样稀,呈"拱形"从奶牛尾部泄出。过量的蛋白或淀粉、太多的矿物质,或纤维缺乏都可能导致这种情况。后肠道中过量的尿素能产生渗透梯度从而将水吸收到粪便中。腹泻的牛就属于这一类。

2分——粪便松软易流动,不能成堆。高度小于2.5厘米,当落到地面或混凝土上时会飞溅出来。这是典型的在优质草场上放牧的奶牛的粪便。低纤维或缺乏有效纤维也会导致这种评分的粪便。

3分——这是最理想的评分。呈粥样,高4～5厘米,有几个同心圆,中间较低或有陷窝。落在混凝土上有扑通声,会粘在你的鞋子上。

4分——粪便较厚,容易粘鞋,堆高超过5厘米。是典型的干奶牛或年龄较大的青年母牛的粪便(这也反映饲喂的粗料质量差和/或蛋白不足)。增加谷物或蛋白可以降低这样的粪便评分。

5分——这种粪便呈现为坚硬的球状。只喂稻草或脱水的情况下会导致这种评分的粪便。消化障碍的牛也可能有这种情况。

不同产奶阶段的奶牛粪便的推荐值为:干奶牛3.5分;干奶后期3.0分;新产牛2.5分;高产牛3.0分;产奶后期牛3.5分。

(5)排尿　健康奶牛一天排尿7～9次,尿色清亮,微黄色。若尿液有氨味、烂苹果味,且颜色较深,要从膀胱炎和酮病考虑;如果尿液混浊不透明,要考虑是否有尿道炎。

(六)行走

健康牛步态稳健,灵活自如。通常奶牛行走非常有力,它们是后蹄踩着前蹄脚印前行,但是如果出现不合适的情况(地面滑,蹄病或者健康问题),将出现不同情况。奶牛站立的原因包括:有关节或者蹄部问题、卧栏过度拥挤、卧栏尺寸不正确、卧床表面问题等。

发病时则表现为跛行、步态不稳、协调性差、起卧不安等反常姿势。如奶牛患破伤风时,表现为头颈伸直、耳竖尾翘、腰腿僵直,形似木马;患脑炎及脑膜炎时,病牛呈现盲目运动,大脑意识紊乱,不听主人呼唤;患脑包虫病时,常常做无意识的定向转圈运动。

行走移动指数的评定:

1分——正常。站立行走背部平直,四蹄落地有力。

2分——微度跛行。站立背部平直,行走背部弓形。

3分——轻度跛行。站立和行走都出现背部弓形。

4分——跛行。一个或者几个蹄病患病,但仍可承受一些重量,站立行走背部弓形。

5分——严重跛行。拒绝使用病蹄站立,行走不能承受重量,背部弓形。

生产中,每个月进行一次(最多60天)行走移动指数评分,对整群牛,至少25%的牛或者50头奶牛参加评分,随机或者固定牛群。

思考题

1. 简述奶牛的行为特性。

2. 简述奶牛生态养殖的福利管理技术。

3. 如何判断奶牛的异常行为?

4. 简述如何对奶牛进行瘤胃评分、粪便评分、行走移动指数的评定和体况评分。

第八章

奶牛的卫生保健与疾病防控

    导　　读　本章介绍了奶牛场的消毒及免疫方法和兽医安全用药规范;详细阐述了犊牛阶段多发病、泌乳牛营养代谢病、乳房疾病的防控、主要传染病、寄生虫病、蹄病、繁殖障碍病和中毒病的防控技术。重点掌握奶牛场的消毒与免疫技术、犊牛多发病、泌乳牛营养代谢病、乳房炎和繁殖障碍疾病的预防。

第一节　奶牛场的消毒与防疫

    卫生消毒是切断疫病传播的重要措施,奶牛场应建立卫生消毒制度,减少疾病的发生。

一、奶牛场的消毒

(一)消毒剂
消毒剂应选择对人、奶牛和环境比较安全、没有残留毒性,对设备没有破坏和在牛体内不应产生有害积累的消毒剂。可选用的消毒剂有:次氯酸盐、有机碘混合物、过氧乙酸、生石灰、氢氧化钠(火碱)、高锰酸钾、硫酸铜、新洁尔灭、松油、酒精等。

(二)消毒方法

(1)喷雾消毒 用一定浓度的次氯酸盐、有机碘混合物、过氧乙酸、新洁尔灭等,用喷雾装置进行喷雾消毒,主要用于牛舍清洗完毕后的喷洒消毒、带牛环境消毒、牛场道路和周围及进入场区的车辆。

(2)浸液消毒 用一定浓度的新洁尔灭、有机碘混合物的水溶液,进行洗手、洗工作服或胶靴。

(3)紫外线消毒 对人员入口处常设紫外线灯照射,以起到杀菌效果。

(4)喷洒消毒 在牛舍周围、入口、产床和牛床下面撒生石灰或火碱杀死细菌或病毒。

(5)热水消毒 用 35～46℃温水及 70～75℃的热碱水清洗挤奶机器管道,以除去管道内的残留矿物质。

(三)消毒制度

(1)环境消毒 牛舍周围环境(包括运动场)每周用 2%氢氧化钠消毒或撒生石灰 1 次;场周围及场内污水池、排粪坑和下水道出口,每月用漂白粉消毒 1 次(每米^3 污水加 6～10 克漂白粉)。在大门口和牛舍入口设消毒池,使用 2%～4%火碱(氢氧化钠),为保证药液的有效,应 15 天更换一次药液。

(2)人员消毒 工作人员进入生产区应更衣和紫外线消毒,工作服不应穿出场外。外来参观者进入场区参观应彻底消毒,更换场区工作服和工作鞋,并遵守场内防疫制度。

(3)牛舍消毒 牛舍在每班牛只下槽后应彻底清扫干净,定期(夏季 2 周,冬季 1 个月)用高压水枪冲洗牛床,并进行喷雾消毒。

(4)用具消毒 定期(夏季 2 周,冬季 1 个月)对饲喂用具、料槽和饲料车等进行消毒,可用 0.1％新洁尔灭或 0.2％～0.5％过氧乙酸消毒;日常用具(如兽医用具、助产用具、配种用具、挤奶设备和奶罐车等)在使用前后应进行彻底消毒和清洗。

(5)产房、犊牛舍消毒　使用前后应彻底清洗和消毒。

(6)带牛环境消毒　定期进行带牛环境消毒(特别是传染病多发季节),有利于减少环境中的病原微生物,减少传染病和蹄病等发生。可用于带牛环境消毒的消毒药有:0.1％新洁尔灭,0.3％过氧乙酸,0.1％次氯酸钠。带牛环境消毒应避免消毒剂污染到牛奶中。

(7)牛体消毒　挤奶、助产、配种、注射治疗及任何对奶牛进行接触操作前,应先将牛有关部位如乳房、乳头、阴道口和后躯等进行消毒擦拭,以降低牛乳的细菌数,保证牛体健康。

二、定期预防免疫制度

制定和执行适合奶牛场具体情况的疫病防疫程序,定期进行预防注射和药物预防,牛群定期进行驱虫。

奶牛场应根据《中华人民共和国动物防疫法》及其配套法规的要求,结合当地的实际情况,有选择地进行疫病的预防接种工作,且应注意选择适宜的疫苗、免疫程序和免疫方法。预防接种时,两种疫苗的使用间隔至少应在 15 天以上。奶牛几种重要疾病的免疫方法如下。

(1)牛传染性鼻气管炎　牛传染性鼻气管炎疫苗,犊牛 4～6 月龄接种,空怀青年母牛在第一次配种前 40～60 天接种,妊娠母牛在分娩后 30 天接种,免疫期 6 个月。怀孕牛不接种。

已注射过该疫苗的牛场,对 4 月龄以下的犊牛,不接种任何疫苗。

(2)牛病毒性腹泻　牛病毒性腹泻灭活苗,任何时候都可以使用,妊娠母牛也可以使用,第一次注射后 14 天应再注射一次;牛病毒性腹泻弱毒苗,犊牛 1～6 月龄接种,空怀青年母牛在第一次配种前 40～60 天接种,妊娠母牛在分娩后 30 天接种,免疫期 6 个月。

(3)牛副流感　牛副流感Ⅲ型疫苗,犊牛于 6～8 月龄时注射一次。

(4)牛布氏杆菌病　牛布氏杆菌 19 号菌苗,母犊牛 5～6 月龄接种,免疫期 12～14 个月;牛型布氏杆菌 45/20 佐剂菌苗,不论年龄、怀孕与否皆可注射,接种 2 次,第一次注射后 6～12 周再注射一次;猪型布氏杆菌 2 号菌苗,口服,用法同 19 号菌苗,免疫期 3.5 年;羊型布氏杆菌 5 号菌苗,可口服,免疫期 14 个月。

(5)魏氏梭菌病(牛猝死症)　皮下注射 5 毫升魏氏梭菌灭活苗,免疫期 6 个月。

(6)口蹄疫　每年春、秋两季各用同型的口蹄疫弱毒疫苗接种 1 次,肌肉或皮下注射,1～2 岁牛 1 毫升,2 岁以上牛 2 毫升。注射后,14 天产生免疫力,免疫期 4～6 个月。

三、疫病监测

奶牛场应根据《中华人民共和国动物防疫法》及其配套法规要求,结合当地实际情况,制订疫病监测方案。常规监测的疾病有口蹄疫、蓝舌病、炭疽、牛白血病、结核病、布鲁氏菌病、传染性鼻气管炎、病毒性腹泻、黏膜病等,同时应注意监测我国已扑灭的疫病及外来疫病的传入,如牛瘟、传染性胸膜肺炎、牛海绵状脑病等,并根据当地情况选择其他必要的疫病进行监测。每年春、秋两季(5 月、10 月)进行两次结核病、副结核病、布氏杆菌病的检疫,方法按农业部颁发的《动物检疫操作规程》进行,检出阳性反应牛应送隔离场或场外屠宰,可疑反应牛隔离复检后按法规处置。奶牛应在干乳前 15 天进行隐性乳房炎检验,以便在干乳期得到及时而有效的治疗。对繁殖器官疾病和酮病等常发病进行必要地监控;某些体内寄生虫病,在一些发病率高地地区,应定期驱虫和制定预防措施。

四、疫病的控制和扑灭

牛场发生或怀疑发生疫病时,应根据《中华人民共和国动物防疫法》及时采取有效措施进行控制和扑灭。驻场兽医应及时诊断，并尽快向当地畜牧兽医行政管理部门报告疫情。当确诊发生口蹄疫、牛瘟、传染性胸膜肺炎等疾病时，牛场应配合畜牧兽医管理部门，对牛群实施严格的隔离、扑杀等措施；发生牛海绵状脑病时，除了对牛群实施严格的隔离、扑杀措施外，还需跟踪调查病牛的亲代和子代；发生炭疽时，只扑杀病牛；发生蓝舌病、牛白血病、结核病、布鲁氏菌病等疫病时应对牛群实施清群和净化措施。对全场进行彻底清洗消毒，病死和淘汰牛进行无害化处理

第二节　兽医安全用药规范

一、兽药的使用

允许使用符合《中华人民共和国兽用生物制品质量标准》规定的疫苗预防奶牛疾病；允许使用消毒防腐剂对饲养环境、厩舍和器具进行消毒，但不能使用酚类消毒剂；允许使用《中华人民共和国兽药典》二部和《中华人民共和国兽药规范》二部规定的用于奶牛疾病预防和治疗的中药材和中成药；允许使用《中华人民共和国兽药典》、《中华人民共和国兽药规范》、《兽药质量标准》和《进口兽药质量标准》规定的钙、磷、硒、钾等补充药，酸碱平衡药，体液补充药，电解质补充药，血容量补充药，抗贫血药，维生素类药，吸附药，泻药，润滑剂，酸化剂，局部止血药，收敛药和助消化药；允许使用国家兽药管理部门批准的微生态制剂；抗菌药、抗寄生虫药和生殖激素类药，但应严格掌握用法、用量和休药期，未规定休药期的品种应遵循肉不少于 28 天，奶废弃期不少于 7 天的规定。外用抗寄生虫药时注意避免污染鲜奶。

二、禁用药物

禁止使用有致畸、致癌和致突变作用的兽药；禁止添加未经国家畜牧兽医行政管理部门批准的《饲料药物添加剂使用规范》以外的兽药品种，特别是影响奶牛生殖的激素类药物、具有雌激素样作用的物质、催眠镇静药和肾上腺素能药等兽药；禁用未经国家畜牧兽医行政管理部门批准作为兽药使用的药物；禁止使用未经国家畜牧兽医行政管理部门批准的用基因工程方法生产的兽药。

三、无公害食品畜禽饲养兽药使用准则

为保证动物源性食品安全，维护人民身体健康，根据《兽药管理条例》的规定，农业部制定了《中华人民共和国农业行业标准 NY 5030—2006 无公害食品畜禽饲养兽药使用准则》，于 2006 年 4 月 1 日起实施，本标准代替《NY 5046—2001 无公害食品奶牛饲养兽药使用准则》等。

该《准则》规定：临床兽医和畜禽饲养者应遵守《兽药管理条例》的有关规定使用兽药，应凭专业兽医开具的处方使用经国务院兽医行政管理部门规定的兽医处方药。禁止使用国务院兽医行政管理部门规定的禁用药品；临床兽医和畜禽饲养者进行预防、治疗和诊断畜禽疾病所用的兽药均应来自具有《兽药生产许可证》，并获得农业部颁发《中华人民共和国兽药 GMP 证书》的兽药生产企业，或农业部批注注册进口的兽药，其质量均应符合相关的兽药国家质量标准；临床兽医应严格按《中华人民共和国动物防疫法》的规定对畜禽进行免疫，防止畜禽发病和死亡；临床兽医使用拟肾上腺素药、平喘药、抗胆碱药与拟胆碱药、糖肾上腺皮质激素类药和解热镇痛药，应严格按国务院兽医行政管理部门规定的作用用途和用法用量使用；畜禽饲养者使用饲料药物添加剂应符合农业部《饲料药物添加剂使用规范》的规定，禁止将原料药直接

添加到饲料及动物饮用水中或直接饲喂动物；临床兽医应慎用经农业部批准的拟肾上腺素药、平喘药、抗胆碱药与拟胆碱药、糖肾上腺皮质激素类药和解热镇痛药；非临床医疗需要，禁止使用麻醉药、镇痛药、镇静药、中枢兴奋药、雄激素药、雌激素药、化学保定药及骨骼肌松弛药，必须使用该类药物时，应凭专业兽医开具处方用药。

该标准强调了做好兽药使用记录。临床兽医和畜禽饲养者使用兽药，应认真做好用药记录。用药记录至少应包括：用药的名称（商品名和通用名）、剂型、剂量、给药途径、疗程，以及药物的生产企业、产品的批准文号、生产日期、批号等。使用兽药的单位或个人均应建立用药记录档案，并保存 1 年（含 1 年）以上。临床兽医和饲养者应严格执行国务院兽医行政管理部门规定的兽药休药期，并向购买者或屠宰者提供准确、真实的用药记录，应记录生产乳等畜产品的奶牛在休药期内时，其废弃产品的处理方式。本标准要求，临床兽医和奶牛养殖者使用兽药，应对兽药的治疗效果、不良反应做观察记录；发生动物死亡时，应请专业兽医进行解剖，分析是药物原因或疾病原因。发现可能与兽药使用有关的严重不良反应时，应当立即向所在地人民政府兽医行政管理部门报告。

中华人民共和国农业行业标准 NY 5030—2006 列出了规范性附录《食品动物禁用的兽药及其他化合物清单》，详见表 8-1。

表 8-1 食品动物禁用的兽药及其他化合物清单

序号	兽药及其他化合物名称	禁止用途	禁用动物
1	β-兴奋剂类：克仑特罗 Clenbuterol、沙丁胺醇 Salbutamol、西马特罗 Cimaterol 及其盐、酯及制剂	所有用途	所有食品动物
2	性激素类：己烯雌酚 Diethylstilbestrol 及其盐、酯及制剂	所有用途	所有食品动物
3	具有雌激素样作用的物质：玉米赤霉醇 Zeranol、去甲雄三烯醇酮 Trenbolone、醋酸甲孕酮 Mengestrol Acetate 及制剂	所有用途	所有食品动物

续表 8-1

序号	兽药及其他化合物名称	禁止用途	禁用动物
4	氯霉素 Chloramphenicol 及其盐、酯（包括琥珀氯霉素 Chloramphenicol Succinate）及制剂	所有用途	所有食品动物
5	氨苯砜 Dapsone 及制剂	所有用途	所有食品动物
6	硝基呋喃类：呋喃唑酮 Furazolidone、呋喃它酮 Furaltadone、呋喃苯烯酸钠 Nifurstyrenatesodium 及制剂	所有用途	所有食品动物
7	硝基化合物：硝基酚 Sodiumnitrophenolate、硝呋烯 Nitrovin 及制剂	所有用途	所有食品动物
8	催眠、镇静类：安眠酮 Methaqualone 及制剂	所有用途	所有食品动物
9	林丹（丙体六六六）Lindane	杀虫剂	水生食品动物
10	毒杀芬（氯化烯）Camahechlor	杀虫剂、清塘剂	水生食品动物
11	呋喃丹（克百威）Carbofuran	杀虫剂	水生食品动物
12	杀虫脒（克死螨）Chlordimeform	杀虫剂	水生食品动物
13	双甲脒 Amitraz	杀虫剂	水生食品动物
14	酒石酸锑钾 Antimonypotassiumtartrate	杀虫剂	水生食品动物
15	锥虫胂胺 Tryparsamide	杀虫剂	水生食品动物
16	孔雀石绿 Malachite green	抗菌、杀虫剂	水生食品动物
17	五氯酚酸钠 Pentachlorophenolsodium	杀螺剂	水生食品动物
18	各种汞制剂，包括氯化亚汞（甘汞）Calomel、硝酸亚汞 Mercurous nitrate、醋酸汞 Mercurous acetate、吡啶基醋酸汞 Pyridyl mercurous acetate	杀虫剂	动物
19	性激素类：甲基睾丸酮 Methyltestosterone、丙酸睾酮 Testosterone Propionate、苯丙酸诺龙 Nandrolone Phenylpropionate、苯甲酸雌二醇 Estradiol Benzoate 及其盐、酯及制剂	促生长	所有食品动物
20	催眠、镇静类：氯丙嗪 Chlorpromazine、地西泮（安定）Diazepam 及其盐、酯及制剂	促生长	所有食品动物
21	硝基咪唑类：甲硝唑 Metronidazole、地美硝唑 Dimetronidazole 及其盐、酯及制剂	促生长	所有食品动物

注：食品动物是指各种供人食用或其产品供人食用的动物。

第三节　犊牛阶段多发病控制技术

一、脐带炎

脐带炎是指犊牛出生后,脐带断端感染细菌而发生的化脓性、坏疽性炎症。

(一)发病原因

接产时,脐带断端消毒不严或不消毒;产房或犊牛舍卫生不良,运动场泥泞潮湿;褥草不及时更换;粪便不及时清除,致使犊牛卧地后受到感染;另外犊牛相互吸吮脐带引起。

(二)临床症状

犊牛精神沉郁、消化不良、下痢。由于脐部化脓、坏死,患犊脐带局部增温,体温升高,呼吸、脉搏加快,精神沉郁,弓腰,瘦弱。由于脐带断端被腐败物质充塞,在脐带中央可触到索状物,脐带断端湿润、污红色,用手挤压可流出恶臭的脓汁,脐孔周围形成增生硬块或溃疡化脓。严重者可继发关节炎,肝脓肿等。

(三)防治措施

加强产房消毒卫生工作。对临产母牛应单独置于清洁、干净的产床内。胎儿产出后,在距腹壁 5 厘米处,用剪刀将脐带剪断,随即将断端浸泡于 10% 碘酊内 1 分钟。经常保持犊牛床、圈舍清洁,褥草要勤换;粪便及时清扫;运动场要干燥。定期用 1%～2% 火碱液消毒。新生犊牛应采用单圈饲养,即一头犊牛一个圈舍,这可避免相互吸吮的机会,防止脐带炎和其他疾病的发生。

二、新生犊牛病毒性腹泻

新生犊牛病毒性腹泻是由多种病毒引起的急性腹泻综合征。以精神委靡、厌食、呕吐、腹泻、脱水和体重减轻为主要特征。

(一)病原特征

病原主要是呼肠孤病毒科的轮状病毒和冠状病毒科的新生犊牛腹泻冠状病毒。此外,细小病毒、杯状病毒、星形病毒、腺病毒和肠道病毒也能引起犊牛腹泻,多于大肠杆菌或隐孢子虫混合感染致病。这些病毒对外界环境抵抗力弱,常用消毒药均能将其迅速杀死。

(二)临床症状

1～7天的新生犊牛易发生轮状病毒腹泻,2～3周龄的犊牛多发冠状病毒性腹泻。病牛和带毒牛是主要的传染源,经消化道和呼吸道传染。本病一旦发生,常成群暴发,发病率高,但死亡率低。初乳不足,气候寒冷,卫生不良等因素可诱发本病,使死亡率提高。本病多发生于冬季。

病犊精神委靡,厌食,体温不显变化或略有升高。排黄色或黄绿色液状稀便。有时带有黏液或血液。严重时,水样粪便呈喷射状排出,有轻度腹痛。脱水。由于急性脱水和酸中毒可导致犊牛急性死亡。剖检可见消化道内容物稀薄,大小肠黏膜出血,肠黏膜易脱落,肠系膜淋巴节肿大。确诊需要电镜观察病毒粒子或用荧光抗体染色检查。

(三)防治措施

母牛临产前要饲喂平衡饲料,犊牛出生后要及时喂给充足的初乳,同时可应用促菌生和乳康生等生物制剂,加强对犊牛管理,尽量减少感染机会,牛舍要注意卫生,加强环境消毒和保暖防寒。

对犊牛病毒性腹泻无特异性的药物进行治疗,停止 24～48 小时哺乳是有益的,停乳后可口服营养电解质溶液或输注葡萄糖盐水等,如果有细菌感染并发,可口服或注射抗生素或磺胺药物。没有并发症发生,病毒性腹泻可在 2～5 天后恢复。3 周龄前的犊牛对病毒较敏感,因此,牛场发现病犊后应立即隔离,清除病牛粪便及污染的垫草,消毒环境和器物。

三、犊牛下痢

也称为犊牛饮食性腹泻。由于下痢,致使犊牛营养不良,生长发育受阻。以 1 月龄犊牛多见。

(一)发病原因

本病多由饲养管理不当和外界环境的改变引起。喂乳量过多,或喂了变质、酸败乳,致使犊牛大批发病;也常见于犊牛食入精料过多后发病;突然变更饲养员及喂乳温度或数量不定而发病。卫生条件不良(如运动场泥泞、犊牛舍潮湿、喂奶用具不清洗、犊牛喝进污水)、气候骤变、缺硒等均可引起犊牛腹泻。

(二)临床症状

发病犊牛排出灰白色、水样、腥臭、稀便为特征。有的粪内带有黏液或呈血汤样,肛门周围、尾根常被粪便污染;患牛表现精神沉郁,食欲减退或废绝,被毛逆立。若发生在冬天并伴有体温升高的,则浑身发抖。由于稀粪长期浸渍,见肛门附近及坐骨节处被毛脱落。如伴有沙门氏杆菌、大肠杆菌感染,腹泻更为严重,出现脱水、酸中毒和肺炎症状。缺硒的犊牛除腹泻外,还表现出白肌病、四肢僵硬、震颤、无力。

(三)防治措施

加强饲养管理,坚持犊牛饲喂操作规程,喂乳要定时、定量、定温、不喂变质牛乳。保证喂奶用具卫生。

四、犊牛大肠杆菌病

犊牛大肠杆菌病是由致病性大肠杆菌引起的一种急性传染病。以排出灰白色稀便或呈急性败血症症状为临床特点。本病发生较为普遍，常于病毒性腹泻合并发生。

(一)发病原因

本病主要危害未吃到初乳的 1 周龄以内的新生犊牛，2 周龄以上的犊牛很少发病。新生犊牛抵抗力降低，消化机能障碍，母牛乳质不佳，牛舍不洁，气候多变等因素都可促进本病的发生。多发生于冬季。

(二)临床症状

根据犊牛的年龄和症状可分为败血型和腹泻型。败血型多发生于 2～3 天的初生犊牛，呈急性败血症症状，病程短促，有的不见任何症状而突然死亡，有的在哺乳后数小时内死亡，有的伴有剧烈下痢，在 1～2 天内死亡。腹泻型以 1～2 周龄的犊牛多发，以排灰白色稀便为特征，粪便水样或糊状，酸臭，通常持续 2～4 天，轻者可以恢复，但以后发育迟滞，重者衰竭死亡。

(三)防治措施

对怀孕后期的母牛进行预防注射，从而使犊牛建立人工的肠道免疫，发挥特异性抗病作用。在血清型已鉴定的，可用单价菌苗预防注射，如血清型未鉴定，可用多价菌苗。犊牛在生后 2 小时内应喂给初乳，加强饲养管理，保持牛舍、乳房的清洁卫生，防止新生犊牛接触粪便是预防本病发生的主要措施。

五、犊牛肺炎

犊牛肺炎是肺泡和肺间质的炎症。它是由支气管炎症蔓延到肺泡或通过血源途径引起,临床上称为卡他性肺炎,支气管肺炎或小叶性肺炎。每年多发生在早春晚秋气候多变的季节。引起犊牛肺炎的细菌有巴氏杆菌、化脓性棒状杆菌、链球菌、葡萄球菌、坏死梭状杆菌和克雷伯氏菌等。犊牛地方流行性肺炎是由一些不同的病毒、衣原体和支原体引起,并有病原细菌继发感染。

(一)发病原因

饲养管理不良是导致发病的主要诱因,犊牛舍寒冷或过热、潮湿、拥挤、通风不良、天气突变或日光照射不足等,均易使犊牛诱发肺炎。

(二)临床症状

临床上以发热,呼吸次数增多,咳嗽,听诊肺部有异常呼吸音,大多数细菌性肺炎有毒血症。犊牛肺炎有急性和慢性两种。

急性肺炎时,患犊精神不振,食欲减少或废绝,中度发热(40～40.5℃)。咳嗽,起初干咳而痛苦,后变为湿咳。间质性肺炎常表现频频阵发性剧烈干咳。如果有上呼吸感染或支气管分泌物过多,将出现鼻液,初为浆液性,后将变为黏稠脓性。听诊在支气管炎和间质性肺炎的早期,肺泡呼吸音增强,当细支气管内渗出液增多时,出现湿性啰音,渗出液浓稠时出现干性啰音。形成肺炎时,在病灶部位呼吸音减弱或消失,可能出现捻发音,病灶周围代偿性呼吸音增强。

慢性肺炎多发生在3～6月龄犊牛,最明显的症状为一种间断性的咳嗽,尤其多见于夜间、早晨、起立和运动时。肺部听诊有干性或湿性啰音,胸壁叩诊多能诱发咳嗽。多数患犊精神尚好,有食欲,个别有中度发热。

血液检验,细菌性肺炎时,常见白细胞总数增多和核左移,但严重湘氏杆菌感染,白细胞总数减少。急性病毒性肺炎病例,一般白细胞总数和淋巴细胞减少。

(三)防治措施

加强管理,患犊牛舍要保持清洁卫生,冬季牛舍温暖适宜且通风良好。减少饲养密度。若怀疑有传染性时,应隔离患犊,进行消毒,并对其观察和治疗。

六、犊牛血尿

血尿即血红蛋白尿。是由于大量饮水,血液渗透压改变,致使红细胞溶解而从尿中排出,其特征是尿液呈红色。本病多见于3～5月龄的犊牛。

(一)发病原因

主要原因是犊牛口渴,突然暴饮而发生。冬季寒冷,常因饮水冻结而饮水量受到限制,当遇到温水时,即会造成一时性饮水过量。3～6月龄犊牛,对精料、干草采食增加,当饮水不足,口渴而遇到水时,也易发生暴饮。

(二)临床症状

犊牛突然发病,常见暴饮后不久即出现症状,患犊精神不安,伸腰踢腹,呼吸急促,从口内流出白色泡沫状唾液,或从鼻孔内流出红色液体,排尿次数增加,色呈淡红色或暗红色,透明,无沉淀。瘤胃臌胀,叩诊具鼓音,咳嗽,肺叩诊有啰音,体温正常,一般病犊多经5～6小时后症状消除。严重者,起卧不安,全身出汗,步态不稳,共济失调,痉挛、昏迷。

(三)防治措施

加强饲养管理,做到犊牛自由饮水,防止暴饮。保证饮水清洁。

第四节 主要传染病的预防

一、口蹄疫

口蹄疫(FMD)是由口蹄疫病毒(FMDV)引起的一种急性、热性、高度接触性传染病。国际动物卫生组织(OIE)列为必须报告的传染病,我国规定为一类动物疫病。

(一)病原及流行特点

口蹄疫病毒属于微核糖核酸病毒科中的口蹄疫病毒属,已经发现了七个血清型,即 A、O、C、SAT-1、SAT-2、SAT-3 和 Asia-1 型,各血清型间存在较弱或无交叉免疫现象。目前国内流行的血清型有:O 型、Asia-1 型、A 型。该病毒对酸、碱敏感,1%~2%的氢氧化钠溶液可将其杀死,但对乙醇、氯仿及其化脂溶性化学药品抵抗力强。

主要感染牛等偶蹄动物。

(1)传染源 潜伏期感染动物、临床发病动物及其这些动物的分泌物、排泄物和动物产品等。

(2)传播方式 圈舍、牧场、集贸市场、展销会和运输车辆中发病动物与易感动物的直接接触。媒介物机械性带毒所造成的传播,包括无生命媒介物和有生命媒介物。

无生命媒介物包括病毒污染圈舍、场地、水源、草地,设备、器具、草料、粪便、垃圾、饲养员衣物,畜产品如病畜肉、骨、鲜乳及乳制品、脏器、血、皮、毛等。有生命媒介物包括人员、非易感动物如昆虫、鸟类、野生动物。

(二)临床症状

潜伏期平均为 2～4 天。表现高热,病牛体温升高 40～41℃,食欲不振,精神沉郁,流涎,口腔黏膜发炎,口舌、蹄和乳房出现水疱、糜烂、表皮脱落,甚至蹄匣脱落、乳头坏死,导致不能采食、站立困难、体重减轻、泌乳量减少。

(三)防控措施

通过免疫接种,预防和控制口蹄疫。发生疫情,实施隔离、封锁、扑杀、消毒控制疫情。

1. 免疫接种

常用疫苗有口蹄疫 O 型-亚洲Ⅰ型二价灭活疫苗;口蹄疫 O 型-A型二价灭活疫苗;口蹄疫 A 型灭活疫苗。

常规免疫每年可接种 2～4 次。为减轻免疫副反应,可多点、多次注射。

犊牛 90 日龄初免,剂量为成年牛的一半,间隔 1 个月进行一次强化免疫,以后每隔 4～6 个月免疫一次。

对调出奶牛场的种用或非屠宰奶牛,在调运前 2 周进行一次强化免疫。

发生疫情时,要对疫区、受威胁区域的全部易感动物进行一次强化免疫即紧急免疫,最近 1 个月内已免疫的牛可以不强化免疫。

免疫抗体检测:免疫接种后 21 天,进行免疫效果监测,存栏牛免疫抗体合格率≥70％判定为合格。亚洲Ⅰ型口蹄疫液相阻断 ELISA 的抗体效价≥2^6;O 型口蹄疫正向间接血凝试验的抗体效价≥2^5、液相阻断 ELISA 的抗体效价≥2^6;A 型口蹄疫液相阻断 ELISA 的抗体效价≥2^6。

2.疫情处理

任何单位和个人发现疑似口蹄疫病例,应及时向当地动物防疫监督机构报告。发生疫情时,以牛场、牧场、村屯等为疫点,采取封锁、隔离、扑杀、消毒等综合措施,防止疫情扩散。对疑似疫情实施隔离、监控,禁止奶牛、奶产品及有关物品移动,并对其内、外环境实施严格的消毒措施,必要时采取封锁、扑杀等措施。疫点周围 3 千米为疫区,疫区边缘向外延伸 10 千米的区域为受威胁区。

疫情确认后采取措施:疫点扑杀、消毒、无害化处理;疫区隔离、消毒和紧急免疫,必要时可对疫区内所有易感动物进行扑杀和无害化处理。受威胁区:最后免疫超过 1 个月的易感奶牛,进行一次紧急强化免疫。

3.解除封锁

疫点最后 1 头病畜死亡或扑杀后至少 14 天没有新发病例。疫区、受威胁区紧急免疫接种完成;疫点经终末消毒,疫情监测阴性。

二、布鲁氏菌病

由布鲁氏菌引起的人畜共患的一种慢性传染病。以侵害子宫、胎膜、关节和母牛发生流产为特征。世界动物卫生组织(OIE)将其列入必须通报的疫病名录,我国将其列为二类动物疫病。

(一)病原及流行特点

布氏杆菌属于细小,似球形的杆菌,无芽孢和荚膜,不运动,革兰氏染色阴性。不耐热,抗干燥,一般的消毒剂均能将其杀死。病牛是主要的传染源,含有病原体的阴道分泌物、乳汁、粪便、流产胎儿、胎水等通过直接接触或消化道而广泛传播。无季节性,一年四季均可发生。感染途径为消化道、呼吸道、生殖道,也可通过损伤的皮肤和其他黏膜等感染。牛易感性最强,并以成年动物为主。第一次妊娠母牛发病流产较多,第二胎流产较少,但成为重要病原携带者。

（二）临床症状与诊断

潜伏期长短不一，多数病例为隐性传染，症状不明显，部分病例发生关节炎、滑液囊炎及腱鞘炎，呈现跛行，严重时关节变形。母牛流产是本病的主要特征，且流产多发生在怀孕后 5～7 个月，流产前表现精神沉郁，食欲减退，超卧不安，阴唇和乳房肿胀，自阴道流出灰红褐色的黏液或黏液脓性分泌物，流产胎儿多死胎或弱胎，流产后伴发胎衣不下，胎膜水肿，表面附有纤维素块。公牛有睾丸炎、附睾炎。老疫区流产的较少，但发生子宫内膜炎、乳房炎、关节炎、胎衣滞留、久配不孕的较多。

对本病的诊断，临床表现只能作为参考，因为大多数病例属于隐性传染，故确诊需要细菌学、血清学和变态反应诊断。

细菌学检查可取流产胎儿的肝、脾组织作为病料，直接涂片，用沙黄美蓝鉴别染色法染色，油镜下检查，即可查出病原菌。

血清学诊断一般用凝集试验。在 1∶100 或更高稀释度以上完全发生凝集者为阳性，1∶50 为可疑，否则为阴性。

我国目前采用的方法：筛选检测——虎红平板凝集试验（RBPT）；全乳环状试验（MRT）。阳性复核——试管凝集试验（SAT）；补体结合试验（CFT）。

世界动物卫生组织（OIE）推荐方法：间接 ELISA（I-ELISA）、荧光偏振试验（FPA）、竞争 ELISA（C-ELISA）。

（三）防控措施

加强检疫制度，特别是对新购入的牛群，隔离观察 1 个月和检疫两次，确认健康方能合群。为了预防、控制和净化布病，非疫区以监测为主；稳定控制区以监测净化为主；控制区和疫区实行监测、扑杀和免疫相结合的综合防治措施。实施免疫、监测、隔离、淘汰布病牛、培育健康犊牛，做好消毒、无害化处理及生物安全防护。

布病净化牛群，每年进行一次监测，及时扑杀并作无害化处理阳性牛。布病稳定控制和控制牛群,每年进行一次监测、净化,扑杀并作无害化处理阳性牛。

定期预防接种。经典疫苗为流产布氏杆菌 S19 株疫苗(S19)。国内生产的有"牛种布鲁氏菌 A19 株疫苗(A19)"、"猪种布鲁氏菌 S2 株疫苗(S2)"、"羊种布鲁氏菌 M5 株疫苗(M5)"。国外用于牛的疫苗有"流产布氏杆菌 S19 株疫苗(S19)"、"流产布氏杆菌 RB51 株疫苗(RB51)"。

用布病 S19 或 A19 疫苗,对 3～8 个月犊牛进行免疫接种。如果成年牛进行免疫预防,剂量应为犊牛的 1/10,禁止妊娠牛接种疫苗。免疫接种 9 个月后,用间接 ELISA 和竞争 ELISA 试剂盒监测,隔离和淘汰布病阳性牛。

严格消毒,特别是被病牛污染的牛舍、运动场、用具等,用 10％～20％的石灰乳或 2％的氢氧化钠等进行消毒,对流产胎儿、胎膜、胎水等应妥善消毒处理。对患病的病牛要进行淘汰,坚决控制和消灭传染源。

三、结核病

由牛型结核分枝杆菌引起的一种人畜共患的慢性传染病。

(一)病原及流行特点

结核分枝杆菌分为三个类型,即人型、牛型和禽型,其中以牛型对牛的致病作用最强,牛型结核杆菌是一种细长杆菌,呈单一或链状排列,革兰氏染色阳性,无芽孢和荚膜,无鞭毛,不运动。

结核杆菌对干燥抵抗力强,但对潮湿抵抗力弱,对碱比较敏感,可用 2％～3％的氢氧化钠消毒牛舍。病牛是主要的传染源,致病菌可随呼出的气体、痰、粪便、尿、分泌物及乳汁排出体外。健康牛可通过被牛型结核分枝杆菌污染的空气、饲料、饮水等经呼吸道、消化道感染,也可通过生殖道感染,有时也可通过皮肤感染。本病一年四季均可发生,如饲养管理不良,牛群拥挤,牛舍阴暗,营养缺乏,环境卫生条件差等均可促进本病的发生与传播。奶牛最易感,其次为水牛、黄牛、牦牛。临床常呈慢性经过,以肺、乳房和肠结核最为常见。

(二)临床症状

其特征是病牛逐渐消瘦,在组织器官内形成结核结节和干酪样坏死。本病呈慢性经过,潜伏期数月到数年,由于侵害的器官不同,表现的临床症状各异。

肺部结核时,病初短促干咳,后逐渐加重,变为湿咳,鼻液呈黏液性或脓性,呼吸加快,胸部听诊可听到啰音,叩诊呈浊音,病牛逐渐消瘦,泌乳量降低。

乳腺结核时,乳房上淋巴结肿大,乳房中可触摸到局限性的硬固的结节,无热无痛,泌乳量减少,乳汁稀薄,含有絮片,色黄而污浊,放置后有较多的沉淀。

肠结核时,表现消化不良,顽固性下痢,很快消瘦,粪便稀薄,有时混有黏液或脓液,波及肠系膜、腹膜和肝脾时,直肠检查可见异常。

生殖器官结核时,病牛表现性欲亢进,不断发情,但不受孕,即使受孕也易流产。

(三)防控措施

采取"监测、检疫、扑杀和消毒"相结合的综合性防疫措施,预防、控制和净化结核病。

(1)监测 奶牛100%进行结核病监测,每年进行一次监测。成年牛净化群每年春、秋两季各监测一次。初生犊牛,应于20日龄时进行第一次监测。检测方法用牛型结核分枝杆菌PPD皮内变态反应试验进行监测。

(2)检疫 奶牛调运必须来自于非疫区,调入后应隔离饲养30天,经当地动物防疫监督机构检疫合格后,方可解除隔离。

净化:①污染牛群的处理——应用牛型结核分枝杆菌PPD皮内变

态反应试验对牛场进行反复监测,每次间隔 3 个月,发现阳性牛及时扑杀,直至最终达到全部阴性。②疑似患牛处理——PPD 皮内变态反应试验疑似反应者,与健康牛舍相隔 50 米以上进行隔离,42 天后复检阳性,则按阳性牛处理;若仍呈疑似反应则间隔 42 天再复检一次,仍为可疑反应者,按阳性牛处理。③犊牛应于 20 日龄时进行第一次监测,100～120 日龄时进行第二次监测。凡连续两次以上监测结果均为阴性者,可认为是牛结核病净化群。

(3)消毒　①临时消毒——从奶牛群中检出并剔出结核病牛后,牛舍、用具及运动场所等进行紧急消毒。②经常性消毒——饲养场及牛舍出入口处,应设置消毒池,内置有效消毒剂,如 3%～5% 来苏尔溶液或 20% 石灰乳等。牛舍内的一切用具应定期消毒;产房每周进行一次大消毒,分娩室在临产牛生产前及分娩后各进行一次消毒。

四、流行热

牛流行热又叫三日热或暂时热,是由流行热病毒引起的一种急性热性传染病。其特征是突然高热、呼吸迫促、伴有消化道机能和四肢机能障碍。

(一)病原及流行特点

牛流行热病毒属于弹状病毒科流行热病毒属,病毒主要存活于病牛的血液中,用高热期病牛的血液 2 毫升给健康牛静脉注射,经 3～5 天即可发病。本病毒对乙醚、氯仿、去氧胆酸盐溶液和胰蛋白酶敏感。－20℃以下可长期保存,56℃10 分钟灭活,在 pH<2.5 和 pH>9.9 时数十分钟内灭活。

本病的发生,不分品种、年龄和性别。奶牛越高产,往往症状越严重,多发季节是降雨量多的 8～10 月份,因此时蚊蝇易于滋生,而蚊蝇恰恰是其传播媒介。病牛是主要的传染源,其高热期血液中含病毒,吸血昆虫通过吸血进行传播。

(二)临床症状

潜伏期 3~7 天,突然高热,持续 2~3 天,故名三日热。病牛精神沉郁,鼻镜干燥,反刍停止,泌乳下降。病牛活动减少,喜卧,后肢抬举困难。呼吸迫促,呼吸次数明显增加,胸部听诊,肺泡音高亢。结膜充血、浮肿、流泪、流涎,便秘或腹泻,尿量减少,褐色混浊。流泡沫样鼻汁。

(三)防控措施

做好免疫接种,用弱毒疫苗进行接种,第一次注射后,间隔 1 个月再注射一次,免疫期可达半年以上。康复牛在一定时期内对本病具有免疫力。注意卫生消毒,消灭蚊蝇,做好防暑降温。加强营养,以提高机体的抗病能力。对本病的治疗目前尚无特效药物,主要是进行对症治疗。高热阶段静脉注射糖盐水 3 000 毫升,肌肉注射安乃近 30~50 毫升,以解热。呼吸困难者,可注射 25% 的氨茶碱 20~40 毫升,以便缓解呼吸困难。对兴奋不安者,可肌肉注射氯丙嗪,每千克体重 0.5~1 毫升,以镇静。对瘫痪者,可用 20% 的葡萄糖酸钙 1 000 毫升,10% 的安钠咖 20 毫升,25% 的葡萄糖 500 毫升,40% 的乌洛托品 50 毫升,10% 的水杨酸钠 200 毫升,进行缓慢静脉注射,或以 0.2% 的硝酸士的宁 10 毫升,肌肉注射,以兴奋神经和肌肉。

第五节　寄生虫病的防控

一、常规驱虫措施

驱虫是一项重要的预防措施。每年春、秋各进行一次疥癣等体表寄生虫的检查,6～9月份,焦虫病流行区要定期检查并做好灭蜱工作,10月份对牛群进行一次肝片吸虫等的预防驱虫工作,春季对犊牛群进行球虫的普查和驱虫工作,或按以下方法预防。

(一)犊牛育成牛寄生虫病防治

每年对全群至少驱虫 2 次,晚冬早春(2～4 月份)和深秋早冬(10～12 月份)用伊维菌素或阿维菌素驱除线虫和外寄生虫。对于寄生虫污染严重的地区在 5～6 月份可增加一次驱虫。在 6～11 月份,在饲料中定期添加莫能霉素等抗球虫药物预防球虫病。

驱外寄生虫和线虫药物可用阿维菌素、伊维菌素等;驱吸虫、绦虫药物可用丙硫苯咪唑、芬苯哒唑、氯氰碘柳胺等;抗球虫药物可用氨丙啉、莫能霉素、磺胺二甲基嘧啶等。

(二)泌乳牛寄生虫病防治

驱外寄生虫和线虫药物可用乙酰氨基阿维菌素(爱普利),它具有广谱抗寄生虫作用,用于驱杀奶牛体内寄生虫如胃肠道线虫、肺线虫和体外寄生虫如螨、蜱、虱、牛皮蝇蛆和疥螨、痒螨等。用于泌乳奶牛不需休药期。皮下注射。每 10 千克奶牛体重用爱普利 0.2 毫升。不用于肌肉注射或静脉注射。驱吸虫、绦虫药物可用丙硫苯咪唑、芬苯哒唑。

分娩后 100 天内是驱虫的最佳时期。一般在分娩后 5 天内用乙酰氨基阿维菌素驱虫,寄生虫感染比较严重的牛场应在首次驱虫后 6～8 周再次驱虫。

二、主要寄生虫病的防治

(一)牛螨病

牛螨病是由疥螨和痒螨引起的皮肤疾病,以剧痒、湿疹性皮炎、脱毛和具有高度传染性为特征。

(1)病原特点　本病的病原是疥螨和痒螨,它们寄生于牛的皮肤,吸食组织和淋巴液。其全部发育过程均在牛体上进行,健康牛通过接触病牛和螨虫污染的栏、圈、用具等而感染发病。

(2)流行特点　犊牛最易感染,本病多发于秋冬季节,此时阳光不足,皮肤非常适合螨虫的生长发育。

(3)临床症状　疥螨和痒螨多混合感染。初期在头、颈部发生不规则的丘疹样病变,病牛剧痒,用力磨蹭患部,使患部脱毛,皮肤增厚,结痂,失去弹性。病变部位逐渐扩大,严重时可蔓延全身。病牛可因消瘦或恶病质而死亡。

(4)防治措施　治疗可用伊维菌素皮下注射,一次量每千克体重0.2毫克,休药期 35 天,泌乳期禁用。也可用伊维菌素皮渗剂防治。或用中药擦疥散以植物油调敷。牛舍应宽敞、干燥、透光、通风良好,经常清扫,定期消毒。注意牛群中有无剧痒和掉毛现象,一旦发现立即隔离治疗。治愈的病牛再连续观察 20 天,不复发者方可合群。

(二)牛球虫病

(1)病原及流行特点　由艾美耳球虫寄生于牛肠道黏膜上皮细胞内引起的,多发生于犊牛。主要危害 3 周龄～6 月龄的犊牛。潜伏期为 2～3 周,多为急性经过。6～11 月份是发病高峰期。破坏肠细胞,引起出血性肠炎,拉稀,甚至死亡。牛摄食被球虫卵囊污染的饲料,或饮被球虫卵囊污染的水而被感染。

(2)临床症状　该病潜伏期 2～3 周,有时达 1 个月,发病多为急性型。

初期:病牛精神沉郁,被毛松乱,体温略升高或正常、腹泻、粪便稀薄稍带血液。

中期:约 1 周后,症状加剧,病牛食欲丧失,消瘦,精神委靡,躺卧不起,反刍停止,粪中带血,其中混有纤维性假膜,味恶臭。体温上升到40～41℃,反刍停止。排出带血的稀粪,恶臭。

末期:粪便呈黑色,几乎全是血液,体温下降,由极度贫血和衰弱而死亡。

呈慢性经过的牛只,病程可达数月,主要表现为下痢和贫血,如不及时治疗,亦可发生死亡。

(3)防治措施 犊牛与成年牛分群饲养,以免球虫卵囊污染犊牛的饲料;舍饲牛的粪便和垫草需集中消毒或生物热堆肥发酵,在发病时可用1‰克辽林对牛舍、饲槽消毒,每周一次;被粪便污染的母牛乳房在哺乳前要清洗干净;添加药物预防,如氨丙啉,按0.004‰～0.008‰的浓度添加于饲料或饮水中;或莫能霉素按每千克饲料添加0.3克,既能预防球虫又能提高饲料报酬。

(三)焦虫病

焦虫是寄生在牛红细胞内的单细胞虫体,通过蜱吸血传播,以高烧、贫血、黄疸、血红蛋白尿等为主要特征。

(1)病原特征 我国常见的有双芽巴贝斯焦虫、牛巴贝斯焦虫、环形泰勒焦虫。焦虫在红细胞内寄生和以分裂出芽形式,进行无性繁殖(泰勒焦虫先寄生在淋巴组织细胞内裂殖)。蜱吸血进入蜱体,焦虫在蜱体内进行有性繁殖,再吸血时传播给健康牛。焦虫可在带虫牛和蜱体内存活很长时间,为传播的主要疫源。

(2)流行特点 焦虫病主要发生在蜱活动温暖的季节。蜱在吸叮牛血时将病原寄生虫传给健康牛,使其感染发病,并很快传播。

(3)临床症状 高烧,贫血,黄疸,血红蛋白尿(巴贝斯焦虫),精神委顿,无食欲,初便秘后腹泻,体表淋巴结肿大(环形泰勒焦虫尤为严重),乏力衰竭,死亡。

(4)防治措施 消灭蜱和调整改变牛的饲养方式,防止蜱的叮咬吸血。

第六节　奶牛营养代谢病防控

一、奶牛常规营养保健

(一)常规检查

每年应对干乳牛、高产牛进行 2～4 次血常规检查,为早期预防提供依据。

对泌乳牛,每月检查一次牛奶尿素 N 含量是否在 140～180 毫克/升之间。

临产前尿液 pH 是否在 5.5～6.5 之间;临产前血液游离脂肪酸(NEFA)是否小于 0.40 毫克当量/升。

不同阶段奶牛体况评分是否在正常范围内。

(二)酮病监测

产前 1 周每隔 2～3 天检测尿液的 pH 和尿酮 1 次,产后第一天检测尿液的 pH、尿酮和乳酮,隔 2～3 天检测 1 次,直到产后 30～35 天。凡尿液酸性,酮反应阳性者,立即静脉注射葡萄糖、碳酸氢钠并采取其他相应措施进行治疗。

(三)加强干乳牛饲养管理

限制或降低高能饲料的进食量,以防止干乳奶牛过肥。可增加干草饲喂量,精粗比例以 3∶7 为宜。

（四）临产牛监护

临产前 1 周,对年老、体弱、高产和食欲不振的奶牛要加强看护,并可采用糖钙疗法,即用 25％葡萄糖和 20％葡萄糖酸钙各 500 毫升,静脉注射,每日 1 次,连用 2～4 天。

（五）高产牛特护

高产牛在泌乳高峰期按饲料干物质的 1.5％在饲料中添加碳酸氢钠,与精料混合饲喂。提高采食量,缓解能量负平衡的危害;提供舒适的休息环境。夏季做好防热应激措施。

二、瘤胃酸中毒

瘤胃酸中毒是由于采食大量精料或长期饲喂酸度过高的青贮饲料,在瘤胃内产生大量乳酸等有机酸而引起的一种代谢性酸中毒。该病的特征是消化功能紊乱、瘫痪、休克和死亡率高。

（一）发病原因

主要过食含碳水化合物的饲料,如小麦、玉米、黑麦及块根类饲料,如白薯、马铃薯、甜菜等,或长期饲喂酸度过高的青贮饲料,或过量饲喂精料,加之高产牛抵抗力低,寒冷、气候突变等应激因素诱发本病。

（二）临床症状

本病多急性经过,初期食欲、反刍减少或废绝,瘤胃蠕动减弱,胀满,腹泻,粪便酸臭、脱水、少尿或无尿,呆立,不愿行走,步态蹒跚,眼窝凹陷,严重时,瘫痪卧地,头向背侧弯曲,呈角弓反张样,呻吟,磨牙,视力障碍,体温偏低,心率加快,呼吸浅而快。

（三）防治措施

加强饲养管理，控制谷物精料饲喂量，限喂酸度过高的青贮饲料时，日粮中添加1％～1.5％的碳酸氢钠。

本病的治疗以纠正瘤胃和全身性酸中毒，恢复体内的酸碱平稳，恢复前胃机能为原则。对患牛禁食1～2天，限制饮水。为缓解酸中毒，可静脉注射5％的碳酸氢钠1 000～5 000毫升，每天1～2次。为促进乳酸代谢，可肌肉注射维生素 B_1 0.3克，同时内服酵母片。为补充体液和电解质，促进血液循环和毒素的排出，常采用糖盐水、复方生理盐水、低分子的右旋糖酐各1 000毫升，混合静脉注射，同时加入适量的强心剂。适当应用瘤胃兴奋剂，皮下注射新斯的明、毛果芸香碱和氨甲酰胆碱等。

三、真胃变位

真胃变位即皱胃的正常位置发生变化。通常真胃变位有左方变位和右方变位两种情况，左方变位是指皱胃通过瘤胃下方移到左侧腹壁，置于瘤胃和左侧腹壁之间。右方变位又叫皱胃扭转，前者发病率高，后者病情严重。

（一）发病原因

左方变位的主要原因是由于皱胃弛缓和皱胃发生机械性转移。皱胃弛缓多见于消化不良，生产瘫痪，酮病等病程中。机械性转移主要是由于分娩、突然起卧、跳跃等情况引起。

（二）诊断要点

（1）左方变位　高产母牛多见，且多数发生于分娩后。多数病例有一些食欲，粪便稀薄或腹泻。左侧最后3个肋骨间显著膨大，但两侧肷窝均不饱满。牛乳、尿中有酮体。瘤胃蠕动音不清，但在左侧可听到皱胃蠕动音。如在此处穿刺，抽出内容物的 pH<4，且无纤毛虫。左肷部听诊，并在左侧最后几个肋骨处用手轻叩，可听到明显的金属音。直肠检查，发现瘤胃背囊明显右移。

（2）右方变位　突然发生腹痛现象，腰背下沉。粪便色黑，混有血液。右侧肋弓后方明显臌胀，冲击式触诊可听到液体振荡声，局部听诊时，并用手叩打腹部可听到乒乓声。皱胃穿刺液呈明显的咖啡色。直肠检查，在后侧右腹部能触摸到臌胀而紧张的真胃。病牛脱水，眼球下陷。

（三）防治措施

严格控制干奶期母牛精饲料喂量，保证充足干草，防止母牛肥胖。

（1）滚转法　让病牛禁食 2～3 天，适当限制饮水，穿刺排出皱胃内的气体。让病牛取左侧卧姿势，再转成仰卧，再转成俯卧式，最后令其站立，如已复位，左侧肷部听诊并用手指叩击听不到金属音，如没复位，再重复进行。本法对皱胃右方变位的成功率极低。一旦整复后，可皮下注射毛果芸香碱，以促进胃肠蠕动。

（2）手术整复法　在剑状软骨至脐部，距白线右侧 5 厘米处作 25 厘米左右的切口，手入腹腔，用手臂摆动和移动的动作使皱胃复位，然后在皱胃底部与切口右侧方腹膜和肌肉作 5～6 个间断浆膜肌层缝合，将皱胃固定。关闭腹壁切口。

四、瘤胃臌气

瘤胃臌气是指瘤胃内容物急剧发酵产气，对气体的吸收和排出障碍，致使胃壁急剧扩张的一种疾病。放牧的奶牛多发。

（一）发病原因

原发性的瘤胃臌气主要由于采食大量易发酵的新鲜多汁的豆科牧草或幼嫩青草，如新鲜苜蓿、三叶草等。此外，食入腐败变质、冰冻、品质不良的饲料也可引起臌气。本病还可继发于食道梗塞,创伤性网胃炎等疾病过程中。

(二)临床症状

病牛腹围急剧增大,尤其是以左肷部明显,叩诊瘤胃紧张而呈鼓音,患牛腹痛不安,不断回头顾腹,或以后肢踢腹,频频起卧。食欲、反刍、嗳气停止,瘤胃蠕动减弱或消失。呼吸高度困难,颈部伸直,前肢开张,张口伸舌,呼吸加快。结膜发绀,脉搏快而弱。严重时,眼球向外突出。最后运动失调,站立不稳而卧倒于地。

腹部臌胀、左肷部上方凸出,触诊紧张而有弹性,叩诊呈鼓音。瘤胃蠕动先强后弱,最后消失。体温正常,呼吸困难,血液循环障碍。

(三)防治措施

本病的治疗以排气减压,制止发酵,除去胃内有害内容物为原则。

为了制止发酵,可用乳酸 20 毫升,加水 1 000 毫升,或福尔马林 20 毫升加水 1 000 毫升,或 10% 的鱼石脂酒精 150 毫升,加水 1 000 毫升内服。对泡沫性臌气应加入植物油以消沫。

臌气较轻者,可将患牛置立于前高后低的斜坡上,用草把按摩瘤胃或将涂有松馏油的木棒横置于病牛口中,让其不断咀嚼以促进嗳气。当急性瘤胃臌气或臌气严重时,首选插入胃管放气,放气时,应控制气体排出的速度。泡沫性臌气时,应灌入植物油等消沫药。其次可选择瘤胃穿刺放气,其方法是于左肷窝中央,消毒后,对准对侧肘头方向刺入瘤胃,拔出针芯,进行间断性地放气。若没有套管针,也可用 16 号或 18 号的针头代替。放完气后可通过套管针向瘤胃内直接注入制酵剂。但瘤胃穿刺往往会导致腹膜炎的发生,应注意及时应用抗菌药物。

应用中药三香散 200～250 克,内服。针灸顺气、脾腧、苏气、滴明等穴位或电针关元俞。

为了促进胃内有害物质排出,可内服硫酸钠 800 克,加适量的水,或内服液体石蜡 1 000～2 000 毫升。

加强饲养管理,防止贪食过多幼嫩的豆科牧草,注意运动。

五、前胃弛缓

前胃弛缓是指瘤胃的兴奋性降低、收缩力减弱、消化功能紊乱的一种疾病,多见于舍饲的奶牛。

(一)发病原因

本病由于长期饲喂粗硬而难以消化的饲料(如豆秸、麦秸等)使前胃感受器受到长期、过度的刺激而由兴奋转为抑制状态;或由于长期精饲料喂量过多,粗饲料不足;或突然改变饲养和饲喂方式以及给予发霉变质、冰冻的饲料或运动不足等;或长途运输,蛋白质、维生素和矿物质缺乏,特别是缺钙,引起低血钙症,使神经体液调节机能受到影响而发生。本病也可继发于创伤性网胃炎、瓣胃阻塞、瘤胃积食、瘤胃臌气以及结核病、布氏杆菌病和肝片吸虫病等疾病的病程中。

(二)临床症状

按照病程可分急性和慢性两种类型。急性时,病牛表现精神委顿,食欲、反刍减少或消失,瘤胃收缩力降低,蠕动次数减少。嗳气且带酸臭味,瘤胃蠕动音低沉,触诊瘤胃松软,初期粪便干硬色深,继而发生腹泻。体温、脉搏、呼吸一般无明显变化。随病程的发展,到瘤胃酸中毒时,病牛呻吟,食欲、反刍停止,排出棕褐色糊状粪便、恶臭。精神高度沉郁,鼻镜干燥,眼球下陷,黏膜发绀,脱水,体温下降等。

由急性发展为慢性时,病牛表现食欲不定,有异嗜现象,反刍减弱,便秘,粪便干硬,表面附着黏液,或便秘与腹泻交替发生,脱水,眼球下陷,逐渐消瘦。

(三)诊断要点

草料、饮水突然减少,反刍减少或停止,粪干色深附有黏液。触诊瘤胃松软,蠕动力量减弱,次数减少,持续时间短,听诊蠕动音微弱。瘤胃内纤毛虫的数量减少。

(四)防治措施

平时应注意改善饲养管理,注意运动,合理调制饲料,不饲喂霉败、冰冻等品质不良的饲料,防止突然更换饲料。

首先要提高瘤胃内的 pH,改变胃内微生物区系的环境,提高纤毛虫的活力。为此,可内服碳酸氢钠 30 克。在此基础上,饲喂易消化的优质干草,采取少给勤添的方式。为了兴奋瘤胃机能,可用氨甲酰胆碱 2 毫克或新斯的明 20～60 毫克或毛果芸香碱 40 毫克皮下注射。隔 3 小时再重复一次;也可应用 10%的氯化钠 300 毫升,10%的氯化钙 100 毫升和 10%的安钠咖 20 毫升静脉注射,每天 1 次,连用 2 次;为了防腐滞醇,可用鱼石脂 15 克,酒精 100 毫升,常水 1 000 毫升,混合内服,每天 1 次,连用 2～3 次;为防止脱水和自体中毒,可静脉滴入等渗糖盐水 2 000～4 000 毫升,5%的碳酸氢钠 1 000 毫升和 10%的安钠加 20 毫升。

可应用中药健胃散或消食平胃散 250 克,内服,一天 1 次或隔日 1 次。马钱子酊 10～30 毫升,内服。针灸脾俞、后海、滴明、顺气等穴位。

六、瘤胃积食

瘤胃积食是以瘤胃内积滞过量食物,导致体积增大,胃壁扩张、运动机能紊乱为特征的一种疾病。本病以舍饲奶牛多见。

(一)发病原因

饥饿后暴食,或长期精饲料饲喂采食,或长期饲喂难以消化的粗料(如麦秸、干甘薯藤、玉米秸等)可导致本病的发生。突然变换饲料和饮水不足等也可诱发本病。此外,还可继发于瘤胃弛缓、瓣胃阻塞、创伤性网胃炎、真胃积食等疾病的病程中。

（二）临床症状

食欲、反刍、嗳气减少或废绝，病牛表现呻吟、努责、腹痛不安、腹围显著增大，尤其是左肷部明显。触诊瘤胃充满而坚实并有痛感，叩诊呈浊音。排软便或腹泻，尿少或无尿，鼻镜干燥，呼吸困难，结膜发绀，脉搏快而弱，体温正常。到后期出现严重的脱水和酸中毒，眼球下陷，红细胞压积由30%增加到60%，瘤胃内pH值明显下降。最后出现步态不稳，站立困难，昏迷倒地等症状。

（三）诊断要点

有采食过量的病史。腹围增大，左侧瘤胃上部饱满，中下部向外突出。腹痛，按压瘤胃，内容物充满，且留有压痕。瘤胃蠕动减弱、次数减少。

（四）防治措施

平时应加强饲养管理，防止过食，避免突然更换饲料，粗饲料应适当加工软化。

以排出瘤胃内容物，制止发酵，防止自体中毒和提高瘤胃的兴奋性为治疗原则。

为排出内容物和制酵，可根据临床具体情况选用硫酸钠800克，鱼石脂20克，水1 000～2 000毫升一次内服，或石蜡油1 000毫升一次内服。为提高瘤胃的兴奋性，可用酒石酸锑钾8～10克，溶于2 000毫升的水中，每天1次内服，或静脉注射10%的浓盐水500毫升。为防止自体中毒，用5%的碳酸氢钠500毫升，静脉注射，在上述静脉注射的同时应适当加入强心剂。

应用中药消积散或曲麦散250～500克，内服，一天1次或隔日1次。针灸脾俞、后海、滴明、顺气等穴位。

在上述保守疗法无效时，则应立即行瘤胃切开术，取出大部分内容物以后，放入适量的健康牛的瘤胃液。

七、酮病

酮病是由于饲料中糖不足，以致体内脂肪代谢紊乱，大量的酮在体内蓄积，血、尿、乳中均有酮出现。主要发生于奶牛，尤其是高产奶牛。

(一)发病原因

产后奶牛产奶量快速上升，但采食量减少，奶牛动用大量的体脂供给产奶。在体脂分解的过程中酮类中间产物无法快速代谢，在体内大量蓄积造成酮病。饲料中富含蛋白质和脂肪，而碳水化合物不足是本病发生的主要原因。运动不足，前胃机能减退，肝脏疾患，维生素不足，消化不良及大量泌乳易促进本病的发生。本病主要发生于肥胖奶牛。肥胖奶牛产后采食量低，肝脏脂肪沉积多，对酮的处理能力弱。偶见于营养极不平衡、消化和内分泌功能紊乱和患有肝病的奶牛。

(二)临床症状

通常在产后 2～3 周发病。病初表现兴奋不安，盲目徘徊或冲撞障碍物，对外来刺激反应敏感等神经症状。后期，精神沉郁，反应迟钝，后肢瘫痪，头颈后弯或呈昏睡状态。消化不良，食欲减退，喜欢吃粗料，厌精料、逐渐消瘦。呼出的气体、尿液、乳汁中有烂苹果味(酮味)。尿、乳中酮检验呈阳性。

(三)防治措施

加强饲养管理，减少精料，控制体况，防止肥胖，增喂碳水化合物和维生素多的饲料，如甜菜、胡萝卜等。适当运动，加强胃肠机能。产前15 天到产后 10 天饲喂烟酸 12 克/(头·天)，也可以饲喂丙二醇 200～300 克/(头·天)，均有预防酮病发生的作用；患牛补糖，用 25% 的葡萄糖注射液 500～1 000 毫升静脉注射，每天 2 次，同时肌肉注射胰岛素100～200 国际单位。补充生糖物质，用丙酸钠 100～200 克，内服，每天2次,连用7～10天。促进糖元生成,可用肾上腺皮质激素200～600国际单位肌肉注射。

八、产后瘫痪

产后瘫痪又叫乳热症,是指母牛在分娩后1～3天突然发生的以昏迷和瘫痪为特征的急性低血钙症。病牛知觉减退或消失,四肢瘫痪,卧地不起,精神抑制和昏迷。本病多发生于5～9岁的高产乳牛。其特征是舌、咽、消化道麻痹、知觉丧失、四肢瘫痪、体温下降和低血钙。

(一)发病原因

产后母牛发生急性钙代谢障碍与本病的发生有密切关系。产后钙质大量进入初乳是血钙浓度下降的主要原因。产后健康牛血钙含量为8.6～11.1毫克/升,而病牛则下降到3.0～7.7毫克/升。与此同时,血液中磷的含量也相应减少。

(二)临床症状

病牛常在分娩后12～72小时突然发病,站立不稳,后躯摇晃,肌肉震颤,目光凝视,随即瘫痪卧地,不能站立,四肢屈曲于胸腹下,头颈弯向胸侧,人为地将头拉直,但松手后又恢复原状。病牛闭目昏睡,体表及四肢发凉,意识不清,针刺皮肤无反应,呼吸深而慢,体温下降至35～36℃。

非典型病例于产后较长时间发生,瘫痪症状不明显,伏卧时头颈部呈"S"状弯曲,体温正常或稍低,食欲废绝,精神沉郁,但不昏睡。

血钙降低至3.9～6.9毫克/升,有时低至2毫克/升,正常值为10毫克/升。血磷降低至1.0～2.7毫克/升,正常值为5～8毫克/升。血糖升高至80～90毫克/升,有时高达160毫克/升,正常值为40～70毫克/升。

(三)防治措施

预防的方法是在奶牛围产前期给以低钙日粮或围产前期日粮中添加阴离子盐[NH_4Cl、$(NH_4)_2SO_4$、$MgCl_2$、$MgSO_4$、$CaCl_2$、$CaSO_4$]。产前21天每头牛可补食50~100克氯化铵和硫化铵;产前5~7天,每头牛每天肌肉注射维生素D3 000~3 200国际单位;对本病的预防有一定的作用。

以提高血钙含量和减少钙的流失为原则。静脉注射20%~25%的葡萄糖酸钙500毫升,6小时内不显效者可重复注射,但最多不超过3次。第二次注射时,同时注入等量的40%葡萄糖溶液,15%的磷酸钠200毫升及15%硫酸镁200毫升。

乳房送风疗法,以减少血钙流失。将乳房、乳头消毒后,把乳房中的乳汁挤净,然后将消毒的乳头管插入乳头并固定,连接乳房送风器或注射器,徐徐打入空气,以乳房皮肤紧张、弹击呈鼓音时为度。拔出乳导管,用纱布条轻轻扎住乳头或用胶布贴住,以防空气逸出。过1~2小时后解除。注意一定要将四个乳区全部注满。

当输钙后,病牛机敏灵活,欲起立而不能时,多伴有严重的低血磷症,此时可用20%的磷酸二氢钠200毫升或30%的次磷酸钙1 000毫升,一次静脉注射。

在治疗过程中应注意对症疗法,如强心,利尿,及时补糖等。

第七节　乳房疾病的防控

一、乳房的常规卫生保健

乳房是奶牛实现经济价值的重要器官。乳房疾病的发生率较高,因乳区疾病失去泌乳能力,造成大约 10% 的奶牛淘汰和炎乳废弃,给奶牛业带来较大的经济损失。因此,应重视乳房的卫生保健。

(一)注意挤奶卫生

用温热的消毒液清洗乳房和乳头,最好用一次性消毒棉纸彻底擦干乳房和乳头,如用灭菌干布则需要每头牛一条,用后必须洗净,烘干灭菌,以减少病原微生物对乳房的侵害。机械挤奶要注意消毒,小心操作,避免乳头损害和病原微生物的传播。

(二)隐性乳房炎的检测

泌乳牛在 1 月、3 月、6 月、7 月、8 月、9 月、11 月等月份每月检测 1 次,干乳前 10 天进行 1 次。对检测结果呈"++"时,应及时治疗,干乳前 3 天内再检测 1 次,阳性牛需继续治疗,阴性牛才可停乳。

乳中体细胞在 20 万~50 万/毫升,可判断为患隐性乳房炎。

(三)控制乳房感染

临床型乳房炎需隔离治疗,治愈后才能合群。注意挤奶卫生和环境卫生,防止病原微生物传播。对久治不愈或慢性顽固性乳房炎的病牛应及时淘汰。对胎衣不下、子宫内膜炎、产后败血症等疾病应及时治疗,防止炎症转移,波及乳房。

二、乳房炎

乳房炎是指乳房受到机械、物理、化学和生物学因素作用而引起的炎症过程。按症状和乳汁的变化,可分为临床型与隐性型两种类型。无论是临床型乳房炎还是隐性乳房炎都可导致产奶量和奶品质下降,是养牛业发病率最高、损失最大的一种疾病。

(一)发病原因

饲养管理不当,卫生条件差,挤奶前后乳房消毒不严,挤奶技术不熟练,造成乳头管黏膜损伤,挤奶前未清洗乳房或挤奶人员手不清洁以及其他污物污染乳头等。病原微生物的感染,如大肠杆菌、葡萄球菌、链球菌、结核杆菌等通过乳头管侵入乳房而引起的感染。机械性损伤,如乳房受到打击、冲撞、挤压或外伤等都可成为诱因。本病常继发于子宫内膜炎及生殖器官的炎症等病程中。

(二)临床症状

当发生临床型乳房炎时,乳房患部呈现红、肿、热、痛,淋巴结肿大,乳汁排出不畅,泌乳量减少或停止,乳汁稀薄,内含凝乳块或絮状物,有的混有血液或脓汁。严重时,除上述局部症状外,伴有食欲减退,精神不振和体温升高等全身性症状。

隐生型乳房炎临床症状不明显,乳汁没有肉眼可见的异常变化,在实验检查时才能被发现,此时检查乳汁,可见乳汁中的白细胞和病原菌的数量增加,乳汁检验呈阳性反应。泌乳减少或停止。乳房红、肿、热、痛,乳房上淋巴结肿大。乳汁的性状异常。隐性乳房炎经乳汁检验即可确诊。

乳汁的检验在乳房炎的早期诊断和病性确定上具有重要的意义。目前采用的检测方法有4%苛性钠法、CMT法、HMT法、LMT法等。判定标准分为炎乳阴性(-),可疑(±),弱阳性(+),阳性(++),强阳性(+++)等几个等级。

乳腺炎的发病特征:高产牛乳腺炎发病率高于低产牛;经产牛乳腺炎发病率高于头胎牛;机器挤奶的牛群乳腺炎发病率高于手工挤奶的牛群;干奶期乳腺炎发病率高于泌乳期乳腺炎;分娩期乳腺炎发病率高于泌乳期乳腺炎;夏季发病率高于冬季。

(三)防治措施

改善饲养管理,注意环境卫生和乳房卫生,及时更换挤奶杯内衬。挤奶时,坚持"两次药浴,纸巾擦干"。做到科学干奶,做好阴性乳房炎检测。

以防为主、防治结合,可用乳头药浴、乳头保护膜等预防病原菌侵入乳房;或用盐酸左旋咪唑在干乳期(即分娩前 1 个月),以 7.5 毫克/千克体重一次内服;灌服清热解毒、活血化淤的中药和乳头注入抗生素,对防治隐性乳腺炎均有较好效果。奶牛补硒 2 毫克/(头·天)。在母牛分娩前 21 天开始,每头日粮加 0.74 克维生素 E 和注射 0.1 毫克/千克体重。

对于干奶期奶牛,选用有效抗菌药物注入乳房内,治好后再停奶。用 0.17 克长效青霉素与 0.4 克链霉素,四个乳区注入;或同时 300 万单位一次肌肉注射,每日 2 次,连续注射 5 天。干奶后连续药浴乳头5 天。

对患牛,增加挤乳次数,及时排出乳房内容物。减少多汁饲料的饲喂量,适当限制饮水,每次挤乳时要按摩乳房 15~20 分钟,浆液性乳房炎时,自下而上按摩,卡他性和化脓性乳房炎、乳房脓肿、乳房蜂窝组织炎、出血性乳房炎时则不应按摩。

对乳房炎的治疗,应根据炎症类型采取相应的治疗措施。

乳房内注药。先将患病乳房内的乳汁及分泌物挤净,用消毒液消毒乳头,将乳导管插入乳房,然后再慢慢地通过注射器将抗生素溶液注入,注完后用双手从乳头基部向上顺序按摩,使药液逐渐扩散,所用药物、用法用量及休药期见奶牛饲养兽药使用准则(NY 5046—2001)。

乳房封闭疗法。静脉封闭,静脉注射用生理盐水配制的 0.5% 的普鲁卡因溶液 200~300 毫升。会阴神经封闭,在坐骨弓上方正中的凹陷处,消毒后,右手持封闭针头向患侧刺入 2 厘米,然后注入 0.25% 的盐酸普鲁卡因溶液 20 毫升,其中可加入 80 万国际单位青霉素,若两侧乳房均患病,可向两侧注射。乳房基部封闭,在乳房前叶或后叶基部的上方,紧贴腹壁刺入 8~10 厘米,每个乳区的基部可注入 0.5％的普鲁卡因 100 毫升,且在其中加入 80 万国际单位的青霉素,以提高疗效。

在炎症的初期处于浆液性渗出的阶段时,可采用冷敷,以制止渗出。当炎症 2~3 天后,渗出停止时,再改采热敷或紫外线照射疗法,以促进吸收。当出现明显的全身症状时,可用青霉素、链霉素混合肌肉注射,或磺胺类药物及其他抗生素药物进行静脉注射等。

可应用中药公英散 250~300 克,内服。每日 1 次,连用 3 次。

三、乳头管狭窄及闭锁

乳头管狭窄是指乳头管黏膜慢性炎症,导致乳头管黏膜下结缔组织增生,形成瘢痕而收缩,引起乳头管腔变小,造成挤乳困难。乳头管闭锁是乳头管括约肌或黏膜损伤而发生粘连,致使乳头管封闭,完全挤不出乳汁者。

(一)发病原因

挤乳方法不当或用乳导管治疗时方法不当,引起乳头管黏膜损伤所致。乳房创伤、挫伤,乳房炎等也可继发本病。

(二)临床症状

乳头管狭窄时,挤乳困难,乳汁呈细线状射出,仅乳头管口狭窄时,挤出的乳汁偏向一侧喷射,捻动乳头时感觉乳头管粗硬。乳头管封闭时,乳池内充满乳汁而挤不出来。

(三)防治措施

剥离粘连部分,扩大乳头管腔。

当乳头括约肌紧缩时,用圆锥形乳头管扩张器扩张,方法是在挤乳前将灭菌的乳头管扩张器涂上润滑剂,插入乳头管中停留和放置 30 分钟,先小后大逐渐使其扩张,然后再进行挤乳。

当乳头管内有瘢痕而收缩时,可于乳头管基部先行皮下浸润麻醉后,局部消毒,插入适宜大小的双刃乳头管刀将瘢痕组织切开,以扩大管腔。切开时注意不要损伤健康组织。切开后再行挤乳,以确定切开的效果。

为防肉芽组织增生,手术后应向乳头管内插入带有螺丝帽的乳头导管,于挤乳时将螺丝帽取下即可挤奶。至完全愈合前不要抽出乳导管。

平时应按规程操作挤乳,方法要熟练、正确。牛舍及运动场的围栏高低、质量应符合标准,以防乳房及乳头发生损伤。

四、乳房水肿

奶牛乳房水肿是奶牛养殖场高产奶牛围产期的一种营养代谢紊乱性疾病,在高产奶牛群和头胎奶牛群中发病率为 20%～50%,头胎奶牛群中甚至高达 96.0%,是围产期奶牛最常发生的疾病。

(一)发病病因

妊娠末期由于盆腔胎儿压力,造成静脉血和淋巴液流出乳房受到限制或淤积,或者说流入乳房的血液增加而流出乳房的血液没有相应地增加,导致静脉血压升高。本病的发生与产奶量呈显著的正相关。产前给奶牛饲喂较多精料,会增加乳房水肿的严重程度。过肥的牛更易发生乳房水肿,青年母牛发生乳房水肿的程度比经产奶牛更严重。日粮钠和钾的过量摄入可能是乳房水肿的致病因素,为提高苜蓿产量而施用钾肥可能造成乳房水肿发病率提高。慢性乳房水肿还与贫血及低血镁有关。氯化钠和氯化钾的过量摄入,会增加乳房水肿的严重程度,特别是对于妊娠末期的青年母牛。这些盐类的采食量在围产期要给予控制。由活性氧代谢产物引起的乳腺组织氧化应激可能在乳房水肿的发生中发挥作用。

(二)临床症状

本病的症状仅限于乳房,一般是整个乳房的皮下及间质发生水肿,以乳房下半部较为明显。也有水肿局限于两个乳区或一个乳区的。皮肤发红光亮、无热无痛、指压留痕。严重的水肿可波及乳房基底前缘、下腹、胸下、四肢,甚至乳镜、乳上淋巴结和阴门。乳头基部发生水肿时,影响机器挤奶。根据水肿的程度,可将其分为无水肿、轻度水肿、中度水肿、严重水肿和水肿很严重 5 个等级。

(三)防控措施

限制食盐和水的摄入量,降低日粮中的精料比例,供给维生素、微量元素丰富的平衡日粮,产前适当运动,均可有效降低妊娠青年母牛乳房水肿的发病率。通过在日粮中添加抗氧化剂满足营养需要,可作为防止氧化应激的营养性防御措施。有研究认为,产前 6 周每头每天添加 1 000 国际单位维生素 E 的奶牛在产后 1 周内乳房水肿发病程度较轻。

适当增加运动,每日 3 次按摩乳房和冷热水交换擦洗,减少精料和多汁饲料,适量减少饮水等都有助于水肿的消退。

口服氢氯噻嗪(hydrochlorothiazide)效果良好,每天 2 次,每次 2.5 克,连用 1～2 天;也可口服氯噻嗪(chlorothiazide)。速尿(furosemide,呋喃苯胺酸)是一种高效新药,作用快、无蓄积,每天肌肉注射 500 毫克或静脉注射 250 毫克(2 次);每天口服氯地孕酮 1 克或肌肉注射 40～300 毫克,连用 3 天;或于产后第 1 天或第 2 天用 200 毫克己烯雌酚加 10 毫升玉米油涂擦局部,均有疗效。

第八节　蹄病防控

一、蹄的常规卫生保健

蹄病在奶牛疾病中发生率较高,据统计占总发病率的9%以上,严重时可导致发病奶牛的废弃,因此,应重视蹄的保健。

1.环境卫生

应保持牛舍、运动场地面的平整、干净、干燥,及时清除粪便和污水。

2.保持奶牛蹄部清洁

夏季可用清水每日冲洗,清洗后用4%硫酸铜溶液喷洒浴蹄,每周喷洒1~2次;冬季可改用干刷清洁蹄部,浴蹄次数可适当减少。

3.定期修蹄

每年全群于春季和秋季各修蹄一次,修蹄应严格按照操作规程进行。

4.饲养与管理

应给予平衡的全价饲料,日粮中添加生物素,以满足奶牛对各种营养成分的需求。禁止用患有肢蹄病缺陷的公牛配种。对患有肢蹄病的奶牛应及时治疗,促使其尽快痊愈。

二、腐蹄病

腐蹄病是指奶牛蹄的真皮发生化脓、坏死,具有腐败恶臭、疼痛剧烈的一种疾病。成年奶牛多发,后蹄比前蹄多发,夏季多发。

1.发病原因

由于饲料中蛋白质、维生素、矿物质不足,护蹄不当,运动场或牛舍长期泥泞潮湿,蹄长期被粪尿浸泡,使趾间抵抗力降低,而被各种细菌如坏死杆菌、链球菌、化脓性棒状杆菌、结节状梭菌等感染而发病。

2.临床症状

初期趾间发生急性皮炎,潮红、肿胀、频频举肢,呈现跛行。系部直立或下沉,蹄冠红、热、肿胀、敏感。随着炎症的发展,出现化脓,形成溃疡、腐烂,并有恶臭的脓性液体。病牛表现精神沉郁,食欲不振,泌乳量下降。蹄匣角质逐渐剥离,往往波及肌腱、趾间韧带、冠关节或蹄关节。患牛呈现明显的跛行。趾间皮肤发炎、红、肿、热、痛。炎症可波及到蹄球和蹄冠,严重时发生化脓、溃疡、腐烂、有恶臭的脓性液体,甚至蹄匣脱落。

3.防治措施

加强饲养管理,改善牛舍卫生,保持牛舍清洁干燥。定期实施洁蹄、浴蹄、修蹄等保健措施。发生本病时,对局部进行消毒,可用饱和硫酸铜或高锰酸钾液进行清洗,彻底除去坏死的组织,然后向患部撒布高锰酸钾或碘仿磺胺,或防腐生肌散撒布创面。也可涂 5% 的碘酊。如果有明显的全身症状时,可全身应用抗生素或磺胺类药物进行治疗。于系关节上方行普鲁卡因青霉素封闭。炎症初期可针灸蹄头、缠腕等穴位,应注意针灸后禁止涉水。

三、蹄叶炎

蹄叶炎是蹄部真皮的无菌性炎症,多发于后肢的内侧蹄。

1.发病原因

多因牛舍不洁,牛蹄受到粪尿、泥水长期浸泡、刺激,或机械性损伤而引起。

2.临床症状

蹄叶炎呈现典型支跛。运步急速短小,步样紧张。如前蹄发病,病牛站立时,两前肢前伸,蹄尖翘起,蹄踵着地,同时头颈高举,两后肢尽量前踏,时常卧地。若两后蹄发病,病牛站立时,头颈低下,两前肢尽量后踏,两后肢前伸,蹄尖翘起,以蹄踵负重。如四肢同时发病,则站立困难,长期卧地。

3.防治措施

改变牛舍和运动场卫生,改善日粮结构,减少精料,增加优质干草。治疗时采用:

(1)封闭疗法 为缓解疼痛可用1‰普鲁卡因溶液20～30毫升进行指(趾)神经封闭。

(2)温浴疗法 用温水浸泡,以促进渗出物吸收。

(3)对症疗法 用5‰碳酸氢钠500～1 000毫升、10‰葡萄糖溶液500～1 000毫升静脉注射。

第九节 繁殖障碍病的防控

一、卵泡囊肿

卵泡囊肿是指卵泡细胞增大变性,形成囊肿。

1.发病原因

主要由于垂体前叶分泌的促卵泡素过多,促黄体素不足,使卵泡过度生长且不能正常排卵和形成黄体;运动不足、饲料中缺乏维生素 A 和酸度过高;长期大剂量注射孕马血清和雌激素引起卵泡滞留;卵巢炎、子宫内膜炎、胎衣不下、流产,气温突变等都可以引起卵泡囊肿。

2.临床症状

多见膘满肥胖者,表情性欲亢进,不断发情,慕雄狂,对外界刺激敏感,荐坐韧带松弛下陷,外阴部充血肿胀,卧地时阴门开张,阴道经常流出大量透明黏稠的分泌物。直肠检查发现一侧或双侧的卵巢体积增大,卵巢上有较大的囊肿卵泡,其直径可达 5 毫米。

3. 诊断要点

性欲旺盛,无规律地不断发情,慕雄狂。直肠检查卵巢体积增大,其上有较大的囊肿卵泡。

4. 防治措施

加强饲养管理,适当增加运动,饲料中补给维生素 A 和防止酸度过高。可应用绒毛膜促性腺激素,静脉注射 2 500～5 000 国际单位,或肌肉注射 5 000～10 000 国际单位,一般在用药后 1～3 天,外表症状逐渐消失。观察 1 周,显效不佳者可重复应用,但不能多次反复使用,以防形成持久黄体。也可用孕马血清。

经绒毛膜促性腺激素治疗无效者,可用黄体酮 50～100 毫克,肌肉注射,每天 1 次,连用 5～7 天。或地塞米松 10～20 毫克,肌肉注射,隔日 1 次,连用 3 次。或促黄体生成素 100～200 国际单位,肌肉或皮下注射。

也可应用手术疗法。即将手伸入直肠,用食指和中指夹住卵巢系膜,将卵巢固定,再用拇指向食指方向按压,将肿大的卵泡挤破并持续压迫使局部形成深的凹陷为止。

二、黄体囊肿

黄体囊肿是指卵巢组织内未破裂的黄体发生变性,形成囊肿。

1. 发病原因

主要是母牛排卵时运动过多,而使血压升高;或维生素 K 不足,使机体凝血能力降低,以致破裂的卵泡腔内出血,不能形成真正的黄体;或长期应用促黄体生成素等导致黄体囊肿。

2. 临床症状

表现性欲缺乏,长期不发情,直肠检查时,可发现大小不一的囊肿,直径可达 7～15 厘米,卵巢增大呈球形,触压有波动感。

3.诊断要点

性欲缺乏,长期不发情。直肠检查卵巢变大,其上有大小不一的、有波动的囊肿。

4.防治措施

改善饲养管理,在此基础上选用药物治疗。可用前列腺素 2 毫克作子宫、阴道实质注射,每天 1 次,连用 2 次。或用垂体后叶素 200 国际单位,肌肉注射,隔日 1 次,连用 3 次。

针灸刺激肾棚、肾俞等穴位。

三、持久黄体

持久黄体是性周期黄体或妊娠黄体持续存在,超过 25～30 天而不消退。

1.发病原因

由于垂体前叶分泌的卵泡刺激素不足,促黄体生成激素和催乳素过多,使黄体持续时间超过正常时间范围,卵泡发育抑制;或饲料营养不全,缺乏维生素和矿物质,运动不足等;高产奶牛营养消耗过大而引起卵巢机能减退;或继发于子宫内膜炎、子宫积脓。

2.临床症状

性周期停止,不发情,外阴部皱缩,阴道壁苍白,多无阴道分泌物。直肠检查,卵巢表面呈现绿豆至黄豆大小的一至数个突出表面的黄体,卵巢增大,隔一段时间重复检查时,其表面的黄体大小和位置不变。

3.诊断要点

长期不发情。直肠检查卵巢表面有持续不变化的黄体。

4.防治措施

消除病因,改善饲养管理,增强运动,饲料当中适当增加矿物质及维生素的含量,减少挤奶次数,促使黄体退化。肌肉注射促卵泡素 100～150 国际单位,隔 2 天 1 次,连用 2～3 次。待黄体消失后,可注射小剂量的绒毛膜促性腺激素,以促使卵泡成熟和排卵。或用胎盘组织液,皮下注射,每次 20 毫升,隔 1～2 天 1 次,一般注射 3 次即可发情。也可将黄体酮与雌激素配合使用,肌肉注射黄体酮 3 次,每日 1 次,每次 100 毫克,于第二次和第三次注射时,同时注射乙烯雌酚 10～20 毫克或促卵泡素 150 国际单位。或用前列腺素 4 毫克,加入 10 毫升生理盐水,注入到持久黄体一侧的子宫角内,一般于用药后 1 周左右即可出现发情。

四、子宫内膜炎

子宫内膜炎是指子宫黏膜的浆液性、黏液性或化脓性炎症,是奶牛常见的生殖器官疾病,也是导致奶牛不孕的重要原因之一。

1.发病原因

由于配种、人工授精及阴道检查等操作时消毒不严,难产、胎衣不下、子宫脱出及产道损伤等造成细菌侵入;阴道内存在的某些条件性致病菌,在机体抵抗力降低时导致本病发生。布氏杆菌病,结核病等传染病时,也常并发子宫内膜炎。

2.临床症状

急性子宫内膜炎时,病牛表现食欲不振,泌乳量降低,弓背努责,常做排尿姿势,从阴道排出浆液性、黏液性、脓性或污红色恶臭的分泌物。严重时体温升高,精神沉郁,食欲、反刍减少。直肠检查,可见一个或两个子宫角变大,收缩反应减弱,有时有波动。阴道检查可见子宫颈外口充血肿胀。

慢性子宫内膜炎时,全身症状不明显,从子宫流出透明的或带有絮状物的渗出物,直肠检查可见子宫松弛,宫壁变厚。子宫冲洗物静置后有沉淀,屡配不孕。

3.诊断要点

母牛的性周期不正常,屡配不孕;从阴门流出黏液性或脓性分泌物。直肠检查可见子宫角变大。

4.防治措施

治疗原则是消除炎症,防止扩散和促进子宫机能的恢复。

用温生理盐水1 000~5 000毫升冲洗子宫,直至排出透明液体后,经直肠按摩子宫,排尽冲洗液。如为化脓性宫内膜炎,可用0.1%利凡诺或0.1%的高锰酸钾液进行冲洗。每天冲洗1次,连续冲洗2~4天。为促进子宫收缩,减少分泌物吸收,可用5%~10%的氯化钠冲洗,隔日1次,连用2~3次。每次冲洗子宫后应向子宫内灌入药物,可用80万国际单位青霉素和100万国际单位链霉素溶于200毫升鱼肝油中,再加入垂体后叶素或催产素15国际单位注入子宫,每天1次,连用5天后,改为隔日1次。

对慢性子宫内膜炎的治疗,可用5%的温盐水进行冲洗,再用1%的盐水冲洗;或用3%的过氧化氢液250~500毫升进行冲洗,经过1~1.5小时后再用1%的温盐水冲洗,然后向子宫内注入抗生素。

可应用硬膜外腔封闭疗法,即在1、2尾椎间用2%的普鲁卡因溶液10毫升,硬膜外腔封闭,隔日1次,连用3次,配合子宫内灌注抗菌药物。间隔日肌肉注射乙烯雌酚50毫克。停药5天后再重复一疗程,对本病有较好的效果。

严重时可用抗生素及磺胺类药物进行全身治疗并适当应用强心、利尿、解毒等治疗方法。

五、胎衣不下

胎衣不下是指分娩后一定时间内(12小时左右)不能将胎膜完全排出的疾病。多见于不直接哺乳或营养不良的奶牛。

1.发病原因

由于日粮中钙、磷、镁的比例不当,运动不足,过瘦或过胖,母牛虚弱,子宫弛缓;胎水过多,胎儿过大等使子宫高度扩张而继发子宫收缩无力;难产后的子宫肌过度疲劳及雌激素不足等;子宫或胎膜的炎症而致胎儿胎盘与母体胎盘粘连等原因可导致发生胎衣不下。也可继发于某些传染病过程中。

2. 临床症状

胎衣不下有全部停滞与部分胎衣不下。一般从阴门外可见下垂的呈带状的胎膜,有时母牛的胎膜全部滞留于子宫内,阴道内诊时可发现子宫内胎膜。病牛表现弓背,频频努责,滞留时间过长,发生腐败分解,胎衣碎片随恶露排出。如腐败分解产物被吸收,即可表现出食欲不振,反刍减少,泌乳量减少,体温升高等全身症状。

3. 诊断要点

部分胎衣脱垂于阴门外。病牛表现弓腰、努责,从阴门排出带有胎衣碎片的恶露。

4. 防治措施

根据病情可选用药物疗法或手术疗法。为促进子宫收缩和胎衣排出,可肌肉或皮下注射垂体后叶素 50～80 国际单位,2 小时后重复注射 1 次;或麦角新碱 2～5 毫克;或应用己烯雌酚 50～200 毫克,肌肉注射,隔日 1 次。或静脉注射 10% 的氯化钠 300～500 毫升。为促进胎儿胎盘与母体胎盘分离,可向子宫内灌注 5%～10% 的氯化钠溶液 3 000～5 000 毫升。内服中药益母生化散 250～350 克,以促进胎衣脱落。

手术剥离胎衣,即将病牛取前高后底姿势站立保定,用防腐剂洗净和消毒外阴部及露出的胎膜。手臂消毒后涂以灭菌的润滑油。先用左手握住外露的胎膜并适当拉紧,右手沿胎膜伸入子宫内,探查胎衣与子宫的结合状态,而后由近到远分离胎盘。剥离时用中指及食指夹住子叶基部,用拇指推压子叶顶部,将胎儿胎盘与母体胎盘分离。当剥离子宫角尖端的胎盘时,可轻拉胎衣,手向前伸,迅速抓住还没脱离的胎盘,就可顺利地剥离。在剥离时,不要用力牵拉子叶,以避免造成子宫损伤和出血。待胎衣完全剥离后,可用 0.1% 的高锰酸钾液或生理盐水冲洗子宫,冲洗液完全排出后,再向子宫内注入抗生素类药物,以防子宫感染。

目前,生产中多采用向子宫投放"泡腾片"(土霉素等)治疗胎衣不下。

六、流产

流产是指胚胎或胎儿与母体的正常生理关系被破坏，而使妊娠中断。发病率达 8% 以上。

1. 发病原因

主要有传染性流产与非传染性流产两方面。传染性流产主要是由于胎膜、胎儿及母体生殖器官直接受微生物和寄生虫等因素的侵害，子宫、胎膜、胎盘感染，发炎坏死；非传染性流产见于胎膜无绒毛或绒毛发育不全；子宫动脉或脐动脉扭转，胎盘循环障碍，使子宫内膜坏死，胎儿发育不良，导致流产。此外，饲料营养不足，缺乏蛋白质、维生素 E、钙、磷、镁以及给予霉败、冰冻和有毒饲料；跌倒、冲撞等剧烈运动，鞭打、惊吓、粗暴的直肠检查等；严重失血、疼痛、腹泻以及高热性疾病和慢性消耗性疾病等；孕畜全身麻醉，给予子宫收缩药、泻药及利尿药、驱虫药、催情药和妊娠禁忌的其他药物等均可引起流产。

2. 临床症状

在流产之前，表现弓腰、屡作排尿姿势，自阴门流出红色污秽不洁的分泌物或血液。病畜有腹痛现象。有的在妊娠初期，胎儿的大部分或全部被母体吸收，常无临床症状，只是在妊娠 40～60 天，性周期又重新出现。有的早产或死胎。有的出现胎儿浸润或腐败分解。

3. 诊断要点

母牛配种后，已确认怀孕，但经过一段时间又出现了发情。母牛有腹痛、弓腰、努责、从阴门流出分娩分泌物或血液、排出不足月的死胎或活胎。怀孕后，随时间的延长，不但腹围不大，而且变小，有时从阴门流出污秽恶臭的液体，并含有胎儿组织碎片。

4. 防治措施

可针对不同情况，采取相应措施。对有流产征兆，如胎动不安、腹痛起卧、呼吸脉搏加快者和习惯性流产者，应全力保胎，以防流产。可选用黄体酮注射液 50～100 毫克，肌肉注射，每天 1 次，连用 3 次。肌肉注射维生素 E。中药白术散 250～300 克,内服。胎儿死亡且已排出时,应注意母牛调养。若未排出者,则应尽早排出死胎。可先用雌激素促使子宫颈口开张,然后再用催产素。对干尸化胎儿应向子宫内灌注灭菌的石蜡油或植物油,以促进其排出,然后再以复方碘溶液冲洗子宫(用温水稀释 40 倍)。当出现胎儿浸溶或腐败分解时,应尽早将死胎组织和分解产物排出,并按子宫内膜炎进行处理。根据全身状况,配合应用必要的全身疗法。

第十节　中毒病的防控

一、黄曲霉毒素中毒

黄曲霉毒素中毒是一种真菌毒素疾病,主要侵害肝脏以全身性出血、消化机能障碍和神经症状等为特征。患病牛多呈慢性经过。

1.发病原因

主要是饲料污染,采食含有黄曲霉毒素的玉米、花生、豆饼等霉变饲料而发生中毒。

2.临床症状

犊牛生长发育缓慢,被毛粗糙逆立,食欲不振,磨牙,鼻镜干燥,无目的地徘徊,常有一侧或两侧性角膜混浊,间歇性腹泻。个别呈惊恐或转圈运动等神经症状,后期往往陷于昏迷而死亡,死亡率较成年牛高。成年牛精神沉郁,食欲、反刍减少或停止,瘤胃臌气,有的间歇性腹泻,贫血、消瘦,孕牛早产或流产。黄曲霉毒素中毒的确诊需测定黄曲霉毒素中毒的含量。

3.防治措施

无特异性疗法,对症治疗。除去污染饲料,预防为主。

二、尿素中毒

1. 发病原因

主要由牛食入过多尿素或尿素蛋白质补充料或饲喂方式不当,突然大量饲喂或将尿素溶解成水溶液喂牛,以及食后立即饮水所致而引起中毒。

2. 临床症状

多在采食后 20～30 分钟发病,呈现混合性呼吸困难,呼出气有氨味,呻吟,肌肉震颤,步态踉跄,后期全身出汗,瞳孔散大倒地死亡。急性中毒,全病程 1～2 小时即可窒息死亡。病程稍长者,表现后肢不全麻痹,卧地不起。剖检可见,胃肠黏膜充血、出血、脱落,瘤胃内发出强烈氨臭味。肺充血、水肿,脑膜充血。瘤胃 pH＞8.0(活牛或染病新死后剖检),血液含氨＞0.01 毫克/毫升,据此可作出诊断。

3. 防治措施

预防主要在奶牛日粮中合理的使用尿素,严格控制用量。犊牛和产奶牛不喂尿素。平时加强尿素管理,严防奶牛误食或偷食大量尿素。

治疗可用食醋 500～1 000 毫升加水两倍灌服,静脉注射 25％葡萄糖 2 000 毫升、10％安钠咖 30 毫升及维生素 C 3 克、维生素 B_1 1 000 毫克。

三、有机氟化物中毒

1. 发病原因

奶牛采食被有机氟农药污染的饲料和饮水或误食灭鼠药氟乙酰胺而发生的中毒。

2. 临床症状和诊断

误食后一般 3～4 小时后才能出现中毒症状,但发病很突然。以神经症状为主,表现流涎,兴奋不安,肌肉痉挛,瞳孔散大,粪尿失禁,常在症状出现后 0.5～1 小时内死亡。听诊时以心律不齐为特征。根据采食毒饵的病史,结合临床症状可初步诊断,采取饲料、饮水及胃肠内容物做毒物分析可确诊。简单的方法可用羟胺反应生成紫色羟肟酸铁络盐来定性。

3. 防治措施

预防应加强鼠药的使用管理,及时清理毒饵和死鼠,防止牛误食。禁止饲喂喷洒含氟农药的农作物及牧草。

一旦发现中毒,立即用特效解毒剂乙酰胺治疗,静脉注射 10% 葡萄糖酸钙或氯化钙 300～500 毫升、20% 甘露醇 500～100 毫升降低脑内压,并配合静注应用高渗葡萄糖、ATP、辅酶 A、维生素 B_1 等一般解毒药。

四、有机磷中毒

1. 发病原因

奶牛误食喷洒有机磷农药的青草,误饮被农药污染的水引起中毒,用有机磷农药驱除奶牛体内、外寄生虫时剂量过大、浓度过高也易引起中毒。另外,人为投毒而造成中毒。

2. 临床症状和诊断

误食有机磷农药,几小时内出现症状,皮肤接触 1～7 天或更长时间出现症状,症状随特定毒素和各种不同的毒碱或烟碱样作用而变化。常见症状为流涎,瞳孔缩小,震颤,虚弱,呼吸困难,脱水,典型症状是腹泻。

据临床症状可作出初步诊断,确诊需做实验室诊断。中毒样品应在 24 小时内冷藏形式送实验室,实验室检查可见血、血凝块、脑、视网膜和其他组织中胆碱酯酶活性降低,胆碱酯酶水平比正常低 50% 以上。

3. 防治措施

预防应加强对有机磷农药的管理,严格按照"剧毒药物安全使用规程"进行操作和使用,避免污染饲料和饮水。施过农药的场地应做好标记,禁止奶牛到刚施过农药的草场或其附近放牧采食。最好不用有机磷制剂驱除奶牛体内、外寄生虫。

皮肤接触的用水和洗涤剂轻洗。治疗最好在 24～48 小时内给药,用阿托品解毒,0.25～0.5 毫克/千克,必要时重复给药,同时口服活性炭 350～700 克。

思考题

1.怎样对奶牛场进行消毒?

2.奶牛定期预防免疫包括哪些内容?

3.简述奶牛场兽医安全用药规范的具体内容。

4.简述犊牛阶段多发病控制技术要点。

5.简述奶牛营养代谢病的防控技术要点。

6.乳房炎的防控措施有哪些?

7.如何对奶牛进行驱虫?

8.如何防止奶牛蹄病的发生?

9.简述奶牛主要传染病、繁殖障碍病和中毒病的防控措施。

第九章

奶牛场粪污处理与利用技术

导　　读　本章介绍了奶牛场粪便的收集、贮存与转运、堆肥发酵技术、牛粪养蚯蚓、厌氧发酵技术和利用牛粪培育食用菌技术。重点掌握奶牛粪便的堆肥发酵技术、厌氧发酵技术、牛粪养蚯蚓技术。

随着规模化牛场的崛起，粪污收集及处理成为一个日益严峻的问题。随着人们的环保意识不断增强，污粪处理问题制约着牧场的可持续发展，带给牧场经营管理者的压力越来越大，成为每一个规模化牧场不能回避的问题。据测定，一头500~600千克的成年奶牛，每天排粪量30~50千克，排尿量15~25千克，污水15~20升。探讨奶牛场污粪的利用途径，既是环保的要求，也是资源化利用的要求。只有将污粪的处理和利用结合起来考虑，才能提高奶牛场的系统效率和经济收益。

第一节　粪便的收集、转运与贮存

集约化奶牛养殖场的清粪工艺分为两种,即干清粪工艺和水冲粪工艺。干清粪工艺由人工或机械收集牛粪,鲜粪浓度一般在 12%～18%TS(总固体物)范围,挥发性固体约占 80%;尿和污水另外收集。水冲粪工艺的方法是粪尿和污水混合进入粪沟,共同处理,粪污量和浓度比干清粪工艺的污水都要高。奶牛养殖污水量在 20～50 米³/(百头·天)范围,随季节波动很大。

一、粪便的收集

粪污收集原则是当天产生的粪便、尿和污水当天清走,清出的粪污及时运至贮存场所或者处理场所。如果清理时间超过 12 小时,粪便就会因发酵而产生不良气味。

奶牛场场内应采用雨污分流制,对于屋面接受的雨水要通过屋面天沟导流到明沟再通过道路明沟汇集排出场外,更为经济的做法是将雨水导入到牛场内的贮水池中,做冲刷之用。污水和生活污水则通过收集系统送到场区粪污处理池,经沉淀系统处理后通过暗沟排放到周边农田。明沟和暗沟可用 45 厘米×50 厘米砖砌成。

运动场和候挤区的固体粪便由人工及时清理到清粪车,集中堆放到贮粪场;尿液、污水以坡度和相关的基础设施输送到污水收集池;外部径流应当从明沟排出场外。挤奶厅里的粪污用水冲式,冲洗水直接经暗沟输送到污水收集池。

干粪贮存在贮粪场;尿液和污水贮存在污水收集池。

(一)集粪场

牛舍内粪便应尽快清出牛舍,因为病原菌往往以粪便为庇护滋生场所得以生存。由于牛排粪量大,形状较固定便于清除,目前牛粪的管理趋势是将粪清除出畜舍。牛床目前采用较先进的合成橡胶地板革,既光滑又便于冲洗,不擦伤牛蹄,又有一定的摩擦以便牛在牛床上不打滑。牛床水泥地面要倾向排粪沟一定角度,以便于牛尿液迅速流入沟内,减少牛粪污散发水分和臭气。生产中可用铲车收集粪便到集粪场。牛场的粪污,无论是采用自动刮粪装置或人工清除,都应该及时清除。

收集后的牛粪进行日晒等干燥处理,这样可降低厌氧发酵池的建造体积和建造成本;同时晒干的牛粪又是很好的食用菌原料,出售可增加一定的经济效益。

贮存设施必须远离各类功能地表水体(距离不得小于 400 米),并应设在牛场生产及生活管理区的常年主导风向的下风向或侧风向处。与牛舍之间保持 200～300 米的距离。采取对贮存场所地面进行水泥硬化等防渗处理工艺,防止粪污污染地下水。粪尿池的容积应根据饲养量和贮粪周期来确定。

贮存设施应设置顶盖或遮雨棚等防止降雨(水)进入的措施。因为多雨天气下,雨水混入牛粪中,将形成大量污水。

(二)集粪渠

该工艺是牛舍内采用智能化刮粪板将牛粪尿刮至牛舍中间的集粪渠,经地下管渠将粪污集中输送到粪污处理区进行固液分离,固体堆肥后做成有机肥(或牛床垫料),液体经厌氧(或曝氧、好氧)后灌溉周边的农田。机械刮板系统对牛舍地面和粪沟的工艺要求相对简单,且能做到一天 24 小时清粪,时刻保证牛舍的清洁。机械操作简便,工作安全可靠,其刮板高度及运行速度适中,基本没有噪声,对牛群的行走、饲喂、休息不造成任何影响,运行、维护成本低,对提高奶牛的舒适度、减轻牛蹄疾病和增加产奶量都有决定性影响。电动机械刮粪板清粪是我国当前发展的方向,其先进性、实用性、可靠性及性价比终将为我国的牧场接受。机械刮板系统在南北方均适用。把固体部分经干燥处理后制成牛床垫料,不仅能解决污粪存放的问题,还能解决牛床垫料来源的问题,并减轻后续污粪处理的难度。固体部分也可抛撒还田。液体部分可用于生产沼气、沼气发电或混水后灌田。

　　严寒地区使用刮板系统要注意以下要点:牛舍顶层至少要半米厚;舍脊采用苏式烟囱型换气口;地面铺橡胶,除保护牛蹄外,与水泥地面相比,其导热率较低。适当增加牛舍牛群密度。

　　固液分离系统主要包括搅拌机、切割泵、液位控制及管路等配套设备设施,机械刮板系统收集的粪污经搅拌机搅拌均匀后,由切割泵泵送进入固液分离机进行分离,所有设备可由液位控制实现自动化工作。

　　分离后的固体可以做成有机肥或牛床垫料,解决了牛床垫料问题,使奶牛舒适得到提高;也可制成有机肥,用于改善土壤结构;分离后的废液进入沼气池,经厌氧发酵(或曝氧、好氧)后可以进行灌溉农田,产生的沼气可以发电或进行燃烧。

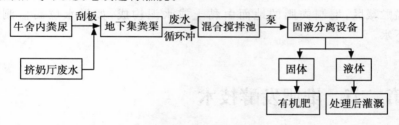

图 9-1　粪污处理工艺流程

二、粪便的转运

　　粪便的运输采用传统运输工具,如人工推车、拖拉机;液态粪污(包括污水)采用带污水泵的罐车或直接与低速灌溉系统相连。要严格控制运输沿途的弃、撒、跑、冒、滴、漏,必须采取措施防渗漏、流失、遗撒。

三、粪便的贮存

小型养殖场粪污量较少，人工完成粪污收集，可采取自然堆放，直接卖给当地的农民，充当田间肥料。自然堆放运行成本低，但需要大量的堆置场地。

将相对固定的牛粪集中堆积在集粪区或运出肥田或出售，不失为比较通用，成本较低的一种方法，但也存在两方面缺陷：其一是堆积雨区冲洗物是污水，如果处理不当就难免污染地面水源；其二是只能清理固定粪便，且将粪便摊平成较大表面积，散发于空气中的氨气和水分比较多。固态牛粪积存超过 1 周又会滋生蚊蝇。粪便通常都贮存在土粪池或水泥粪池中，国外还有将带有防护层钢罐作贮粪池的。不论哪一种贮粪器，都只是为贮存尚未肥田的粪便，如不加盖也会产生大量的臭气和蚊蝇。

选择几种集粪场要保证可控制排泄进入地表水的地方，控制水泛溢贮藏区，堆制粪肥的地面由黏土或水泥构成，如果水位高监测地下水。

第二节　堆肥发酵技术

一、堆肥的机理

在堆肥化过程中，有机碳被微生物呼吸代谢因而降低碳氮比，所产生的热可使堆肥温度达到 70℃ 以上，能杀灭病菌、虫卵及杂草种子。经过堆积后较松软而利于撒布；有些具有强烈的臭味，制成堆肥后不但没有臭味而且具有泥土的芳香。

堆肥化的过程是一连串微生物的反应,堆肥资材如同培养基,堆积后如同发酵槽,因此任何影响微生物活性的因子都与堆肥化有关。以下就碳氮比、水分及空气、温度、酸碱度、菌种及腐熟度分别说明堆制时控制或判断的方法。

水分为生物所必需,在堆肥中约低于 30％时即无法反应。又因为好气性反应较厌气性反应快速且完全,且有害物质产生较少,因此水分含量超过 70％时将不利于反应。大多数的试验结果显示水分含量约为 60％左右时最有利于堆肥反应的进行。可以用手掌握住堆肥,水滴似要滴下的状态即可。新鲜牛粪含水量多为 80％以上,不易发酵,因此制作堆肥时应加入一些干秸秆或干草等调整含水量。为使堆肥保持良好通气度,可加锯木屑及稻壳等添加物,使其适于通气。堆肥 1 个月时用铲车倒垛,让水分蒸发;再经 1 个月发酵,再用铲车倒垛一次,等含水量达到 40％～50％时进行第二次处理,在可蒸发的密闭搅拌厅里,每日搅拌 1 次,经 35 天发酵即成为发酵粪土。

二、堆肥的关键技术

1. 发酵前处理

(1)调整含水率　堆肥发酵最适含水率 60％～65％,低于 30％微生物增殖受抑制,高于 70％空隙率低空气不足。调整水分常见方法四种:一是添加稻壳、木屑或甘蔗渣等当地来源容易的农副产品;二是添加已发酵的堆肥;三是干燥;四是机械脱水。

(2)调整碳氮比　最适碳氮比是 20∶1。牛粪碳氮比为(20～23)∶1,所以堆肥处理时牛粪可不调整碳氮比。

(3)调整 pH　堆肥微生物喜微碱性,即 pH 7.0～8.0,贮藏时间久而 pH 降低时可用石灰调整。

(4)混合均匀　此外,在堆粪场堆放粪便时要覆盖塑料薄膜,减少苍蝇繁殖所需的湿粪的暴露面积,以避免苍蝇的产生。因为母苍蝇多是在粪便上产卵,孵化之后形成幼蝇,覆盖塑料薄膜是隔断了其繁殖途径。堆肥是减少苍蝇繁殖的很好选择,还可以从总体上降低臭味的散发,以及更好地回收利用粪便。

2. 畜禽粪便堆肥腐熟的判断依据

(1)堆肥温度 堆肥发酵过程产热,数天内温度急剧上升。一般堆体温度应控制在60℃左右,超过70℃则会造成过熟。高温持续几天后下降,经过几次翻堆以及堆温上升、下降之后,堆温已不再上升,可认为堆肥腐熟。

(2)有机质残存率 堆肥处理过程,有机质因不断分解而减少。经过一段时间有机质残存率呈稳定不变时,可认为堆肥腐熟。

(3)发芽率试验 采用萝卜种子,在5%堆肥萃取液中,于20℃恒温培养3天,良好的发芽率可认为堆肥腐熟。

(4)圆形滤纸图形显示判定法 滤纸用0.5%硝酸银溶液浸泡,烘干待用;往堆肥样品中加入苛性钠溶液,取其上清液,吸入滤纸,若呈显齿状突起图形,明显者可认为腐熟堆肥,未显示齿列状突起而呈圆滑者为未腐熟堆肥,完熟堆肥呈显齿状图形。

(5)综合性判定 包括发酵天数60～90天;堆肥颜色呈黑褐色;材质形态呈轮廓崩毁,均匀细小;臭气方面,没有粪尿臭,有堆肥发酵味;含水率,呈干燥状态,手压不成块;发酵温度,高温达70℃以上;翻堆次数,6～7次以上。

三、堆肥的制作

(一)料槽式堆肥发酵

将奶牛粪便堆置在固定的料槽内,在料槽的底部设置通气管道,料槽的两侧安装固定的轨道,翻堆设备在轨道上可以来回移动,以此对料槽内的奶牛粪便进行捣碎、搅拌和翻起等,使物料达到好氧发酵的目的。料槽式发酵一般在室内进行。这种方法综合了各种发酵方法的优点:发酵时间短(一般发酵时间为10～20天,腐熟干燥约20天),发酵过程较易控制,运行费用较低,能实现工厂化大规模生产,不受季节天气影响,对环境不造成污染等。根据设备的形式不同,发酵槽的宽度一般为 6 米,发酵槽的深度为 1.35 米,发酵槽的长度一般为 80 米,可根据实际情况而设计。翻抛设备为旋转式搅拌机,应具有搅拌功能、翻抛功能和破碎干燥功能。

(二)"EM"牛粪堆肥发酵

用奶牛粪便做原料,水分控制在 40% 左右,约 1.6 吨左右奶牛粪便＋5 千克菌液＋2～3 千克玉米粉混合拌均倒碎。堆成宽 2 米、高 0.5 米、长度不限的条形堆,用旧麻袋片或草帘盖好,一般在 24 小时内,堆温可升至 50℃ 左右。48 小时内,堆温可升至 60℃ 以上,甚至高达 70℃ 以上,这样的温度春、夏、秋季节一般 7～10 天即可使堆中原料全部腐熟,恶臭消失,原料中的病源菌、虫卵、草籽等全部杀死。用这种方法发酵成的肥料可称为生态有机肥,也可称为无公害有机肥料。

(三)牛粪养蚯蚓

1.制作粪堆

将牛粪与饲料残渣混合堆成长 2 米、宽 1 米、高(厚度)20～25 厘米的粪堆。堆内不要压实,以免影响疏松通气。每天用铁耙疏松最上面的牛粪,待厚度 5～8 厘米牛粪晒到约五成干,牛粪堆沤腐熟时即可放入蚯蚓种。每堆粪可放入产卵种蚯蚓 3 万条(太平 2 号、3 号)。每隔 10 天收取一次蚓粪及蚓茧另开一堆进行孵化,可保证每批蚯蚓大小规格一致。在养殖期间发现蚓粪干了要及时喷 EM 水,并按 EM 与清水或洗米水或煮饭的米汤 1:5 的比例混合后喷洒。一般每隔 3～5 天喷一次。按以上方法养出的蚯蚓生长快,产出的蚓茧多而且大。注意牛粪一定要用 EM 发酵或晒干后拌成含水量 60% 左右才可用来养蚯蚓(5～6 成干),太湿易引起腐败。为了使这些废料快速发酵成功,并且使其中一些有毒有害物质降解,可采取如下方法:添加干稻草或秸秆(最好裁成小段)、锯末等粗纤维料,采用 1 层粗纤维料、1 层牛粪,喷洒

1 层 EM 菌液(1 吨料用 5 千克 EM 原液,1 千克 EM 原液对水 100 千克)直至水渗出。如使蚯蚓生长快速,可用另一配方:60％的奶牛粪便＋15％的草料(如秸秆、稻草等)＋15％的树叶或杂草＋10％的菜园土。架好料堆后,用黑色塑料薄膜盖严压实(厌氧发酵)。适时翻堆,在气温较高的季节,一般第 2 天堆内温度就会明显上升,4～5 天可升至 60～70℃,以后逐渐下降,当堆内温度降到 40℃时(大概需要 12 天左右)则可进行翻堆。生产上一般 10 天后进行翻堆,把上面翻到下面,两边翻到中间,边翻堆,边再洒上 EM 菌液,然后再盖上黑色塑料膜压实。冬天翻堆 2～3 次,夏天翻堆 1 次。经过两次发酵培养料腐烂熟化,呈棕色或褐色,无臭、酸味,质地松软而不粘手。发酵完成后,先把料堆耙开,让其透气 1～2 天后,投放蚯蚓 2 千克/米^2(约 4 000 条)。如把蚯蚓放在堆边,几乎全部进入堆内,这就证明了培养料发酵良好。也可先放几条蚯蚓看其是否很温顺地钻入料堆中。若蚯蚓不钻入料堆,一个劲往边上爬,说明料堆发酵不合格,需放置几天后再用。发酵成功后的料堆,散热后即可以直接使用,也可以添加营养促食剂后使用,取 100 千克水,加 0.2 千克尿素,0.2 千克食醋或 40 毫升醋精,3 克糖精,4 毫升菠萝香精制成营养促食剂,喷洒料堆,注意料堆的湿度。注意,以上所用到的"水",是指清洁无污染的水,如果用消毒自来水,需要曝气 2 天使其中的余氯散尽后才可以使用,或者 1 吨水用 30～40 颗米粒大小的大苏打(硫代硫酸钠)中和余氯后马上就可以使用。

2. 蚯蚓的生活习性

蚯蚓喜欢吃经过腐熟的东西,喜甜、酸味。在蚯蚓养殖过程中,蚯蚓饲料(奶牛粪便等)的发酵处理是关键,蚯蚓适应在中性或偏酸性的环境中生长繁殖,故培养料必须经过发酵腐熟,使其 pH 在 6.5～7.5 范围内方可使用。如果饲料没有发酵或发酵不彻底,将会产生有害气体,酸碱度过高或过低,都可能使蚯蚓逃逸、不产茧甚至死亡。蚯蚓喜欢吃经过腐熟的东西,喜甜、酸味。在蚯蚓养殖过程中,蚯蚓饲料(奶牛粪便等)的发酵处理是关键,如果饲料没有发酵或发酵不彻底,将会产生有害气体,酸碱度过高或过低,都可能使蚯蚓逃逸、不产茧甚至死亡。

蚯蚓宜生活在阴暗、湿润、透气的泥土中。最适宜的温度为 20～27℃，此时能较好地生长发育和繁殖；生育环境的最适湿度为 70%～75%（用手握土，手指间见水珠但不滴下）。蚯蚓没有特别的呼吸器官，它是利用皮肤进行呼吸的，所以蚯蚓躯体必须保持湿润。如果将蚯蚓放在干燥环境中，蚯蚓的皮肤经过一段时间就不能保持湿润，因而不能正常呼吸，蚯蚓马上会发生痉挛现象，不久就会死亡。蚯蚓体内水的含量占体重的 75% 以上，因此，防止水分丧失是蚯蚓生存的关键。蚯蚓养殖的全过程均需充足的新鲜空气。为了保持饲养床始终处于疏松、透气状态，可采取以下措施：基料厚度不得超过规定高度，必须适时予以削减；饲养一段时间后可适当翻动 1 次基料，将上、下层基料翻动，调换位置，既可使下层基料疏松、透气，又有助于上、下层基料湿度趋向一致。蚯蚓的放养密度与蚯蚓的种类、生育期、养殖环境条件（例如食物、养殖方法和容器）及管理的技术水平等有密切的关系，在 1 米^2 面积，25 厘米高的培养基中可放养密度为：种蚯 1.5 万～2 万条，孵出至半月龄，可放养 8 万～10 万条，半个月到成体可放养 3 万～6.5 万条。所以在养殖蚯蚓时适时扩大养殖床，调整养殖密度，取出成蚓，这是提高产量的有效措施。

3. 日常管理

（1）添加营养液　将饲料如玉米、麦皮等粉碎、过 50 目筛，按 1：100 的比例将饲料拌入水中，搅匀，配成呈悬浮状态的营养液，装进洒水壶，均匀地洒在培养料上面一般间隔 2～3 天洒一次，这样一可保持培养料的湿度，二可加速蚯蚓的生长，使其成熟提前，产卵量提高。

（2）遮阳降温、加盖御寒　蚯蚓性喜黑暗、潮湿的环境，故在炎热的夏天，可搭棚遮阳，或盖些稻草，或在培养料上面种些经济作物如番薯等，并适时洒水降温、加湿；在寒冷的冬季，可在培养料上面加盖稻草或塑料薄膜保温。

（3）加料及清除蚓粪　随着蚯蚓的生长繁殖，食量逐渐增大，培养料逐渐减少而蚓粪逐渐增多，故经过 4 周左右，应补充适量的新培养料。如在室外饲养且培养料上面种有遮阳用的经济作物，则将新料铺在原培养料上面即可,不用清除蚓粪(因蚓粪可作为植物的肥料而被分解吸收);如室外养殖且没种作物及盆、缸或室内砖池养殖的,可铲去培养料表面混有蚓粪的旧料,适当加入新料。此外,蚯蚓经几次、几世代繁殖,数量大增,此时应及时采收,如不采收,则应把部分蚯蚓移到别处进行分疏饲养,或增多增厚培养料,以保证蚯蚓有生长发育所需的生存空间。

(4)繁殖 可采用自然繁殖法,让卵包留在原处自然发育为幼蚓。蚯蚓产下的卵包,一般留在培养料的表面。为防止卵包因日晒脱水死亡,可在培养料表面再铺一层厚约1厘米的菜园土,以遮盖住卵包。在夏天,培养料容易失水干燥,甚至表面干燥成膜,影响卵包的胚胎发育,故应经常洒水,以保证卵包胚胎发育所需的湿度。洒水时间应安排在清晨或傍晚,而不应安排在中午,以免因卵包湿度的突然变化而影响其胚胎发育。

(5)蚯蚓的采收 孵化出的幼蚓养至35日龄时,体重已达高峰,此时,成熟的蚯蚓准备产卵而又未产,体型饱满粗长肥壮,颜色光滑有光泽。除留下一部分作种用外,其余的应及时采收。一般每米²培养料可采收到蚯蚓100条。利用蚯蚓喜湿、喜暗、惧光、怕干燥的习性,到即将采收时,停止洒水,让阳光晒干表层的培养料,蚯蚓即钻入较潮湿的培养料中,把晒干的培养料铲去,再循环用上法,把蚯蚓赶至底层,即可捕捉;配制约1.5%高锰酸钾溶液,按每米²培养料喷洒4千克的配制溶液,蚯蚓即爬出培养料表面,即可捕捉,再用清水洗净蚯蚓体表的药液。

第三节 厌氧发酵技术

厌氧发酵是利用厌氧微生物活动将奶牛粪污中的有机物分解为甲烷、二氧化碳和水。这种处理方式一般耗能低,设备简单、容易实现。

沼气工程处理奶牛粪便污水是最具代表性的厌氧发酵,可获得一定的清洁燃料——沼气;沼液是可用于生产绿色食品的优质农田有机肥;沼渣经处理后可制成商品化的有机肥料,部分还可作为饲料用于养鱼等。一般每吨鲜牛粪可产气 20～35 米³,COD 去除率 50％～80％。

一、厌氧发酵(沼气)工程的类型

沼气工程的规模主要按发酵装置的容积大小和日产气量的多少来划分。小型沼气工程是指单体发酵容积＜50 米³,或多个单体发酵容积之和＜50 米³,或日产气量＜50 米³ 的沼气工程。中型沼气工程是指单体发酵容积 50～500 米³,或多个单体发酵容积之和 50～1 000 米³,或日产气量 50～1 000 米³ 的为中型沼气工程。如果单体发酵容积＞500 米³,或多个单体发酵容积之和＞1 000 米³,或日产气量＞1 000米³ 的,即为大型沼气工程。

根据养殖规模、资源量、污水排放标准、投资规模和环境容量等条件的不同,奶牛场沼气工程项目分为"能源生态型"处理利用和"能源环保型"处理利用两种不同的工艺类型。"能源生态型"依靠土地处理系统。要求周围有足够的农田消纳厌氧发酵后的沼液、沼渣,养殖业与种植业的规模要配套。"能源环保型"沼气工程要求经厌氧消化器的出水自流入后处理系统,后处理以好氧处理为主要技术手段,最终处理的出水达到一定的标准后排放到自然水体或回用。

二、厌氧发酵的关键控制技术

厌氧发酵工艺是指从发酵原料到生产沼气的整个过程所采用的技术和方法,包括原料的收集和预处理,接种物的选择和富集、发酵装置的发酵启动和日常操作管理及其他相应的技术措施。

(一)严格的厌氧环境

沼气发酵微生物包括产酸菌和产甲烷菌两大类,它们都是厌氧性细菌,尤其是产生甲烷的甲烷菌是严格厌氧菌,对氧特别敏感。它们不能在有氧的环境中生存,哪怕微量的氧存在,生命活动也会受到抑制,甚至死亡,就是说空气中的氧气对它们有毒害致死的作用。严格的厌氧环境是产甲烷菌进行正常活动的先决条件。为保证厌氧发酵的厌氧状态,发酵装置、管路、开关都严格密封。因此,建造一个不漏水、不漏气的密闭沼气池(罐),是人工制取沼气的关键。厌氧发酵池按每头牛1米^{3}建造,采用半地下式,池侧壁采用玻璃钢材料作保温层,为防止冬季热量散失,发酵池中安装填料,提高发酵效率。

沼气发酵的启动或新鲜原料入池时会带进一部分氧,但由于在密闭的沼气池内,好氧菌和兼性厌氧菌的作用,迅速消耗了溶解氧,创造了良好的厌氧条件。

(二)原料的准备

奶牛粪便含粗纤维较多,且在粪便的收集过程中,会混入垫料、牛毛、饲料残渣和沙砾等,且由于目前饲养管理水平有限,粪便中还有人为混入的麻绳头、塑料布等大量杂物,如不经预处理直接进池,会影响原料分解率和产气率的提高,且管路易堵塞,所以必须采用有效的预处理。在预处理时,对于原料中的长草等纤维要切短,对于原料中的壳粉和沙砾等杂物必须进行沉淀清除,否则会很快大量沉积于消化器底部,不仅难以排出,且会影响沼气池容积。

按每百头奶牛1米^{3}建造沉沙池(泡粪池),用于将收集的干清牛粪和场区污水混合将浓度调至8%左右,同时去除粪污里面含有的部分沙子,同时可以将牛粪中的长草通过泡粪漂浮上来,人工去除较长的杂草,防止对后续工艺设备造成堵塞。沉沙池前入口处用钢筋焊制格栅,主要用于拦截不易降解或不能降解的杂质,如塑料、石块等。再经过集污池的沉淀,上清液流入厌氧发酵池;其次,酸化调节,其功能是使大分子有机物降解为挥发性有机酸。通常有两种酸化形式:罐外酸化和罐内酸化。罐外酸化主要指进行好氧堆沤处理。一是可以降解难以分解的纤维素、木质素等物质;二是可以富集菌种。

(三)发酵温度

温度是影响厌氧发酵的重要因素之一。厌氧发酵微生物对温度的要求范围较宽,一般在 10～65℃之内都能生长。但在一定温度范围内,提高发酵温度,可缩短厌氧发酵周期,提高产气率。

一般来说,甲烷菌有 3 个适宜生长的温度范围,分别为:低温(10～30℃)、中温(30～40℃)和高温(50～60℃),所以对应着 3 种优势微生物种群:低温微生物、中温微生物和高温微生物。

依据发酵温度,厌氧处理工艺可分为:常温厌氧发酵、中温厌氧发酵和高温厌氧发酵。

常温发酵也称为"自然温度"发酵,是指在自然温度下进行的沼气发酵,发酵温度受气温影响而变化。沼气池结构简单、成本低廉、施工容易,便于推广;中温厌氧发酵指发酵料液温度维持在 30～40℃范围内。在此温度范围内,产气率随温度的升高而增加。温度高于 38℃时,产气量反而下降;高温厌氧发酵指发酵料液温度维持在 50～60℃范围内,实际控制温度多在(53±2)℃之间。该工艺的特点是微生物生长活跃,有机物分解速度快,产气率高、滞留时间短。

概括地讲,产气的一个高峰在 35℃左右,另一个更高的高峰在54℃左右。这是因为在这两个最适宜的发酵温度中,由两个不同的微生物群参与作用的结果。前者叫中温发酵,后者叫高温发酵。

(四)pH

厌氧发酵的最适 pH 为 6.8～7.4。pH 6.4 以下或 7.6 以上都对产气有抑制作用,pH 在 5.5 以下,产甲烷菌的活动则完全受到抑制。

(五)碳氮比(C/N)

厌氧发酵过程本质上是微生物的培养、繁殖过程,待消化的有机物是微生物的营养物质。除了需要保持足够的营养"量"之外,还需要保持各营养成分之间合适的比例,为微生物提供"足"且"平衡"的养分,其中原料中碳与氮的平衡,亦即碳氮比(C/N)尤为重要。一般来说 C/N 比在 20～30 之间为宜。如果 C/N 比过大(即碳过量),细菌的繁殖很快将氮素消耗殆尽,而此时还有部分碳素未被利用,同时消化液的缓冲能力低,pH 容易降低;如果 C/N 比过小(即氮素过量),则会形成铵盐的积累,这将导致 pH 的上升,如果 pH 超过 8.5 就会有害于产甲烷菌,抑制消化过程。用牛粪进行发酵,从营养物质的成分来看,是比较齐全而丰富的,不需添加其他营养成分。

(六)料液浓度

料液中干物质含量的百分比为料液浓度。对沼气池内发酵料液浓度要求,随季节的变化而不同。在夏季,发酵料液浓度可以低些,要求浓度在 6%左右;冬季浓度应高一些,为 8%左右。发酵料液的浓度太低或太高,对产生沼气都不利。因为浓度太低时,即含水量太多有机物相对减少,会降低沼气池单位容积中的沼气产量,不利于沼气池的充分利用;浓度太高时,即含水量太少,不利于沼气细菌的活动,发酵料液不易分解,使沼气发酵受到阻碍,产气慢而少。因此,一定要根据发酵料液含水量的不同,在进料时加入相应数量的水,使发酵料液的浓度适宜,以充分合理地利用发酵料液和获得比较稳定的产气率。当沼气池容积一定时,如果发酵原料加水量过多,发酵料液过稀,滞留期短,原料未经充分发酵就被排出,这不但影响产气,还浪费了发酵原料;如果加水量太少,发酵料液过浓,使有机酸聚积过多,发酵受阻,产气率降低。鲜牛粪的总固体含量 TS 为 12%～18%。

(七)接种物

在发酵运行之初,要加入厌氧菌作为接种物(亦称为菌种)。在条件具备时,宜采用生态环境一致的厌氧污泥作为接种物。当没有适宜的接种物时,需要进行菌种富集和培养,即选择活性较强的污泥或是人畜粪便等,添加适量(菌种量的 5%～10%)有机废水或作物秸秆等,装入可密封的容器内,在适宜的条件下,重复操作,扩大接种数量。

（八）搅拌

以奶牛粪便、农作物秸秆为主要原料的发酵过程中，由于纤维素、木质素等难降解物质比例较大，容易出现料液分层现象，根据各层的性质分为4层：上层为浮渣层、中层为清液层、中下层为活性层、下层为沉渣层。采用搅拌来打破浮渣层，使料液重新均匀混合。破除浮渣层对沼气的扩散阻碍，使物料与微生物充分接触。

三、厌氧发酵消化器的种类及特点

厌氧发酵的方法很多，用来处理奶牛粪污的能源生态型沼气工程，宜选用全混合式厌氧消化器（CSTR）、升流式固体床消化器（USR）、卧式推流厌氧消化器（HCPF）、塞流式厌氧消化器（PFR）、单元混合塞流式厌氧消化器（UPR）、升流式厌氧污泥床反应器（UASB）或厌氧过滤器发酵（AF）。

（一）升流式固体床消化器（USR）

该消化器由多个均匀布水点与合理的出水溢流堰组成，形成比HRT（水力滞留期）较长的SRT（固体滞留期）和MRT（微生物滞留期），有较高的负荷效率，使未消化的生物固体和微生物靠自然沉淀滞留在消化器底部。该消化器适合处理畜禽粪污等高固体含量的有机废液。结构简单，不需要安置三相分离器及污泥回流、搅拌装置，其效率接近升流式厌氧污泥床UASB的功能，但UASB必须严格使用可溶性原料。

（二）全混合式厌氧消化器（CSTR）

适宜对高TS（总固形物或干物质，即发酵原料除去水分以后剩下的物质）废物的处理。能避免分层，使物料、温度等分布均匀；抑制物质分散迅速，保持较低水平；能避免浮渣、结壳、堵塞、气体逸出不畅和短流现象;投资较小,运行管理简单,易于数学建模。但容积负荷率低;需搅拌,能效比低;出水水质较差。这种消化器适宜高 TS 原料,是以前使用最多、适用范围最广的一种消化器。能避免分层,使物料、温度等分布均匀,进入消化器的抑制物质能够迅速分散,保持较低的浓度水平;能避免浮渣、结壳、堵塞、气体逸出不畅和短流现象;投资小,运行管理简单。但是由于无法做到使 SRT(固体滞留期)和 MRT(微生物滞留期)大于 HRT(水力滞留期),需要的消化器体积较大,容积负荷率低;需搅拌、能耗大,能效比低;微生物随出料流失较多,出水水质较差,应用范围逐渐缩小。

德国和丹麦的农场沼气工程大多数采用全混合发酵工艺、装置为钢板结构、热电联用为主要沼气利用形式。由于解决了搅拌、输送等机械设备问题,现在欧洲沼气装置的发酵浓度越来越高,可以达到 11% TS 以上。为了提升沼气装置的卫生效果,新建设的沼气装置多数采用高温发酵,HRT 在 5 天以上,这样有利于对人畜共患病菌的消毒和灭活杂草种子。中温发酵装置的最短 HRT 为 15 天。

美国奶牛场沼气装置采用全混合发酵工艺的不多,被认为主要适用于处理水冲式粪污,原料浓度在 3%~8% TS 范围。装置造价比推流式发酵装置高。

(三)卧式推流厌氧消化器(HCPF)

适用高浓度、高 TS 有机废水的处理。结构简单,投资较小,不需搅拌,能耗低;运转方便,故障少,稳定性高。但固体物可能沉淀于底部,形成大量死区,影响消化器的有效体积,使 HRT 和 SRT 降低;需要固体和微生物的回流作为接种物;消化器面积/体积比值较大,且难恒温,效率较低,出水水质相对较差;易结壳。适用于牛粪的消化。

(四)单元混合塞流式厌氧消化器(UPR)

UPR 初步解决了 HCPF 存在的反应器单体容积较小、浓度过高易酸化、除沙效果差等一些问题,可提高 TS 的浓度,预控酸化,加强除砂效果,加大单体容积,降低投资。

(五)厌氧过滤器发酵(AF)

奶牛粪污水质的特点是悬浮物(SS)含量很高。如果沼气发酵前先经过固液分离,则可以采用厌氧滤器(AF),甚至采用 UBF、UASB 等发酵工艺。采用这些高效工艺可以缩短原料 HRT,从而提高发酵效率,但是也存在一些问题,比如能源化程度不高(部分原料未进入装置),卫生效果不好(滞留时间太短)。在美国弗罗里达州有一处 500 头奶牛场粪污沼气处理工程,455 米^3 厌氧滤器、进料浓度大约为 1%,HRT3d,COD 去除率 50%。

(六)升流式厌氧污泥床反应器(UASB)

污水从厌氧污泥床底部流入,以充分接触污泥,使发酵器内的微生物数量大大增加,微生物分解有机物产生的沼气穿过水层向上进入气室,而污水中的污泥发生絮凝和重力沉降,处理后的水从沉淀区排出污泥床外。该方法优点是反应器容积小,成本低、处理效果较好但产气量相对较少,启动慢、运行费较高。

不同模式奶牛场粪污处理示意图见图 9-2。

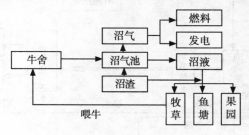

模式1(郭亮等,2001)

335

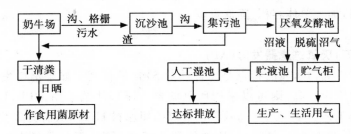

模式 2(方志坚,2009)

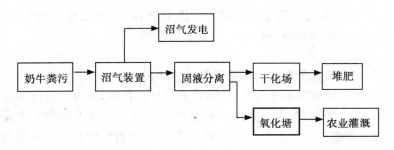

模式 3(胡启春,2005)

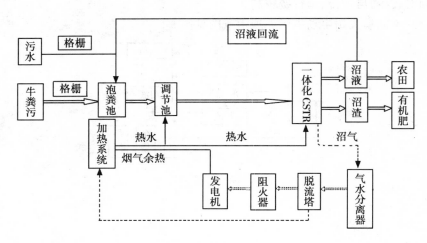

模式 4(付秋爽等,2011)

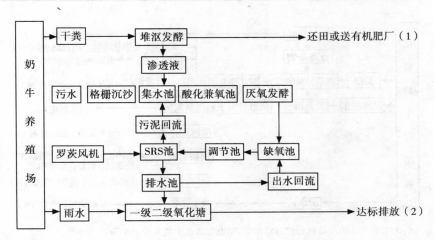

注:本工艺适合奶牛场周边无青饲料田、有机肥有市场的大中型牛场。

模式 5(曾邦龙,2005)

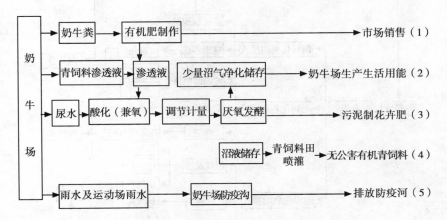

注:本工艺适合奶牛场周边青饲料田少、有机肥有市场的大中型奶牛场。

模式 6(曾邦龙,2005)

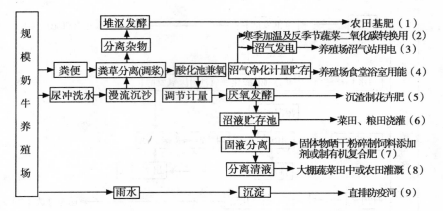

注:本工艺适合奶牛场周边青饲料田多,用电需求量大的大型奶牛场。

模式7(曾邦龙,2005)

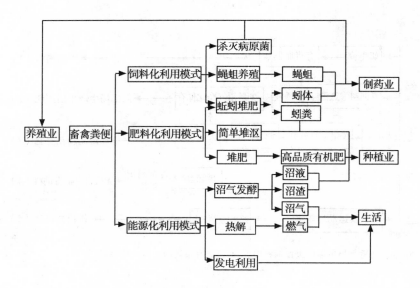

模式8(章明奎,2010)

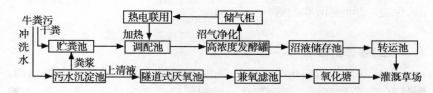

模式 9(胡启春,2005)

图 9-2　奶牛场粪污处理工艺流程图

第四节　利用牛粪培育食用菌技术

一、用牛粪做主料栽培双孢菇技术

(一)栽培季节

双孢菇发菌适宜温度为 22~25℃,出菇适温为 14~20℃,喜冷凉型气候。春、秋季适宜栽培。

(二)建造菇棚

双孢菇棚室对场地要求不严,房前屋后、村边地头均可建棚,而且棚的大小还可视场地条件而定。一般棚向以东西为宜,地下深挖 80~100 厘米,墙高 100 厘米,棚内用木棍或竹片搭起 3~4 层菇床架(上下间距 50 厘米)。菇床共设三排,两侧床宽均为 100 厘米,中间床宽 200厘米,两边各留一个 50 厘米宽的走道。用竹片搭起棚架,盖上塑料薄膜,膜上加盖麦秸或玉米秸等,以免阳光直射。棚室两头各留一通风口,一端留门,两走道上方每隔 3~3.5 米设一排气孔。这样既利于保温、保湿,又可灵活掌握通风换气。

(三)牛粪的准备

种植双孢菇用的牛粪以干牛粪为好,堆放粪便的地方为水泥地面,向外倾斜,外侧开沟以便清理牛舍的时候让牛粪和牛尿初步分离,牛粪成堆,牛尿流向沼气池。牛粪堆放沥水后,及时拉到晒粪场晾晒。晒粪场没有特别的设施要求,通风向阳的空地即可。根据场地大小,将湿牛粪摊开,厚度适当,让其自然晒干呈牛粪饼。注意晾晒时不要随意翻动,越翻动越不容易晒干,最后即使晒干也是粉状而不便储存。

(四)培养料的配制

配方1:按100米²菇床计,小麦秸1 600千克、干牛粪1 200千克、麻渣150千克、过磷酸钙55千克、石灰75千克、石膏75千克、尿素15千克。

配方2:按100米²菇床计,稻草1 400千克、干牛粪1 200千克、豆饼粉100千克、尿素17千克、碳酸氢铵10千克、过磷酸钙25千克、石膏粉30千克、石灰粉26千克。

(五)堆制发酵

(1)选址　堆料场地应选择地势较高,离菇房和水源较近的地方料堆一般为南北走向,日照均匀,有利于发酵。

(2)稻草、麦秸的预湿　先把稻草、麦秸切成15～30厘米长,浸入水中10分钟左右捞出,堆放1～2天,每天在表面喷水2次。然后把预湿稻草铺1层在地上,宽约1.8米,厚约30厘米,长度不限。然后在稻草的表面撒一些石灰粉,用水喷淋1次,使石灰粉渗入稻草内,再撒上少量的碳酸氢铵,然后再铺上1层30厘米厚的稻草,如此类推铺成高约1.5米的草堆,堆期3天。

(3)建堆发酵　建堆前1天将牛粪粉碎过筛后与豆饼粉或麻渣混合,然后用1%的石灰水调湿,含水量为手握料指缝间有水滴2～3滴即可,用薄膜盖好预酵备用。再把过磷酸钙、尿素、石膏粉等混合均匀,然后与预湿好的牛粪、饼肥等充分混合,配成混合料。

首先在堆料场上铺 1 层宽约 1.8 米、厚约 30 厘米的稻草,然后在料面上撒 1 层牛粪、饼肥及化肥的混合料,依此类推,反复往上垛。从第 2 层开始可适当喷水,一般下层少喷,往上逐渐多喷,但不能底水四溢,以防养分流失。最后在料面上用粪肥等混合物把稻草盖严。前 1～2 天可以薄膜覆盖,以后改用草苫。为保持料面湿润,每天可在草苫表面喷淋清水 1～2 次。但堆底边缘不能有水流出。

(4)翻堆　若堆温正常,可按 5 天、4 天、3 天、3 天间隔天数进行翻堆,第 4 次翻堆时加石灰调节好酸碱度 pH 7.5～7.8,并将水分调节到以挤出 1～2 滴水为宜。

(5)后发酵　室外堆制发酵结束后,趁热把料搬入菇棚内床架上,均匀堆放,厚度 50～60 厘米。堆放时要求把培养料拌匀,抖松,堆成拱顶面。然后用黑色膜把盛料床架围在一起,关闭通风口,使堆温自然发酵上升,到 60℃时维持 8 小时进行巴氏消毒,若次日达不到 60℃应生炉加温,灭菌后开始通风,使温度降到 48～52℃,再发酵 4 天,到培养料没有氨味时整床、播种。

(6)发酵标准　堆制全过程约需 25 天。应达到如下标准:培养料的水分控制在 65%～70%(手紧握麦秸有水滴浸出而不下落),外观呈深咖啡色,无粪臭和氨气味,麦秸或稻草平扁柔软易折断,草粪混合均匀,松散,细碎,无结块。

(六)铺料播种

培养料发酵完成后,即可进行铺料,先在棚内菇床上铺一层 3 厘米厚的新鲜麦秸,再将发酵好的培养料均匀地铺到菇床上,厚度一般 18～20 厘米为宜。如培养料偏干,可适当喷洒冷开水调制的石灰水,并再翻一次料;如料偏湿,可将料抖松后加大通风,使培养料的含水量为 65%左右;pH 7.0～7.6。

然后按每立方米空间用高锰酸钾 10 克加甲醛 20 毫升熏蒸消毒,

24 小时后打开门窗通风换气。保持菇棚湿度,当料温降到 28℃ 以下时即可播种,每平方米用 500 毫升瓶装的菌种一瓶。适当增加播种量可使发菌快,不污染,出菇早,产量高。将菌种均匀地撒在料面上,轻轻压实打平,使菌种沉入料内 2 厘米左右为宜。也可把 2/3 的菌种撒在料面上,翻入料的一半深处,再将料面整齐、整匀,余下的 1/3 撒在料面上,用板轻轻压平,松紧适度。

(七)覆土与催菇管理

播种后 3 天内适当关闭门窗,保持空气湿度 80% 左右,以促使菌种萌发。注意棚内温度不能超过 30℃,否则应在夜间适当通风降温。播种后 15 天左右,当菌丝基本长满料层时进行覆土(当菌丝长入料内 2/3 时)即可覆土。

选择吸水性好,具有团粒结构、孔隙多、湿而不粘、干而不散的土壤为佳,每 100 米² 菇床约需 2.5 米³ 的土。在覆土前挖掉地表约 20 厘米,然后把土放在阳光下晒几天,打碎、过筛后加入少许新鲜砻糠(用量按 3 千克/米²,砻糠用 3%~5% 的石灰水浸泡 2 天后沥干备用)拌匀,用石灰调整 pH 值为 8.0(或先拌入 1.5%~2% 的石灰粉,再用 5% 的甲醛水溶液将土渗透,待手抓不粘、抓起成团、撒下就散时进行覆盖)覆土厚度一般为 2.5~3 厘米。覆土后调节水分,使土层含水量保持在 20% 左右。覆土后的空间湿度应保持在 80%~90%,温度 13~20℃(最佳温度 15~18℃)。应视土层干湿状况适时喷水,严格控制温、湿度是双孢菇优质高产的关键。

覆土后的 5~7 天以少通风为主、适当通风换气为辅,促使料中菌丝尽快爬入土层,5 天后通风量逐渐增大。经过 15 天左右,当菌丝串土到覆土层 2/3 并且土层中有大量菌丝出现时,要及时加大通风量,将棚温调到 15~18℃,料温降到 15~19℃,同时在大通风 1~2 天后,喷一些结菇水,喷到土粒捏得扁、搓得圆、不粘手为宜。然后再大通风 1~2 天,再转入小通风,以促进原基和菇蕾形成,这样经 3~5 天便可在表土下 0.5~1.0 厘米的位置上形成米粒、绿豆大小的子实体幼蕾。

（八）出菇管理

菇棚内温度控制在 14～18℃，湿度 85％～90％，喷水时要做好勤喷、少喷。当菇盖直径长至 3～4 厘米时应及时采收。若采收过晚会使品质变劣，并且抑制下批小菇的生长。采摘时，用手指捏住菇盖，轻轻转动采下，用小刀切去带泥根部，注意切口要平整。

采收一二潮菇时，应用先捺后旋再提起的采摘方法，不要带动菇周围小菇和菌丝，三潮后，特别是 5～6 潮菇，应采用拔起的方法，以利于拔掉老化菌索。当采完一潮菇后，应及时整理床面，剔除菇脚和老菇根，并用粒土性细土将空穴填平，并及时喷打转潮水，为生产下一潮菇提供水分需要。

（九）菇棚的越冬管理

由于秋菇管理的不同，秋菇结束时的菌床好坏自然也不尽相同。菌丝较好的菇棚，应把土层中发黄的老根和死菇等挑除干净，再用两齿耙从土面向底轻轻地稍微撬动一下，以增加料层的透气性，排除料中不良气体，进入新鲜空气，复壮菌丝，然后补上新土，整平土面，追补 1 次营养水。菌丝属于次等状态的，应采用修复术。一旦结束秋菇，乘气温不太低时，及时将变黑的有杂菌的料层清除掉，并喷些蘑菇健壮素 1 号溶液或其他追肥液（土豆煮出液加食用菌营养液），再重新覆上新土，然后补充水分，可以比覆土时稍干一点。让菌丝得到恢复生长，并爬入土层，以便于春菇生长。在越冬期间，床面上基本不喷水，只要不发白即可。同时通风口不要全部堵死，在中午前后高温时，可打开通风口进行通风换气，至少每 10 天通 1 次风。

（十）春菇棚管理

从 3 月上中旬便进入春菇管理，春菇生长管理中，一般 3 月上、中旬侧重于增温管理；3 月下旬到 4 月初侧重于追肥和调水管理；到了 4 月中旬至 5 月上旬进入盛产期，应侧重于通风换气，适度调节水分，以

343

利于减少病害增产增值；一旦进入 5 月份，气温升高，应侧重于降温、通风换气、增加喷水量；进入 5 月下旬，应及时泼浇结束水，为草菇的栽培做好准备。

二、草菇的栽培技术要点

(一)栽培季节与菇房准备

夏季适宜栽培草菇。时间一般从 6 月初备料建堆发酵，至 8 月中旬可收菇完毕。在栽培前要对菇房进行严格消毒，把床架拆洗干净，经曝晒后，再用波尔多液消毒。菇房按每米³ 空间用 36％甲醛 17 毫升加等量水，再加 14 克高锰酸钾进行密闭熏蒸消毒。

(二)培养料的配制、发酵

培养料以稻草和牛粪为主，按干稻草 70％、粉碎的干牛粪 20％、米糠 5％、磷肥 1％、石膏粉 1％、草木灰 1％、生石灰 2％的比例备料。将稻草切成 2～3 厘米的小段，切碎的稻草用浓度 3％的石灰水浸泡 24 小时，使吃透水变软，捞起沥干后与其他培养料作成宽 1.5 米、高 1 米、长度不限的料堆。具体操作为先铺 20 厘米厚稻草，然后撒上牛粪(牛粪粉要提前 3 天预湿)、米糠、磷肥、石膏、草木灰等混合成的辅料，这样一层稻草一层辅料，一直到建好堆。3 天后进行翻堆，翻堆时要把辅料与稻草混合均匀，并用石灰调节 pH 7～8 为宜。再过 2 天即可将培养料搬进菇房床架上进行后发酵。按料块栽培的技术要求，制作数个长 40 厘米、高 18 厘米的正方形木框，在木框上放 1 张薄膜(150 厘米×150 厘米)，薄膜中间每隔 20 厘米打一个 10 厘米大的洞，以利通水通风。向木框内装入培养料，压实后盖好薄膜，提起木框，便做成了草料块。然后半闭菇棚通风口，利用太阳辐射热和堆温使菇棚温度上升到 60℃，维持 10 小时后通风降温，并在棚顶加盖遮阳物使棚内堆温降到 48～52℃，维持 1～2 天。

(三)播种栽培

待料温稳定在38℃以下时进行播种,播种以500克/米²菌种。接种时先把面上薄膜打开,用撒播法播种,播种后马上盖回薄膜。播种3~4天,菌丝恢复正常生长后,掀开面上薄膜,在料面上均匀地洒上一层火烧土或肥土,厚约1厘米,并适量喷些1%石灰水,保持料面湿润,空气湿度85%~95%、温度35℃左右进行发菌。若棚内温度升高,需在棚顶覆盖物上喷水降温,保证不超过39℃;若料内水分不足,可喷洒石灰水补充。经过9天左右菌丝便会长满培养料,开始萌现幼菇。

(四)出菇管理与采收

出现针头大小的幼菇后,应注意保温保湿,并适当通风透气。维持料温33~35℃、空气相对湿度90%左右,并保持一定的散射光。幼菇期不能直接向菇体喷水,随着菇体长大,为保持湿度,可每天在空中喷雾2次,向菇床喷水时要使水温与床温相近,并尽量不要直接喷到菇体上,到草菇伸长及时采收,第一潮菇采收后,停止喷水3天,第4天喷重水,为第二潮菇提供充足的水分。经过3个潮次就基本出菇完毕,可出料腾茬,准备双孢菇生产。

思考题
1. 简述奶牛粪便的堆肥发酵技术。
2. 简述牛粪养蚯蚓技术要点。
3. 简述奶牛粪便厌氧发酵技术。
4. 怎样利用牛粪培育食用菌?

参 考 文 献

[1] 安代志,张召辉.高产奶牛福利[J].家畜生态,2004,25(1):
1-3,22.

[2] 包军.动物福利学科的发展现状[J].家畜生态,1997,18(1):
33-39.

[3] 陈昌建.生态学技术在奶牛生产中的应用[J].中国奶牛,2003(6):
20-21.

[4] 董凤莲.奶牛瘤胃酸中毒的综合防治[J].畜牧兽医科技信息.2009
(2):51-52.

[5] 杜洪祥,刘连超,李德林.散栏饲养奶牛场成母牛生活区设计与应
用[J].动物科学与动物医学,2000,17(6):65-67.

[6] 方热军,汤少勋.生态营养学理论与环保型饲料生产技术[J].饲料
研究,2002(1):27-30.

[7] 方卫飞.利用牛粪培育双孢菇、草菇的高效栽培技术[J].现代农业
科技,2006(10):42-43.

[8] 方志坚,颜明娟.奶牛场污水处理及综合利用研究[J].农业环境与
发展,2009(6):44-46.

[9] 冯仰廉.奶牛营养需要和饲养标准[M].北京:中国农业大学出版
社,2000.

[10] 付秋爽,刘海英,吴建旺,等.奶牛养殖场沼气发电工程设计与应
用[J].农业工程技术,2011(5):16-18.

[11] 甘福丁,谢列先,李勇江,等.中型沼气工程建设工艺技术研究
[J].现代农业科技,2012(1):251-260.

[12] 高丽霞,雒亚洲,郭爱萍.奶牛行为学浅议[J].中国乳业,2010
(6):42-44.

[13] 高腾云,付彤,廉红霞,等.奶牛福利化生态养殖技术[J].中国畜

牧杂志,2011,47(22):53-58.

[14] 戈新,王建华,赵金山,等.奶牛全混合日粮配合与营养检测技术的探讨[J].中国奶牛,2005(4):17-21.

[15] 龚丽贞.蚯蚓高效养殖技术及其效益分析[J].现代农业科技,2010(19):304-306.

[16] 顾尚习.牛粪麦秸种植双孢菇[J].农家科技,2011(7):21.

[17] 郭亮,金光明,王立克,等.现代养牛生产中的粪污处理[J].安徽农业技术师范学院学报,2001,15(2):49-51.

[18] 韩正康,陈杰.反刍动物瘤胃的消化和代谢[M].北京:科学出版社,1988.

[19] 韩志国,江燕,高腾云.从行为学角度思考奶牛福利[J].家畜生态学报,2011,32(6):6-11.

[20] 胡朝阳.奶牛场粪污处理"一体化"解决方案:http://www.dairy-farmer.com.cn/kxyn_fwcl/2010-01-14/3963.chtml.

[21] 胡启春,宋立.奶牛养殖场粪污处理沼气工程技术与模式[J].中国沼气,2005,23(4):22-25.

[22] 胡启春,宋立.奶牛养殖场粪污处理沼气工程技术与模式[J].中国沼气,2005,23(4):22-25.

[23] 姜春生.奶牛围产期饲养管理的黄金法则[J].吉林畜牧兽医,28(9):42-43.

[24] 李国江.日本奶牛场的环保型堆肥处理体系[J].动物保健,2005,(3):45-46.

[25] 李建国,冀一伦.养牛手册[M].石家庄:河北科学技术出版社,1997.

[26] 李建国.现代奶牛生产[M].北京:中国农业大学出版社,2007.

[27] 李建国,等.奶牛标准化生产技术[M].北京:中国农业大学出版社,2003.

[28] 李宽阁,田宇,陆桂艳,等.奶牛舍内环境的控制[J].草食动物,2008(3):48-49.

[29] 李瑞鹏,于建光,常志州,等.麦秸和奶牛场废弃物联合堆肥试验[J].江苏农业学报,2012,28(1):65-71.

[30] 李胜利,等.有机生鲜乳生产技术规范(DB 11/T 631-2009)[S].北京市质量技术监督局.

[31] 李守忠,毛毅.散栏式牛舍舒适度设计[J].中国畜禽种业,2007(2):15-16,20.

[32] 利拉伐(上海)乳业机械有限公司.高效奶牛舒适管理:http://www.dairyfarmer.com.cn/kxyn_nqgl/2009-11-09/3141.chtml.

[33] 梁学武.现代奶牛生产[M].北京:中国农业出版社,2002.

[34] 刘松柏,易建明,晏邦富.运动评分在奶牛生产管理中的重要性[J].中国奶牛,2008(1):25-28.

[35] 刘文奎,包寅戈.农村常用饼粕的营养及其使用[J].饲料研究,1983(5):14-16.

[36] 卢德勋.反刍动物营养调控理论及其应用[J].内蒙古畜牧科学特刊,1993.

[37] 陆东林.奶牛体况评分及其应用[J].新疆畜牧业,2006(5):19-21.

[38] 陆东林.奶牛行为学及其在生产中的应用[J].中国乳业,2009(7):52-56.

[39] 莫放.养牛生产学[M].北京:中国农业大学出版社,2003.

[40] 莫放.糟渣类副产品饲料的特点及其应用[J].中国乳业,2010(8):46-48.

[41] 盛贻林,王方园,宋建苇.奶牛养殖粪便的生物有机肥生产[J].现代农业,2007(5):30-31.

[42] 史枢卿,李守忠.关于奶牛场设计和建设的奶牛体尺、牛群结构标准参数[J].中国奶牛,2006(1):47-51.

[43] 宋琼莉,邹志恒.生态营养饲料的配制及调控技术[J].动物科学与动物医学.2002,19(8):42-43.

[44] 孙长征,马学良,黄华.利用牛粪生产商品有机肥工艺技术与设备

[J].中国奶牛,2008(10):57-60.

[45] 孙书东,张洪安.浅谈奶牛引种的注意事项[J].山东畜牧兽医,2011,32(9):10-11.

[46] 田晓东,强健,陆军.大中型沼气工程技术讲座(二)工艺流程设计[J].可再生能源,2002(6):45-48.

[47] 田晓东,强健,陆军.大中型沼气工程技术讲座(一)厌氧发酵及工艺条件[J].可再生能源,2002(5):35-39.

[48] 王川,何小莉,康晓冬.EM菌剂在牛粪堆肥中的应用[J].现代农业科技,2011(6):47-49.

[49] 王飞华.沼气工程不同工艺特点的综述[J].科技资讯,2012(9):136.

[50] 王根林.养牛学[M].北京:中国农业出版社,2008.

[51] 王加启.现代奶牛养殖科学[M].北京:中国农业出版社,2006.

[52] 王嘉厚,唐玲玲.奶牛乳房水肿的原因及预防[J].养殖技术顾问.2011(4):1.

[53] 魏小军,闫喜珍.呼市地区千头奶牛牧场的规划设计与建筑分析[J].中国奶牛,2010(3):53-56.

[54] 吴连伟,滕小华,何鑫淼,等.标准化奶牛场的设计[J].黑龙江畜牧兽医,2004(9):19-20.

[55] 吴晓钟.麦秸、牛粪做主料栽培双孢菇高产技术[J].青海农技推广,2006(3):18.

[56] 向阳.生态饲料的配制及营养调控技术[J].当代畜禽养殖业.2007(2):23-24.

[57] 小山·彼得.副产品饲料在奶牛养殖业中的作用[J].中国乳业,2010(6):36-37.

[58] 小山·彼得.甜菜粕对降低饲料成本和改善奶牛健康的作用[J].中国乳业,2010(10):36-37.

[59] 徐萍.奶牛的饲槽管理[J].中国乳业,2011(8):24-25.

[60] 徐萍.提高奶牛舒适度的方法[J].中国乳业,2010(3):52-53.

[61] 薛红枫,孟庆翔.奶牛中性洗涤纤维营养研究进展[J].动物营养学报,2007,19(Suppl):454-458.

[62] 闫际平,辛杭书,刘雷,等.围产期几种常见奶牛代谢病的发病机理及营养调控措施[J].畜禽业,2007(6):23-25.

[63] 尤克强,高玉平.奶牛场粪污生产生物有机肥的工艺技术[J].中国乳业,2007(4):57-58.

[64] 尤克强,高玉平.奶牛场粪污生产生物有机肥的工艺技术(续)[J].中国乳业,2007(5):70-73.

[65] 于炎湖.绿色无公害饲料生产的有关问题[J].粮食与饲料工业,2003(12):9-10,44.

[66] 昝林森.牛生产学[M].北京:中国农业出版社,2007.

[67] 张华琦,杨正德.不同泌乳时期荷斯坦奶牛的行为观察[J].中国奶牛,2008(3):19-21.

[68] 张金梅.奶牛围产期的饲养管理[J].青海畜牧兽医杂志,2007,37(5):54.

[69] 张靖静,柳玉华,陈杭.我国南方地区中小型奶牛场设计[J].江苏农业科学,2003(2):49-52.

[70] 张立伟,王海,王建军,等.双低菜粕在牛饲料中的应用[J].江西饲料,2003(1):17-19.

[71] 张义福,李国江,刘殿杰.奶牛舍饲中的福利待遇及管理要求[J].乳业科学与技术,2006(5):253-255.

[72] 章明奎.畜禽粪便资源化循环利用的模式和技术[J].现代农业科技,2010(14):280-283.

[73] 赵凤茹,罗宝京,尤克强.散栏牛舍的卧床设计要点[J].中国奶牛,2006(5):48-51.

[74] 赵利军.集约化奶牛场的规划与设计[J].北京农业,2009(2)下旬刊:35-37.

[75] 郑建平.日本"太平二号"蚯蚓的生物学特征及其养殖技术[J].江西农业科技,1994(3):38-40.

[76] 中华人民共和国农业行业标准——无公害食品奶牛饲养管理准则.(NY/T 5049—2001)[S].中华人民共和国农业部.

[77] 中华人民共和国卫生部.有机产品,第 1 部分:生产.(GB/T 19630.1—2011)[S].中华人民共和国国家质量监督检验检疫总局,中国国家标准化管理委员会.

[78] 周颖,刘维平,陈泽光.蚯蚓堆制处理技术及发展前景[J].中国牛业科学,2009,35(4):43-47.

[79] 周守叙.菜籽饼粕的营养价值与毒性分析[J].广东饲料,2012,21(2):30-32.

[80] 朱洪刚.奶牛舒适与奶牛场营运效益[J].中国乳业,2009(8):64-67.